普通高等学校省级规划教材

AutoCAD 2024实用教程

主　编　解　甜　韩　宁

副主编　雷文斌　马伏波

编　委（以姓氏笔画为序）

吴天凤　张金龙

陈　瑞　施　坤

中国科学技术大学出版社

内 容 简 介

本书是安徽省高等学校省级规划教材，依据软件的升级和教学需求的变化编写而成。

本书以AutoCAD 2024为平台，结合高等学校教学改革的实践经验，以培养技术技能型人才为目标。全书共11章，主要介绍AutoCAD 2024的使用方法，内容包括工作界面及基本操作、常见绘图命令、绘图辅助工具、绘图环境的设置、图形的编辑、其他常用绘图命令、尺寸标注、块与属性、三维实体造型、图形的输入与输出和工程图的绘制，基本上每章都配有上机综合练习。本书图文并茂，以绘图环境为背景，给出一些典型图例的绘制方法，使读者容易理解和掌握。另外，书中还介绍了许多绘图技巧和工作中常见问题的处理方法，实用性较强。

本书适合作为普通高等学校、高等职业院校的计算机绘图课程教材。

图书在版编目（CIP）数据

AutoCAD 2024 实用教程 / 解甜，韩宁主编 . -- 合肥 ：中国科学技术大学出版社，2025. 8. -- ISBN 978-7-312-06188-2

Ⅰ. TP391.72

中国国家版本馆CIP数据核字第20257E9T43号

AutoCAD 2024实用教程

AutoCAD 2024 SHIYONG JIAOCHENG

出版 中国科学技术大学出版社

安徽省合肥市金寨路96号，230026

http://press.ustc.edu.cn

https://zgkxjsdxcbs.tmall.com

印刷 合肥华苑印刷包装有限公司

发行 中国科学技术大学出版社

开本 787 mm×1092 mm 1/16

印张 18.25

字数 431千

版次 2025年8月第1版

印次 2025年8月第1次印刷

定价 56.00元

前　言

AutoCAD由Autodesk公司开发，是当今世界上非常流行的计算机辅助绘图软件。作为CAD工业的旗舰产品和工业标准，AutoCAD一直凭借其独特的优势而为全球的设计工程师特别是机械工程师所采用。AutoCAD在机械制图领域有着相当完善的解决方案。AutoCAD自问世以来，已经进行了数十次的升级，其功能逐渐强大且日趋完善。如今，AutoCAD已广泛应用于机械、建筑、电子、航天、造船、石油化工、土木工程、冶金、农业、气象、纺织和轻工业等领域。在中国，AutoCAD已成为工程设计领域应用非常广泛的计算机辅助设计软件。

AutoCAD 2024在功能上进行了多项优化：引入人工智能助手，提升设计效率；新增智能块功能，方便块的放置与替换；改进协作功能，增强多用户事件日志和DWG文件比较功能；优化二维和三维图形性能，提升平移、缩放及布局切换速度；更新界面设计，支持M系列芯片，提升Mac设备性能。这些改进显著提升了软件的效率、协作能力和用户体验。本书结合编者长期从事计算机辅助制图课程教学工作的心得体会，详细介绍AutoCAD 2024的基本使用方法在工程制图中的操作案例。全书共分为11章，主要内容包括工作界面及基本操作、常用绘图命令、绘图辅助工具、绘图环境的设置、绘图环境的设置、其他常用绘图命令、尺寸标注、块与属性、三维实体造型、图形的输入与输出和工程图的绘制等。本书是安徽省高等学校省级规划教材，根据编者多年教学经验编写而成。

在实践操作中学习并掌握计算机技术的使用，无疑是最直接、最有效的方法。基于这样的认识，本书给出了大量的制图实例和习题，希望读者能够通过上机反复练习来熟练掌握这门课程的主要内容。

本书由安徽理工大学解甜、韩宁、马伏波、雷文斌等合作编写完成。解甜、韩宁担任主编，雷文斌、马伏波担任副主编，吴天凤、陈瑞、施坤、张金龙担任编委，全书由解甜统稿。在这里要特别感谢潘地林、王心宇、秦朗、韩霜雪老师前期付出的辛勤劳动，感谢安徽理工大学机电工程学院领导给予的帮助和支持，感谢中国科学技术大学出版社对本书出版工作的支持。

本书可作为高等院校、职业院校计算机绘图课程的教材，还可供从事绘图工作的技术人员和其他人员学习参考。由于时间仓促以及编者水平有限，书中可能有不当之处，欢迎广大读者批评指正。

编　者

2025年5月

目　　录

第1章　工作界面及基本操作

1.1　AutoCAD 2024工作界面

AutoCAD 2024安装完成后，在计算机桌面上双击AutoCAD 2024快捷方式图标，或者通过“开始”→“程序”→“AutoCAD 2024”→“AutoCAD 2024”即进入开始界面，如图1.1所示。

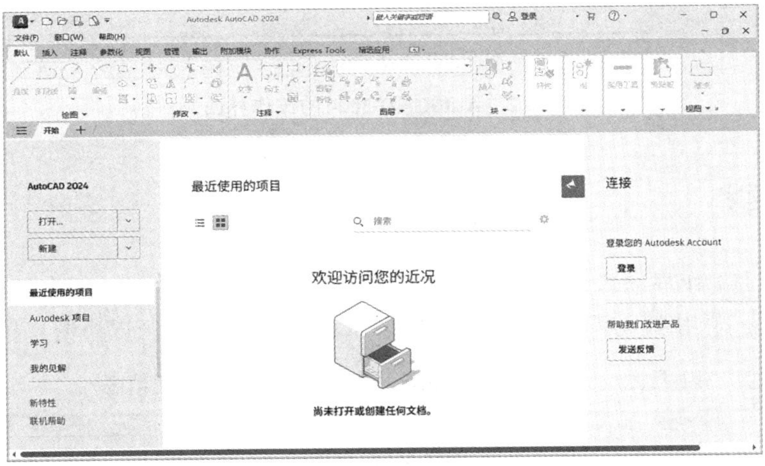

图1.1　AutoCAD 2024的开始界面

左侧设有“打开”和“新建”2个命令按钮。单击打开，弹出文件夹的列表，选择现有的CAD文件打开；单击新建，进入图1.2所示的工作界面，默认样板为acadiso.dwt。

从AutoCAD 2009版起，AutoCAD的界面设置发生了很大改变，但命令功能基本一样。第一次运行AutoCAD 2024时一般出现的工作空间是“草图与注释”空间(图1.2)，主要包括标题栏、功能区、工具栏、命令提示区、绘图区和状态显示栏等。AutoCAD 2024为用户提供了3种基本工作空间，它们分别是“草图与注释”“三维基础”和“三维建模”，取消了“AutoCAD经典”工作空间。

如果习惯了AutoCAD老版本用户界面的传统风格，想要切换为经典工作空间，需要通过个性化设置，设置“AutoCAD经典”空间的方法如下：

(1) 点击左上方“共享”旁边的小三角形，在下拉菜单里找到“显示菜单栏”并选择。

(2) 依次点击菜单栏中的“工具”→“工具栏”→“AutoCAD”,把常用的工具,如修改、标注、绘图、图层、样式等调出来。

(3) 点击“工具”→“工作空间”→“将当前工作空间另存为”,可以命名为“经典模式”,然后保存。

(4) 设置完成后,以后在工作空间切换时,就有经典模式可以切换了。

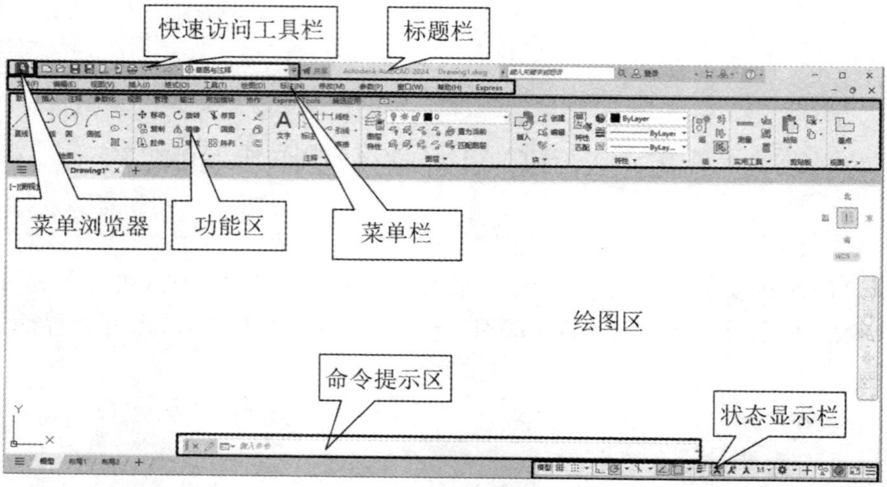

图1.2 AutoCAD 2024的工作界面

1.1.1 标题栏

标题栏位于工作界面最上方,中间显示当前操作图形的文件名。如图1.3所示,标题栏中设有菜单浏览器、快速访问工具栏、文件标题显示区、搜寻通信区以及窗口控制区。

图1.3 标题栏

1. 菜单浏览器

单击菜单浏览器,将会出现如图1.4所示的下拉菜单。左侧为常用的工具栏;右侧显示最近使用的文档,不仅能快速浏览文件、检查缩略图,还能查看关于文件尺寸和创建者的详细信息;“选项”按钮则为系统设置按钮。

2. 快速访问工具栏

此区包含有常用的快捷按钮,如新建文件、打开文件、保存、撤销、重做以及打印等等。通过点击快速访问工具栏中右侧的黑三角▾按钮弹出如图1.5所示的菜单,可以自定义快速工具栏中的命令按钮,将常用命令放入快速工具栏便于访问;还能把菜单栏显示在标题栏的下方;如果认为将快速工具栏放在标题栏不方便,也可以通过此菜单将其放在功能区下方显示。选中快速工具栏中的任一按钮,单击鼠标右键能将其快速从此区中删除。

3. 文件标题显示区

显示当前文件名称及保存路径。

4. 搜索通信区

此区包括搜索、登录、帮助。其中帮助按钮可以帮助用户得到系统提供的帮助,内有系统自带的用户手册、命令参考以及操作步骤,等等。

图1.4　菜单浏览器的内容

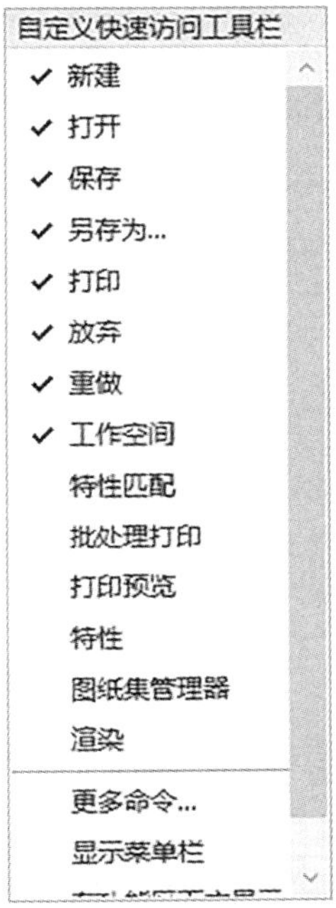

图1.5　自定义快速访问工具栏

5. 窗口控制区

标题栏中的窗口控制按钮专门用来控制系统窗口。主要包括窗口最小按钮、窗口最大按钮、关闭窗口按钮。其中单击窗口最大按钮后工作窗口被放大至全屏,然后此按钮变为窗口还原按钮,单击窗口还原按钮,此按钮又变为窗口最大按钮。

另有一组窗口控制按钮在绘图区的右上角,是专门用来控制图形文件窗口的,要与标题栏中的控制按钮区别开来。

1.1.2　功能区

功能区由功能面板和选项卡组成,此区将所有的AutoCAD工具命令分类后,用选项卡进行切换,与传统下拉式菜单的作用是一样的,但是比下拉菜单更便捷。右侧最小化按钮可以将功能区循环最小化为选项卡、面板标题、面板按钮。

在功能区任意位置右键单击,系统弹出如图1.6所示的快捷菜单。选择“显示选项卡”可以调整当前的选项卡显示,包括默认、插入、注释、参数化、视图、管理和输出等选项卡;选择“显示面板”,可以调整功能面板的显示内容,每个选项卡的功能面板模块不同,以“默认”选项卡为例，包括绘图、修改、注释、图层、块、特性、使用工具、剪贴板、视图等模块，通过勾选相应的选项，决定是否显示命令的内容。

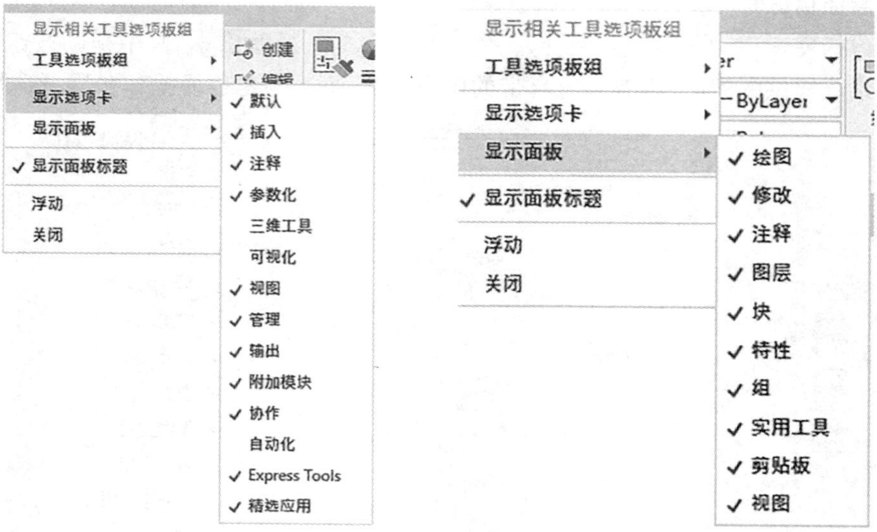

(a) (b)

图1.6 设置选项卡和功能面板的显示内容

功能面板中出现的命令按钮为常用命令，点击下面的黑三角出现的是该分类中其他次常用的命令。工具栏的位置可以进行调整，通过点击工具栏区的分类按钮不放，如，拖动到合适的位置，放开鼠标左键即可出现如图1.7所示的浮动图标，用户可以将工具栏拖放到工作界面的任意位置。若想将面板返回到功能区，点击右上角的图标即可。还可以通过点击右上角第二个图标切换面板的方向。面板处于浮动状态时，即使切换到其他选项卡，面板的位置仍然保持不变。

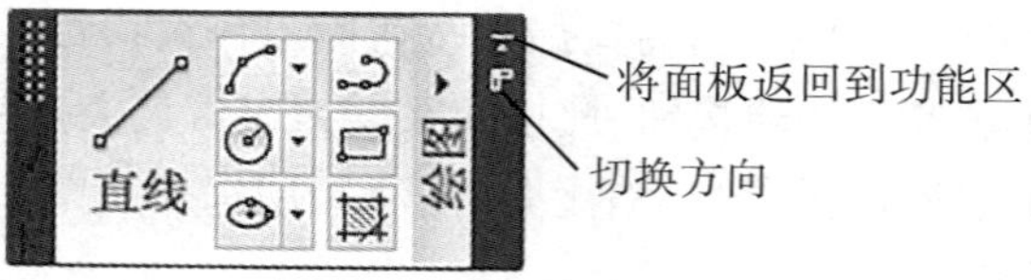

图1.7 浮动的工具栏面板

AutoCAD 2024中常用命令按钮基本都可以在工具栏面板中找到，大部分的命令调用方式既可以通过菜单栏调用，也可以直接在工具栏面板中调用。

1.1.3 绘图区

占据屏幕大部分空白区域的是绘图区（绘图窗口），即用户的绘图区域，相当于手工做图的图纸。用户所做的一切工作如绘制的图形、输入的文本以及标注的尺寸等都会出现在绘图窗口中。像其他窗口一样，绘图窗口同样有自己的滚动条、标题行、控制按钮和控制菜单等。当光标位于绘图区内时，其形状变为十字准线(Crosshairs)，用于定位点或选择图形中的对象。

AutoCAD的绘图区域的背景色，可以更改设置。在绘图区内单击鼠标右键，在弹出的快捷菜单中点击“选项”，系统会弹出“选项”对话框(图1.8)。在“选项”对话框的“显示”界面上单击“颜色”按钮后，系统会弹出“图形窗口颜色”对话框，在该对话框中可以选择绘图区域的背景色。

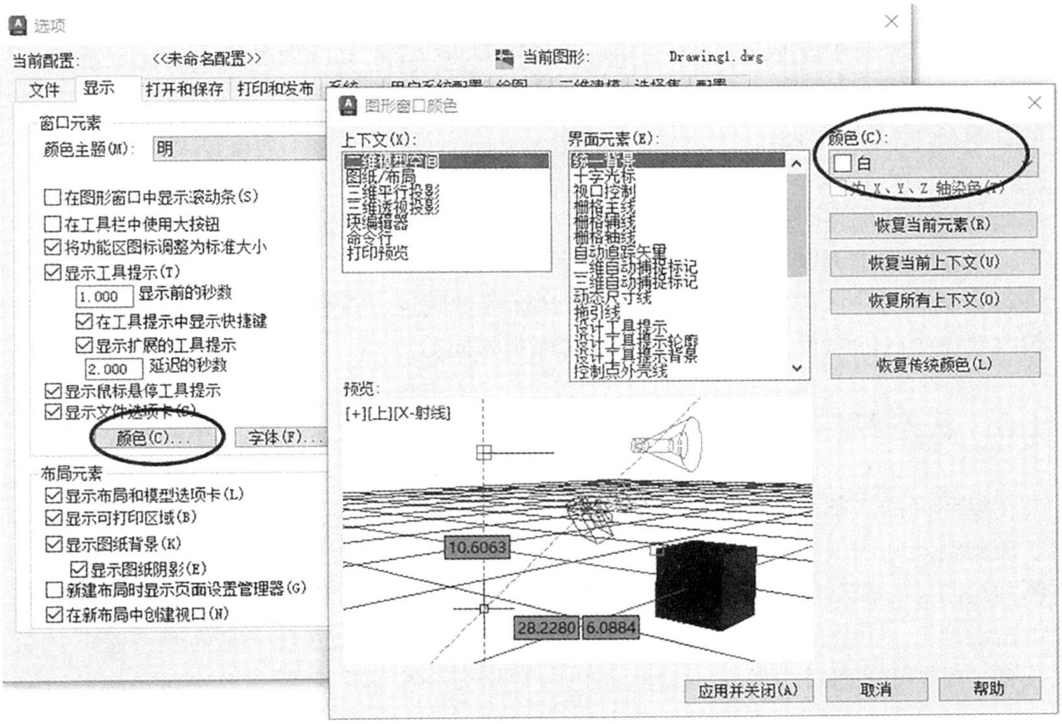

图1.8　设置绘图区颜色

1.1.4　菜单栏

在“草图与注释”工作空间中，菜单栏默认隐藏，如果要调用菜单栏，通过点击自定义快速访问工具栏中按钮，在下拉菜单中找到“显示菜单栏”选项并点击即可。AutoCAD把几乎所有的命令都集成在下拉菜单中，几乎所有的操作都可以通过下拉菜单来实现。缺省状态下AutoCAD的下拉菜单共有12个，分别为“文件(F)”“编辑(E)”“视图(V)”“插入(I)”“格式(O)”“工具(T)”“绘图(D)”“标注(N)”“修改(M)”“参数(P)”“窗口(W)”和“帮助(H)”。用鼠标单击其中的任何一个菜单选项均可以打开一个下拉菜单条。

通常下拉菜单中的命令选项都表示相应的AutoCAD命令和功能，但有些选项不仅表示一条命令，而且还提供为执行该命令所需的进一步选项。在下拉菜单条中，颜色为淡灰色的选项表明在当前状态下是不可执行的；有些选项右边出现3个黑点“…”，表示选中该项时将会弹出一个对话框，让用户做进一步的选择和设置；有些选项右边带有一个小的右向黑三角▸，表明选中该选项时，会弹出下一级子菜单。

下拉菜单行中的菜单名以及下拉菜单条中的命令选项都定义有快捷键（热键），菜单条选项文字右边出现带下划线的英文字母，就是与该选项对应的快捷键，通过按快捷键可以快速执行相应的AutoCAD命令。对于菜单行中的命令热键，执行时必须同时按下Alt键和相应的字母键来引出下拉菜单；对于下拉菜单条中的命令选项热键，则需先打开下拉菜单，然后直接按热键字母来执行相应的命令。

在下拉菜单条中，用横线将功能相近或者相关的命令项划分为组。

1.1.5 命令提示区

通过命令提示区可得知用户输入的命令和系统提示的信息，并可以指导用户下一步的操作。操作过程中可以利用窗口右边的滚动条来查看命令，也可以按F2键打开命令提示窗口进行查看。命令区的大小也可以通过将光标移动到边上进行调整，也可以利用鼠标进行拖拉改变命令区的位置，方法和移动工具栏面板相同。

1.1.6 状态栏

在绘图区的底部是状态栏，如图1.9所示。左侧有一个“模型”按钮和两个“布局”按钮，用于模型空间和图纸空间的相互切换，初始状态下，AutoCAD的绘图区域处在模型空间上。右侧为绘图状态控制按钮区，包括各种绘图辅助工具的命令按钮，这些开关按钮通过鼠标左键单击切换开关状态，图标按钮出现“明”“暗”分别表示打开或关闭。最右侧按钮☰为自定义按钮，单击可以通过个性化设置状态栏的常用命令按钮。常用命令按钮图标的含义见表1.1。

图1.9 状态栏的内容

表1.1 状态栏中的绘图状态开关按钮意义

图标	开关按钮名称	意义
	捕捉	即Snap模式，表示栅格捕捉开关显示
	栅格	即Grid模式，表示栅格开关显示
	正交	即Ortho模式，表示正交（绝对的垂直或水平）模式的开关显示
	极轴追踪	即Polar Tracking模式，表示极轴追踪模式开关显示
	对象捕捉	即Object Snap Object模式，表示对象捕捉开关显示
	对象捕捉追踪	即Object Snap Tracking模式，表示对象追踪开关显示

续表

图标	开关按钮名称	意　　义
	动态UCS	表示动态UCS开关显示。启动动态UCS后，在绘图过程中，当光标移动到实体表面，UCS的XY平面就会自动与实体面对齐
	动态输入	即Dynamic Input模式。能在光标附近显示出点的坐标、线段的长度值、角度值以及命令提示信息等
	线宽	表示线宽的开关显示
	注释比例按钮	当将注释性对象添加到图形中时，根据当前的注释比例进行缩放，并自动以正确的大小显示在模型空间中
	切换工作空间	工作空间切换按钮，默认有“草图与注释”“三维基础”和“三维建模”3种空间
	全屏显示按钮	控制绘图区域以全屏显示

1.1.7　视图缩放控制区

默认状态下位于绘图区的右侧，如图1.10所示，包括全导航控制盘、平移、范围缩放、动态观察和ShowMotion 5个命令按钮。

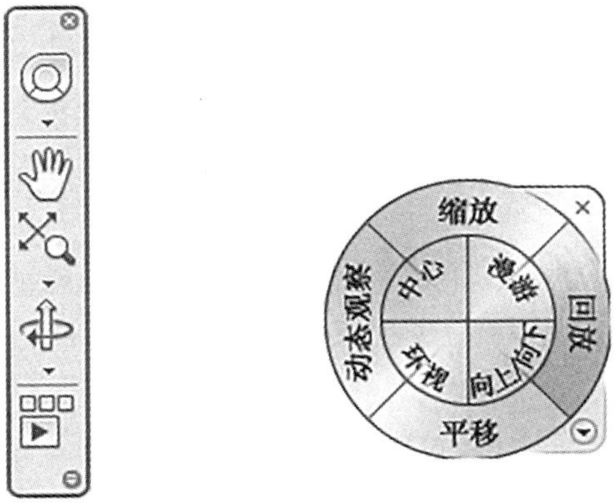

图1.10　视图缩放控制区和全导航控制盘

1. 全导航控制盘

操控盘如图1.10所示，会随鼠标移动，将操控轮拉到所要缩放或平移画面的中心位置，再单击需要的格区，就可以对当前视图做平移、缩放或3D旋转等控制。也可以通过点击操控轮右下角的三角按钮，点击菜单选项进行操控。

2. 平移

沿屏幕方向平移视图。

3. 范围缩放

缩放以显示所有对象的最大范围。

4. 动态观察

在三维空间中旋转视图,但仅限于在水平和垂直方向上进行动态观察。启动此命令之前选择多个对象中的一个可以限制为仅显示此对象。

5. ShowMotion

出于设计检查、演示以及书签样式导航目的而创建和回放电影式相机动画提供屏幕显示。ShowMotion分为以下3个主要部分:控制栏、快照序列缩略图和快照缩略图。快照是用于显示模型的特定特征或部分的命名位置。可以将相关快照组成一个称为快照序列的组。此区新增了操控轮按钮和显示动画按钮。

1.2 AutoCAD 2024的基本操作

1.2.1 命令的执行

AutoCAD启动后进入默认的图形编辑状态,图形窗口底部的命令交互区提示有"命令:"字样,此时,表示AutoCAD已处于待令状态,准备接受并执行用户发出的命令。用户可以根据需求选定要输入执行的命令。AutoCAD命令的输入设备主要有键盘、鼠标和数字化仪等,而又以鼠标和键盘最为常见。

1. 键盘命令输入

键盘是AutoCAD输入文本的最常用工具。从键盘输入命令,只需在命令行的"命令:"提示符后键入命令名,接着按一下回车键或空格键即可。AutoCAD将显示有关该命令的输入提示和选择项提示。

使用键盘输入命令操作时,必须注意命令交互区的相应提示情况。除了可透明执行的命令外,只有当交互区的提示符为"命令:"字样时,输入的命令才可以被执行。

2. 下拉菜单命令输入

下拉菜单集成了AutoCAD的绝大多数命令,因此绝大多数操作都可以通过下拉菜单来实现。例如,可以通过下拉菜单来执行画直线命令,为此选择下拉菜单的"绘图"→"直线",即可执行画线命令。

3. 工具栏按钮输入命令

AutoCAD把同类的命令做成图标按钮集中在同一工具栏上,欲执行某命令时,只需点击该命令所对应的图标按钮即可。利用工具栏上的图标按钮输入执行AutoCAD命令是一种最为简单方便的方法,工具栏大大提高了软件的易用性,使得用户无须耗费记忆各种命令文字,掌握起来更加容易。

4. 重复执行命令

在AutoCAD执行完某个命令后,如果要立即重复执行该命令,则只需在"命令:"提示符出现后,按一下回车键或者空格键即可(按一下鼠标右键,在弹出的快捷菜单中选择:"重复

***”项与此等效)。例如,用Circle命令画完一个圆后还需立即再画另一个圆,只需简单地按一下回车键即可再次执行Circle命令。

1.2.2　命令的终止

(1) 当一条命令正常完成后将自动终止。

(2) 在执行命令过程中按Esc键终止当前命令。

(3) 按空格键、Enter键或右击选择“确定”结束命令。

(4) 从菜单栏或工具栏中调用另一命令时,将自动终止当前正在执行的绝大部分命令。

1.2.3　鼠标

(1) 鼠标左键点击是选中。

(2) 鼠标中键前滚是放大,后滚是缩小,它是以鼠标为中心的;按住不放并拖动鼠标是平移;双击中键是显示全部。

(3) 鼠标右键点击是菜单键。

1.2.4　点的输入方法

AutoCAD 2024通过以下3种方式确定点的位置:

1. 用键盘输入点的坐标

坐标是确定点的位置最基本的方法。点的坐标系统分为绝对坐标系统和相对坐标系统。输入时既可以采用绝对坐标也可以采用相对坐标。

(1) 绝对坐标。

点的绝对坐标是指相对于坐标原点的坐标。绝对坐标有直角坐标和极轴坐标2种表达方式。

① 直角坐标:用点的X、Y及Z坐标轴表示点,各坐标值之间用逗号隔开。如输入:3,4,5.5,表示点的X轴坐标为3,Y轴坐标为4,Z轴坐标为5.5。对于二维的平面绘图而言,点Z的坐标为0,所有的点都可以用(X,Y)坐标来表示。

② 极轴坐标:又称为极坐标,用于输入点到原点的距离以及它在XY平面上的角度来指定点的所在位置。表示方法:距离<角度。例如,极坐标为20<45,表示该点距坐标原点的距离为20,坐标系原点与该点的连线相对于X轴正方向的夹角为45°。

(2) 相对坐标。

点的相对坐标是相对于前一坐标点的坐标,经常用于输入第二点及其以后的点。相对坐标也有直角坐标和极轴坐标2种表示方法。

点的相对坐标输入格式与绝对坐标相同,但要在输入的坐标前加前缀@。

在相对坐标里,如果没有指明Z坐标值,则AutoCAD将假设其值为0。如上一个点的坐标为(2,6,3),需得到的点(2,16,3),可以在命令栏输入相对直角坐标:@0,10,0或@0,10;

也可以输入相对极坐标:@10<90。

2. 用鼠标直接在屏幕上拾取点

将鼠标移动到相应的位置单击鼠标拾取点。AutoCAD 2024在状态栏动态不再显示光标的当前坐标,鼠标的动态输入在执行命令时会显示当前绝对坐标值。

3. 利用对象捕捉模式捕捉特殊点

对于已存在的几何图形,通过图形捕捉模式来设置点,可以准确地捕捉特殊点(具体操作方式见3.3节)。

1.3 直线与圆的画法

1.3.1 画直线的命令LINE

LINE命令用于绘制通过给定起始点和终止点的直线。

1. 命令的执行方法

(1) 下拉菜单:"绘图"→"直线"。

(2) "绘图"工具栏:直线按钮。

(3) 命令行输入:LINE或英文首字母L。

2. 命令的提示与选项

命令:LINE〈回车〉

指定第一点:要求用户输入直线段的起点坐标,输入后系统提示。

指定下一点或[放弃U]:要求用户输入直线段端点的位置,输入后系统在两点间画出一直线,并继续提示。

指定下一点或[放弃U]:要求用户输入直线段端点的位置,输入后系统在两点间画出一直线,并继续提示。

指定下一点或[闭合(C)/放弃U]:用户在提示下通过输入点的坐标或用鼠标在绘图区指定下一点的位置,系统将该点与前一点连接成直线,并继续相同的提示,直至按回车键结束画直线命令。若再提示"指定下一点或[闭合(C)/放弃U]:"键入"C"并回车,系统会将当前点与第一点间连接为直线后结束命令;输入"U",取消最近点的输入。

【例1.1】 绘制如图1.11所示的图形。

命令:LINE〈回车〉

指定第一点:(用鼠标在屏幕的适当位置拾取一点A为图形的左下角点)

指定下一点或[放弃U]:@84,0〈回车〉

指定下一点或[放弃U]:@0,50〈回车〉

指定下一点或[闭合(C)/放弃U]:@−20,0〈回车〉

指定下一点或[闭合(C)/放弃U]:@−20,−30〈回车〉

指定下一点或[闭合(C)/放弃U]:@−44,0〈回车〉

指定下一点或[闭合(C)/放弃U]:C〈回车〉

【试一试】 使用B点作为起始点,绘制图1.11。

学习完绘图辅助命令按钮(第3章),在“正交”模式或“极轴”模式下,绘制此图更为方便。

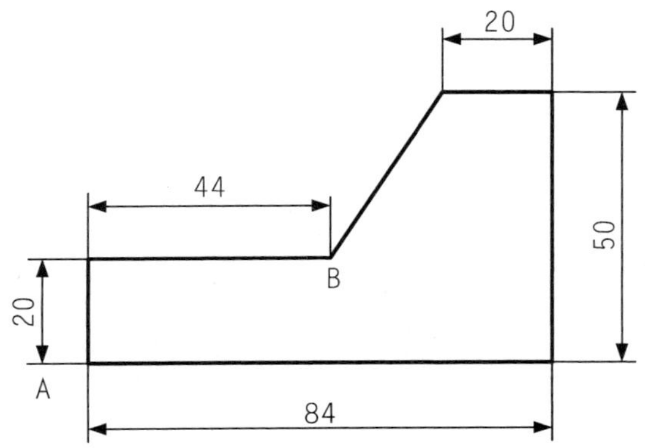

图1.11　示意图

图1.12　快捷菜单

在LINE命令的执行过程中,单击鼠标右键,将弹出如图1.12所示的快捷菜单,包含几种不同的命令选项。移动鼠标到选项上单击左键,即执行相应的命令选项。各选项的含义说明如下:

· 确认:完成画线命令。

· 取消:取消画直线命令。

· 最近的输入:显示最近输入的数据。

· 闭合:将当前点与第一点连接为直线,并结束画直线命令。

· 放弃:取消刚才输入的点。

· 平移:在当前视窗中平移图形,此时光标变为手状,按回车键或Esc键返回画直线的操作。

· 缩放:对视图进行放大缩小操作。

· Streel Wheels:出现操控轮,如图1.10所示。

· 捕捉替代:用新捕捉模式替代当前的捕捉,新捕捉模式在弹出的子菜单中选,如图1.13所示。

· 缩放:光标变为放大镜,按住拾取键并垂直拖动可进行图形缩放;按回车键返回画线操作。

· 快速计算器:弹出计算器模型如图1.14所示,可进行数据计算。

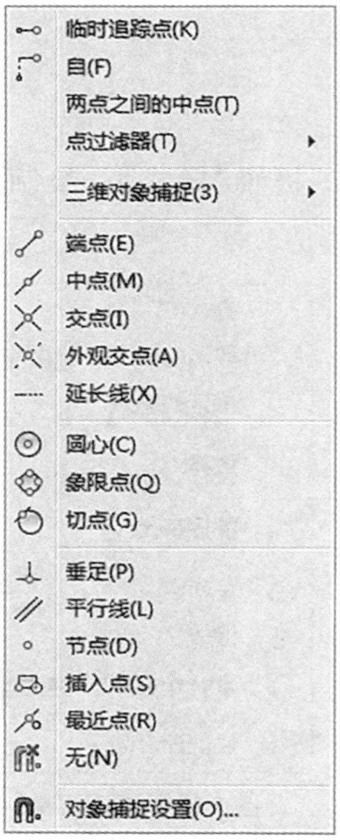

图1.13 “捕捉代替”工具栏

图1.14 快速计算器

1.3.2 画圆的命令CIRCLE

CIRCLE命令用来在指定位置画圆。

1. 命令的执行方法

(1) 下拉菜单:“绘图”→“圆”。

(2) “绘图”工具栏:圆按钮。

(3) 命令行输入:CIRCLE或英文首字母C。

2. 命令提示与选项

CIRCLE命令执行后,命令行将显示如下提示:

命令:CIRCLE〈回车〉

指定圆的圆心或[三点(3P)/两点2P/相切、相切、半径(T)]:

CIRCLE命令有多种画圆选项,这些选项分别对应不同的画圆方法。

(1) 指定圆的圆心:指定圆心和半径画圆,这是默认选项。

指定圆的圆心或[三点(3P)/两点2P/相切、相切、半径(T)]:180,100〈回车〉

指定圆的半径或[直径(D)]:40〈回车〉绘制出以点(180,100)为圆心,半径为40的圆。

(2) 圆心,直径:指定圆心和直径画圆。

指定圆的圆心或[三点(3P)/两点2P/相切、相切、半径(T)]:(输入圆心)〈回车〉

指定圆的半径或[直径(D)]:D〈回车〉

指定圆的直径:(输入直径)〈回车〉

(3) 三点(3P):指定圆上的三点画圆,输入3P并回车后执行该选项。

(4) 两点(2P):指定直径的两个端点画圆,输入2P并回车后执行该选项。

(5) 相切、相切、半径(T):选择与圆相切的两直线、圆弧或圆,然后指定圆的半径画圆,输入T并回车后执行该选项。

【例1.2】 绘制如图1.15所示的粗糙度符号。

(1) 先画直线。

命令:LINE〈回车〉

指定第一点:(用鼠标在屏幕的适当位置拾取一点为图形的右上角点)

指定下一点或[放弃U]:@20<60〈回车〉

指定下一点或[放弃U]:@10<120〈回车〉

指定下一点或[闭合(C)/放弃U]:〈回车〉

(2) 再用“相切、相切、半径”画圆。

命令:CIRCLE指定对象与圆的第一个切点:(移动光标到左边直线附近,当出现黄色切点符号时单击鼠标左键)

指定对象与圆第二个切点:(移动光标到右边直线附近,单击鼠标左键)

指定圆的半径:3〈回车〉

【例1.3】 绘制如图1.16所示的图形。

(1) 单击“圆”命令,先画出任意位置的2个半径为10的圆O1和O2。

(2) 再次启动画圆命令。

命令:CIRCLE〈回车〉

指定圆的圆心或[三点(3P)/两点2P/相切、相切、半径(T)]:T〈回车〉

指定对象与圆的第一个切点:(移动光标到圆O1附近,单击鼠标左键)

指定对象与圆的第二个切点:(移动光标到圆O2附近,单击鼠标左键)

指定圆的半径:15〈回车〉画出圆O3

(3) 下拉菜单→绘图→圆→相切、相切、相切。

指定圆上的第一个点:TAN到(移动光标到圆O1附近,单击鼠标左键)

指定圆上的第二个点:TAN到(移动光标到圆O2附近,单击鼠标左键)

指定圆上的第三个点:TAN到(移动光标到圆O3附近,单击鼠标左键)

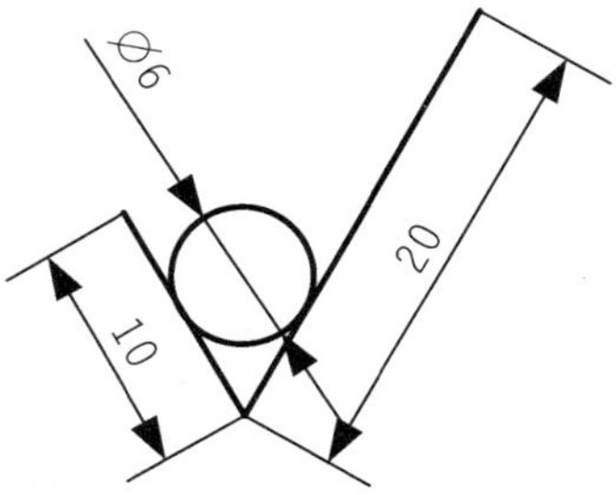

图1.15　粗糙度符号

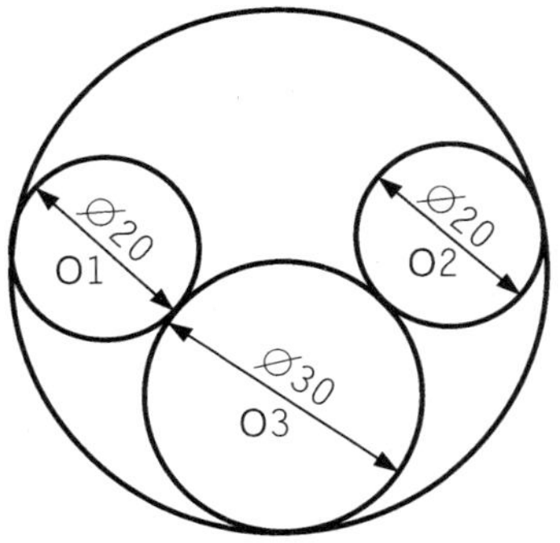

图1.16　相切的圆

1.4 删除与修剪

1.4.1 CAD选择技巧

1. 点选

左键点击;Esc是退出。

2. 矩形框选

左键点击对角点,由左往右是框选住全部才能选中对象,由右往左是框选住部分即可选中对象。

3. 全选

快捷键Ctrl+A;当执行某个命令让选择对象的时候,也可以直接输入All,然后空格是全选。

4. 栏选

执行命令时,提示选择对象,输入F,画折线,所有与折线相交的对象被选中。

1.4.2 删除命令ERASE

该命令用于删除图形中的指定对象。

1. 命令的执行方法

(1) 下拉菜单:"修改"→"删除"。

(2) "修改"工具栏:删除按钮。

(3) 命令行:ERASE。

2. 命令提示和选项

(1) 命令:ERASE〈回车〉。

(2) 选择对象:在提示下选择要删除的对象,选中的对象虚线亮显,直到按回车键或空格键结束对象选择,同时所选择的对象从屏幕上消失,表示已删除。

1.4.3 修剪命令TRIM

TRIM命令用于修剪对象以适合其他对象的边,使用修剪命令可以把图形的一部分擦除掉,对象可以是直线、圆、圆弧、多段线和样条曲线等。在AutoCAD 2024中,分为"快速(Q)"模式和"标准(S)"模式。在快速模式中,所有对象都会自动作为剪切边,直接选择需要修剪的部分,或按住并拖动选择路径,进行修剪;在标准模式中,先选择图形对象作为剪切边,按回车键或者空格键结束对剪切边的选择,再根据提示选择要修剪掉的对象。

1. 命令的执行方法

(1) 下拉菜单:“修改”→“修剪”。

(2) “修改”工具栏:修剪按钮 修剪 。

(3) 命令行:TRIM。

2. 命令提示和选项

命令:TRIM[剪切边(T)窗交(C)模式(O)投影(P)删除(R)]

系统默认为快速模式,直接拾取要修剪的图形。如修剪的图形与多个对象相交,可以切换为标准模式,或者输入T,选择对象作为剪切边,进行修剪。

(1) 剪切边(T):选择图形对象作为剪切边,按回车键或者空格键结束对剪切边的选择。

(2) 窗交(C):用窗口方式选择被剪裁对象。

(3) 模式(O):“快速”和“标准”2种模式的切换。

(4) 投影(P):要求用户指定投影模式。选择该选项,系统接着提示:

输入投影选项[无(N)/UCS(U)/视图(V)]〈UCS〉:

① 无(N):按实际三维空间的相互关系修剪,而不是在平面上按投影关系修剪。

② UCS:默认模式。将对象和边投影到当前UCS的XOY平面上修剪。

③ 视图(V):在当前视图平面上修剪。

(5) 删除(R):选择要删除的对象。

【例1.4】 用“修剪”命令,绘制如图1.17(a)所示的五角星。

(1) 单击“多边形”命令,绘制一个正五边形。

(2) 用“直线”命令,顺次连接正五边形的顶点绘制五角星,如图1.17(b)所示。

(3) 单击“修剪”命令。

命令:TRIM〈回车〉

当前设置:投影=UCS 边=无

选择剪切边…

选择对象或〈全部选择〉:〈回车〉

选择要修剪的对象,按住Shift键选择要延伸的对象,或

[栏选(F)/窗交(C)/投影(P)/边(E)/删除(R)/放弃(U)]:(拾取直线12)

选择要修剪的对象,按住Shift键选择要延伸的对象,或

[栏选(F)/窗交(C)/投影(P)/边(E)/删除(R)/放弃(U)]:(拾取直线23)

选择要修剪的对象,按住Shift键选择要延伸的对象,或

[栏选(F)/窗交(C)/投影(P)/边(E)/删除(R)/放弃(U)]:(拾取直线34)

选择要修剪的对象,按住Shift键选择要延伸的对象,或

[栏选(F)/窗交(C)/投影(P)/边(E)/删除(R)/放弃(U)]:(拾取直线45)

选择要修剪的对象,按住Shift键选择要延伸的对象,或

[栏选(F)/窗交(C)/投影(P)/边(E)/删除(R)/放弃(U)]:(拾取直线51)

如图1.17(c)所示。

选择要修剪的对象,按住Shift键选择要延伸的对象,或

[栏选(F)/窗交(C)/投影(P)/边(E)/删除(R)/放弃(U)]:〈回车〉

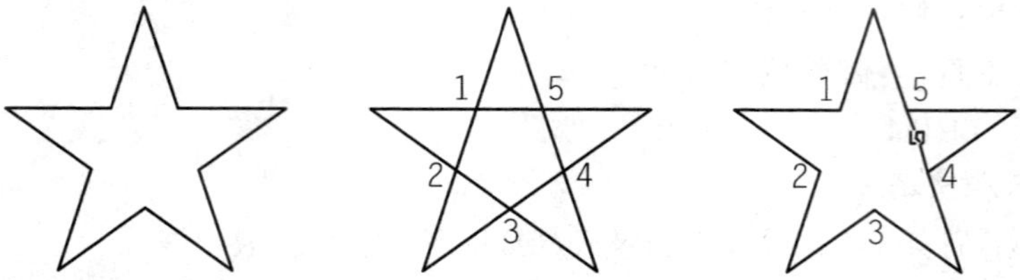

(a) (b) (c)

图1.17 绘制五角星视图

【试一试】 绘制如图1.18(a)所示的图案。

(1) 用"正多边形"命令绘制一正四边形,用"矩形"命令绘制一矩形,如图1.18(b)所示。

(2) 单击"偏移"命令,分别偏移复制一正四边形和一矩形,如图1.18(c)所示。

(3) 启动"修剪"命令:

命令:TRIM〈回车〉

选择剪切边…

选择对象或〈全部选择〉:〈回车〉

选择要修剪的对象,按住Shift键选择要延伸的对象,或

[栏选(F)/窗交(C)/投影(P)/边(E)/删除(R)/放弃(U)]:(拾取被遮挡的线段)

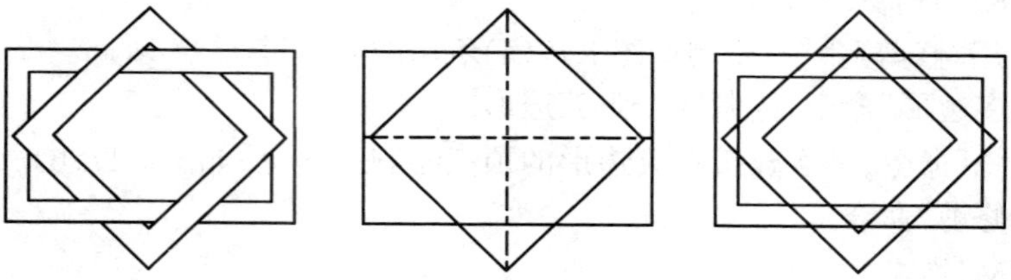

(a) (b) (c)

图1.18 绘制正四边形视图

1.5 AutoCAD 2024的文件管理

本节主要介绍创建新图形、打开已有图形以及保存和关闭图形文件的操作方法。在AutoCAD系统中,图形文件是以扩展名为".dwg"的文件保存的。文件扩展名由系统自动加到用户输入的文件名的后缀上,因此用户在输入文件名时,只需输入文件名,系统默认扩展名为".dwg"。

1.5.1 创建新图形

创建新图形的方式可以通过以下几种方式进行:

(1) 单击图标:“快速访问”工具栏中的(新建)按钮。

(2) 菜单命令:“菜单浏览器”→“新建”→“图形”或“文件”→“新建”。

(3) 由键盘输入命令:NEW〈回车〉。

输入命令后,AutoCAD弹出“选择样板”对话框,如图1.19所示。

在该对话框中选择相应的样板(一般选择样板“acadiso.dwt”),单击“打开”按钮,即可以相应的模板建立新图形。

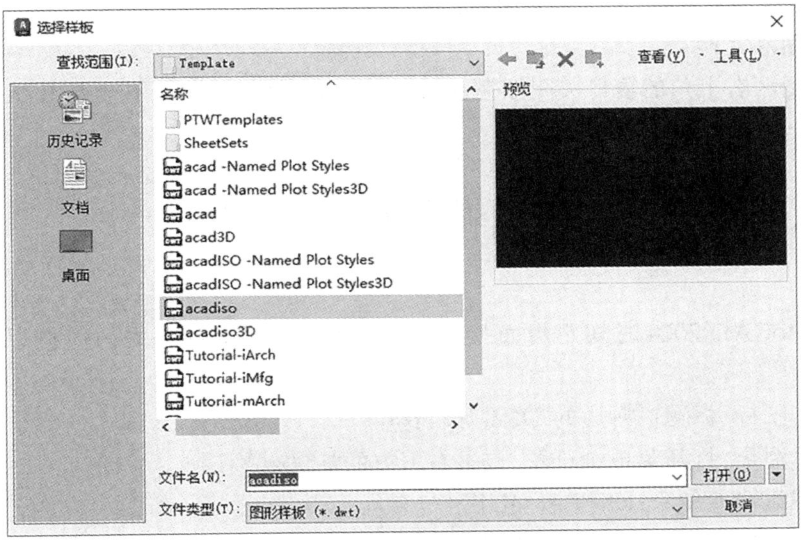

图1.19　“选择样板”对话框

1.5.2　打开已有图形

打开已有的图形文件,有3种方式:

(1) 单击图标:“快速访问”工具栏中的(打开)按钮。

(2) 菜单命令:“菜单浏览器”→“打开”→“图形”或“文件”→“打开”→“图形”。

(3) 由键盘输入命令:OPEN〈回车〉。

运行此命令后,AutoCAD弹出与图1.19类似的“选择文件”对话框(不同之处:文件类型为“图形(.dwg)”),通过路径选择打开相应的文件。

AutoCAD 2024打开文件可以在对话框中显示缩略图,能快速找到所需的图形文件。还可以将常用的目录拉入左侧的“位置”列表,以便快速访问。

1.5.3　保存和关闭图形文件

1. 保存文件

图形文件完成后,需要进行保存,可以通过以下3种方式:

(1) 单击图标:“快速访问”工具栏中的(保存)按钮。

(2) 菜单命令:“菜单浏览器”→“保存”。

(3) 由键盘输入命令:QSAVE〈回车〉。

执行命令后,如果当前文件没有命名保存过,AutoCAD会打开“图形另存为”对话框用来指定选择文件的保存位置及名称,然后单击“保存”按钮。如果当前文件已命名保存过,AutoCAD将默认以原文件名和位置保存图形。若想另行保存,其命令格式:

(1) 菜单命令:“菜单浏览器”→“另存为”。

(2) 由键盘输入命令:SAVES〈回车〉。

2. 关闭图形文件

单击绘图区右上角的窗口关闭按钮就可以关闭此图形文件,但不会退出AutoCAD。

1.6 退出AutoCAD 2024

退出AutoCAD 2024时切不可直接关机,否则会引起文件丢失。应按以下方式之一进行:

(1) 单击图标:标题栏右边的“关闭”按钮。

(2) 菜单命令:打开菜单浏览器,点击右下方的退出 AutoCAD按钮。

(3) 由键盘输入命令:EXIT或QUIT〈回车〉。

如果文件没有保存,AutoCAD会出现提示“是否将改动保存”的对话框,选择相应的按钮即可安全退出。

综 合 练 习

1. 按以下步骤,熟悉操作界面:

(1) 启动AutoCAD 2024,进入AutoCAD绘图界面。

(2) 调整操作界面大小。

(3) 显示/隐藏菜单栏:单击快速访问工具栏右侧的小箭头,在弹出的快捷菜单中选择“显示菜单栏”/“隐藏菜单栏”命令。

(4) 改变绘图窗口颜色和光标大小。

① 调出“选项”对话框:下拉菜单“工具”→“选项”;绘图区单击右键→“选项”;左上角“菜单浏览器”→“选项”。

② 在打开的“选项”对话框中,选择“显示”选项卡,单击其中的“颜色”按钮,在弹出的“颜色”对话框中,打开颜色下拉列表,选中一种颜色后单击“应用并关闭”,回到“选项”对话框,单击“确定”,即改变了绘图窗口颜色。

③ 在“显示”选项卡中,通过向左、向右拖动“十字光标大小”的调节拉杆改变光标大小。

(5) 调用对象捕捉工具栏,将它们放在绘图区的右侧。

① 下拉菜单“工具”→“工具栏”。

② 在打开的“工具栏”对话框中,移动鼠标至“AutoCAD”处,在“AutoCAD”的子菜单中将出现多种选项,单击其中的“对象捕捉”选项,在绘图区即出现“对象捕捉”工具栏。

③ 将光标移到“对象捕捉”工具栏上按下鼠标左键不松,将其拖到绘图区的右侧后松开左键。

(6) 对象捕捉设置的练习。

① 移动鼠标到辅助工具栏的“对象捕捉”上单击右键,弹出“草图设置”对话框。

② 将其中的“中点”“垂足”和“切点”前的复选框选中,点击“确定”按钮退出。

2. 用直线命令绘制图1.20的图形轮廓线,不标注尺寸,将文件命名为“综合练习1”,保存在自己的文件夹。

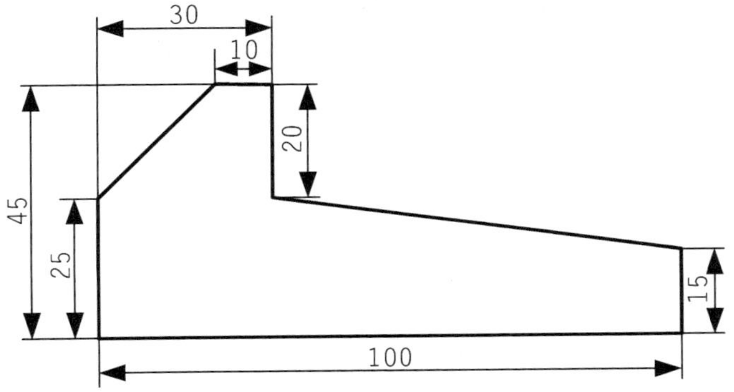

图1.20　绘图样版

3. 按尺寸绘制图1.21所示图形,不标注尺寸,文件名为“综合练习2”。

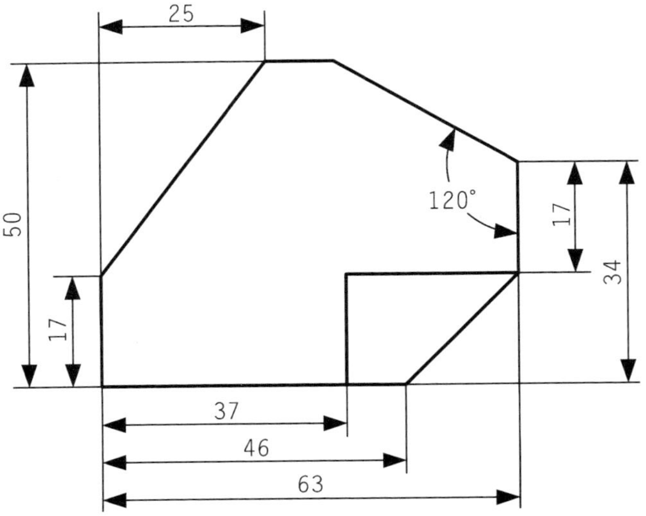

图1.21　绘图样版

4. 按尺寸绘制如图1.22所示图形，不标注尺寸，文件名为“综合练习3”。

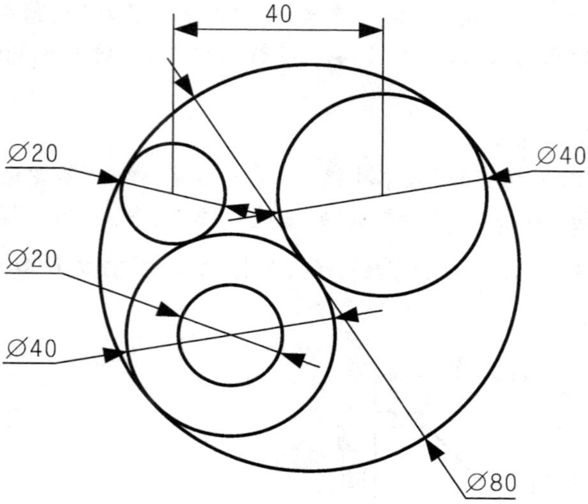

图1.22 绘图样版

第2章　常用绘图命令

2.1　圆弧ARC

ARC命令用于绘制圆弧,系统提供了多种画圆弧的方法供用户选用,详细列在如图2.1所示的圆弧命令下方的三角形按钮里,或“绘图”下拉菜单中的“圆弧”命令子菜单中。

用命令方式画圆弧时,可以根据系统提示选择不同的选项画圆弧。

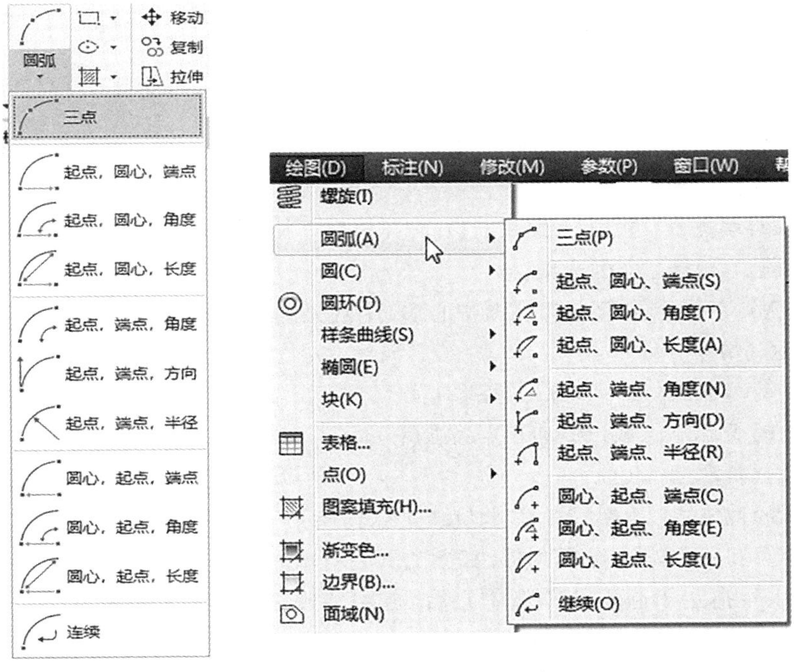

图2.1　圆弧命令子菜单

1. 命令的执行方法

(1) 下拉菜单:“绘图”→“圆弧”。

(2) “绘图”工具栏:圆弧按钮。

(3) 命令行输入:ARC或首字母A。

2. 命令的提示与选项

命令:ARC〈回车〉

指定圆弧的起点或[圆心(C)]:

(1) 指定圆弧的起点:默认画法。输入起点后系统继续提示:

指定圆弧的起点或[圆心(C)]:(拾取1点)

指定圆弧的第二个点或[圆心(C)/端点(E)]:(拾取2点)

指定圆弧的端点:(拾取3点)绘出圆弧,如图2.2(a)所示。

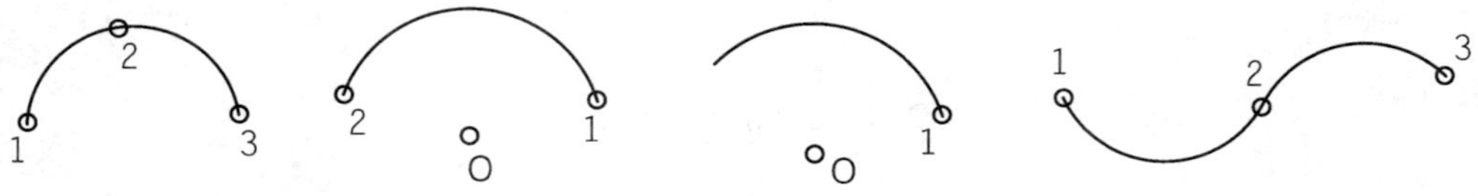

(a) (b) (c) (d)

图2.2 圆弧的绘制

(2) 起点、圆心:先要指定圆弧的起点和圆心,然后再指定圆弧的端点、弧心角(A)或弦长(L)来画弧。输入正的角度值按逆时针方向画圆弧,输入负的角度值按顺时针方向画圆弧,均是从起点开始。如果选择的是弦长(L),则总是按逆时针方向画圆弧。正的弦长值画的是小于180°的圆弧,负的弦长值则画的是大于180°的圆弧。

命令:ARC〈回车〉

指定圆弧的起点或[圆心(C)]:(拾取1点)

指定圆弧的第二个点或[圆心(C)/端点(E)]:C〈回车〉

指定圆心:(拾取圆心O)

指定圆弧的端点或[角度(A)/弦长(L)]:(拾取3点)绘出圆弧,如图2.2(b)所示。其中[角度(A)/弦长(L)]是2个可选项。

① 角度(A):在指定了起点和圆弧中心后,用圆弧的包含角绘制圆弧。

命令:ARC〈回车〉

指定圆弧的起点或[圆心(C)]:(拾取1点)

指定圆弧的第二个点或[圆心(C)/端点(E)]:C〈回车〉

指定圆心:(拾取圆心O)

指定圆弧的端点或[角度(A)/弦长(L)]:A〈回车〉

指定包含角:120〈回车〉绘出圆弧,如图2.2(c)所示。

② 弦长(L):指定了起点和圆弧中心后,再用圆弧对应的弦长绘制圆弧。注意:所输入的弦长不得大于起点到圆心距离的2倍。

(3) 起点、端点:首先指定圆弧的起点和终点,然后指定圆弧的弧心角、方向或者半径来画圆弧。输入正的角度值按逆时针方向画圆弧,负的角度值按顺时针方向画圆弧,均是从起点开始的。如果选择的是半径,则总是按逆时针方向画圆弧。正的半径值画出小于180°的圆弧,负半径值则画的是大于180°的圆弧。

注意下拉菜单中圆弧命令的子菜单中“继续”选项,是以上一次所画的线段或圆弧的终点为起点继续画弧,且所画的圆弧与上一段对象相切,如图2.2(d)中所示的2~3段的圆弧。

【例2.1】 绘制如图2.3所示的图形。

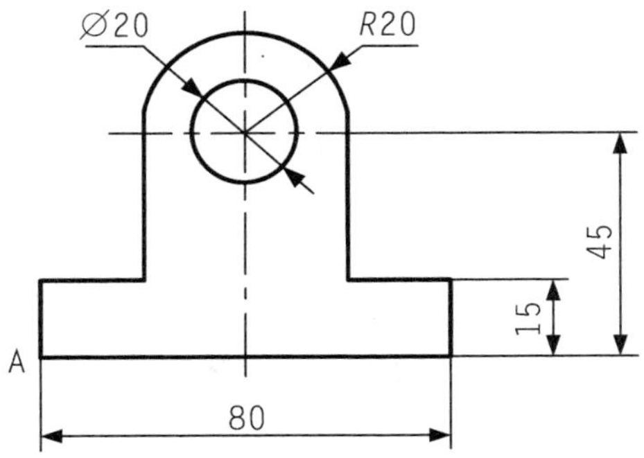

图2.3　绘制图形

(1) 单击“直线”命令。

命令:LINE〈回车〉

指定第一点:(在屏幕的适当位置用鼠标拾取一点为图形的左下角点A)

指定下一点或[放弃U]:@80,0〈回车〉

指定下一点或[放弃U]:@0,15〈回车〉

指定下一点或[放弃U]:@−20,0〈回车〉

指定下一点或[放弃U]:@0,30〈回车〉

指定下一点或[放弃U]:〈回车〉

(2) 单击“圆”命令。

命令:CIRCLE〈回车〉

指定圆的圆心或[三点(3P)/两点2P/相切、相切、半径(T)]:@−20,0〈回车〉

指定圆的半径或[直径(D)]:10〈回车〉画出半径为10的圆。

(3) 单击“圆弧”命令。

命令:ARC〈回车〉

指定圆弧的起点或[圆心(C)]:@20,0〈回车〉

指定圆弧的第二个点或[圆心(C)/端点(E)]:C〈回车〉

指定圆心:@−20,0〈回车〉

指定圆弧的端点或[角度(A)/弦长(L)]:A〈回车〉

指定包含角:180〈回车〉

(4) 单击“直线”命令。

命令:LINE〈回车〉

指定第一点:@20,0〈回车〉

指定下一点或[放弃U]:@0,−30〈回车〉

指定下一点或[放弃U]:@−20,0〈回车〉

指定下一点或[放弃U]:@0,−15〈回车〉

【例2.2】 绘制如图2.4(a)所示的梅花图案。

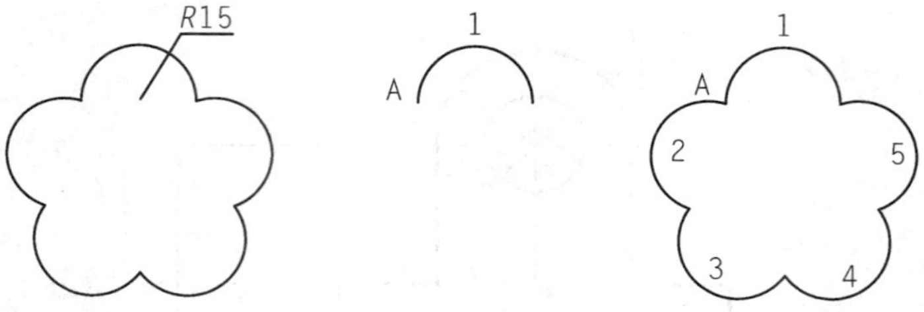

(a)　　(b)　　(c)

图2.4　梅花图案

(1) 单击“圆弧”命令。

命令:ARC〈回车〉

指定圆弧的起点或[圆心(C)]:(在屏幕适当位置拾取一点)

指定圆弧的第二个点或[圆心(C)/端点(E)]:E〈回车〉

指定圆弧的端点:@30<180〈回车〉

指定圆弧的圆心或[角度(A)/方向(D)/半径(R)]:R〈回车〉

指定圆弧的半径:15〈回车〉画出圆弧花瓣1,如图2.4(b)所示。

(2) 再次执行“圆弧”命令。

指定圆弧的起点或[圆心(C)]:(捕捉圆弧1左下角端点A)

指定圆弧的第二个点或[圆心(C)/端点(E)]:E〈回车〉

指定圆弧的端点:@30<252〈回车〉

指定圆弧的圆心或[角度(A)/方向(D)/半径(R)]:R〈回车〉

指定圆弧的半径:15〈回车〉画出圆弧花瓣2,如图2.4(c)所示。

(3) 再次执行“圆弧”命令。

命令:ARC〈回车〉

指定圆弧的起点或[圆心(C)]:(捕捉圆弧2左下角端点)

指定圆弧的第二个点或[圆心(C)/端点(E)]:E〈回车〉

指定圆弧的端点:@30<324〈回车〉

指定圆弧的圆心或[角度(A)/方向(D)/半径(R)]:R〈回车〉

指定圆弧的半径:15〈回车〉画出圆弧花瓣3,如图2.4(c)所示。

命令:ARC〈回车〉

指定圆弧的起点或[圆心(C)]:(捕捉圆弧3右下角端点)

指定圆弧的第二个点或[圆心(C)/端点(E)]:C〈回车〉

指定圆弧的圆心:@15<36〈回车〉

指定圆弧的端点或[角度(A)/弦长(L)]:A〈回车〉

指定包含角:180〈回车〉画出圆弧花瓣4,如图2.4(c)所示。

命令:ARC〈回车〉

指定圆弧的起点或[圆心(C)]:(捕捉圆弧4右上角端点)

指定圆弧的第二个点或[圆心(C)/端点(E)]:C〈回车〉

指定圆弧的圆心：@15<108〈回车〉

指定圆弧的端点或[角度(A)/弦长(L)]：A〈回车〉

指定包含角：180〈回车〉画出圆弧花瓣5，如图2.4(c)所示。

2.2　正多边形POLYGON

POLYGON命令用于绘制正多边形。正多边形的边数可在3～1024之间选取。绘制正多边形时，可以给定某一条边的长度和边数来定义一个正多边形；也可以通过给定一个基准圆和多边形的边数来绘制正多边形，该正多边形可以内接或者外切这个圆。

1. 命令的执行方法

(1) 下拉菜单："绘图"→"正多边形"。

(2) "绘图"工具栏：多边形按钮。

(3) 命令行输入：POLYGON或英文首字母P。

2. 命令的提示与选项

命令：POLYGON〈回车〉

输入边的数目：5〈回车〉

指定多边形的中心点或[边(E)]：(输入点O)〈回车〉

(1) 指定多边形的中心点：默认选项。输入一点作为欲画多边形的外接圆或内切圆的圆心。输入后继续如下提示：

输入选项[内接于圆(I)/外切于圆(C)]：I〈回车〉选择内接多边形的方式。

指定圆的半径：50〈回车〉画出一内接于圆半径为50的正五边形，如图2.5(a)所示。

(2) 边(E)：以指定边的方式绘制正多边形。

命令：POLYGON〈回车〉

输入边的数目：6

指定多边形的中心点或[边(E)]：E〈回车〉选择以指定边的方式绘制正六边形。

指定边的第一个端点：(输入A点)〈回车〉

指定边的第二个端点：(输入B点)〈回车〉

按AB的矢量方向逆时针画出一正六边形，如图2.5(b)所示。

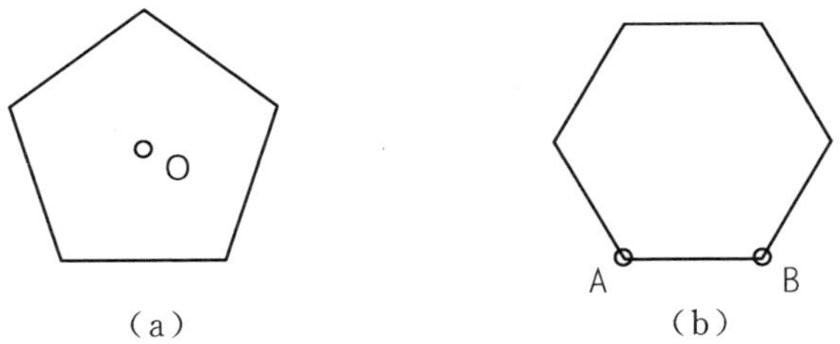

(a)　　(b)

图2.5　正六边形

【**例2.3**】 绘制如图2.6所示的螺母的视图。

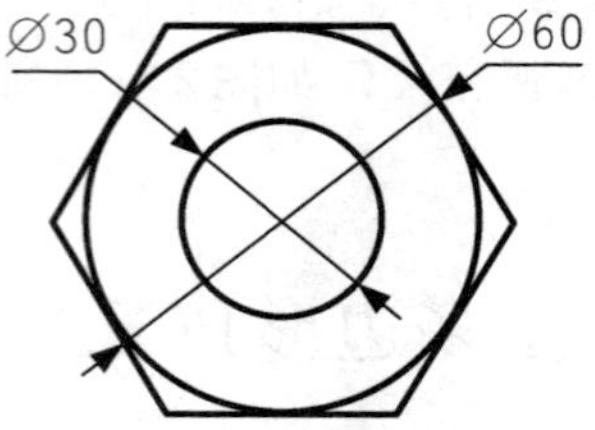

图2.6 螺母视图

(1) 单击“圆”命令：绘制出∅60的圆。

(2) 单击“正多边形”命令：绘制外切正六边形。

命令:POLYGON〈回车〉

输入边的数目:6

指定多边形的中心点或[边(E)]:(捕捉∅60的圆心。)

输入选项[内接于圆(I)/外切于圆(C)]:C〈回车〉

指定圆的半径:30〈回车〉

(3) 执行画圆命令,绘制∅30的圆,圆心捕捉∅60的圆心。

2.3 矩形RECTANG

RECTANG用于绘制矩形,用户需要指定矩形的两个对角点的坐标即可画出一普通矩形;选择命令选项可绘制特殊要求的矩形。

1. 命令的执行方法

(1) 下拉菜单:“绘图”→“矩形”。

(2) “绘图”工具栏:矩形按钮。

(3) 命令行输入:RECTANG。

2. 命令的提示与选项

命令:RECTANG〈回车〉

指定第一个角点或[倒角(C)/标高(E)/圆角(F)/厚度(T)/宽度(W)]:

(1) 默认选项。

指定第一个角点:输入一个点后系统继续提示如下:

指定另一个角点或[面积(A)/尺寸(D)/旋转(R)]:(输入另一点)系统以此两点连线为对角线画一矩形如图2.7(a)所示。

尺寸(D):一个可选项,使用长和宽绘制矩形。

指定另一个角点或[面积(A)/尺寸(D)/旋转(R)]:D〈回车〉

指定矩形的长度:(输入长度)〈回车〉

指定矩形的宽度:(输入宽度)〈回车〉

指定另一个角点或[面积(A)/尺寸(D)/旋转(R)]:用鼠标拾取另一角点后绘出矩形。

(2) 倒角(C):要求指定倒角距离,绘制一个在矩形的四角带有倒角的矩形。键入“C”并按回车键即选择该项。系统继续提示:

指定矩形的第一个倒角距离:5〈回车〉

指定矩形的第二个倒角距离:5〈回车〉

指定第一个角点或[倒角(C)/标高(E)/圆角(F)/厚度(T)/宽度(W)]:(输入一点)〈回车〉

指定另一个角点或[面积(A)/尺寸(D)/旋转(R)]:(输入另一点)〈回车〉

画出一个4个拐角倒角为5的矩形,如图2.7(b)所示。

注意:输入的倒角值,将作用于随后的RECTANG命令。只有改变距离为0,才重新画一个普通矩形,否则默认画一个带边角的矩形。

(3) 标高(E):指定要画矩形的标高,键入E并回车,表示选择该项:

(4) 圆角(F):画带圆角的矩形,键入F并回车,表示选择该项:

命令:RECTANG〈回车〉

指定第一个角点或[倒角(C)/标高(E)/圆角(F)/厚度(T)/宽度(W)]:F〈回车〉

指定圆角的半径:5〈回车〉

指定第一个角点或[倒角(C)/标高(E)/圆角(F)/厚度(T)/宽度(W)]:(输入一点)〈回车〉

指定另一个角点或[面积(A)/尺寸(D)/旋转(R)]:(输入另一点)〈回车〉

画出一个4个拐角圆角为5的矩形,如图2.7(c)所示。

注意:输入的圆角值,将作用于随后的RECTANG命令。如果指定半径为0,则画一个普通矩形,否则默认画一个带圆角的矩形。

(5) 厚度(T):键入T并按回车键,指定要画矩形的厚度,即画出一长方体。

注意:此时画出的矩形要三维坐标系下才能显示出厚度。

(6) 宽度(W):用粗线来画矩形,键入E并回车,要求输入线条的宽度。

命令:RECTANG〈回车〉

指定第一个角点或[倒角(C)/标高(E)/圆角(F)/厚度(T)/宽度(W)]:W〈回车〉

指定矩形的线宽:(输入数值2)〈回车〉

指定第一个角点或[倒角(C)/标高(E)/圆角(F)/厚度(T)/宽度(W)]:(输入一点)〈回车〉

指定另一个角点或[面积(A)/尺寸(D)/旋转(R)]:(输入另一点)〈回车〉

画出一个线宽为2的矩形,如图2.7(d)所示。

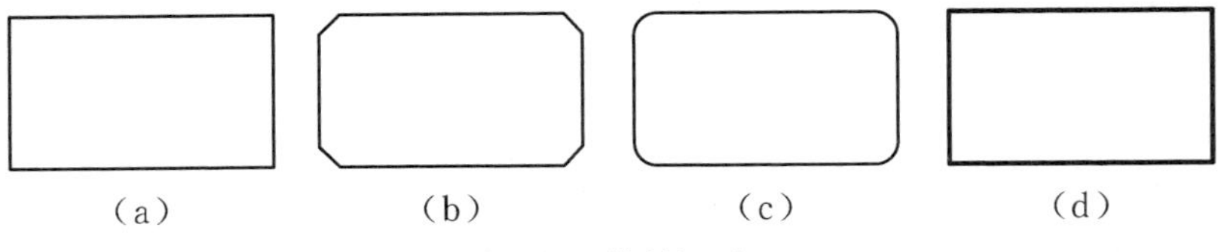

图2.7　绘制矩形

同样,输入的值将作用于随后的RECTANG命令。如果指定宽度为0,则画一个普通矩形,否则画一个由宽边组成的矩形。

2.4 椭圆ELLIPSE

ELLIPSE命令用于绘制椭圆,默认画法是指定一根轴的两个端点和另一根轴的长度。对椭圆进行修改,可以使其变成椭圆弧。

1. 命令的执行方法

(1) 下拉菜单:“绘图”→“椭圆”。

(2) “绘图”工具栏:椭圆按钮。

(3) 命令行输入:ELLIPSE。

2. 命令的提示与选项

命令:ELLIPSE〈回车〉

指定椭圆的轴端点或[圆弧(A)/中心点(C)]:

(1) 指定椭圆的轴端点:默认选项,要用户指定椭圆某一轴(长轴、短轴均可),例如输入1点后系统接着提示:

指定轴的另一个端点:(输入另一端点2)〈回车〉

指定另一条半轴长度或[旋转(R)]:(输入点3)〈回车〉

输入点3确定了另一半轴的长度,即绘制出指定条件的椭圆,如图2.8(a)所示。也可直接输入数值为半轴的长度。

如果键入“R”并回车,则执行旋转选项,系统提示:

指定另一条半轴长度或[旋转(R)]:R〈回车〉

指定绕长轴旋转:用户在此提示输入一角度,即可绘制一椭圆,该椭圆为通过这两点,并以这两点间的距离为直径的圆,绕这两点连线旋转输入角度后的投影。输入角度为0则画一大圆,最大输入角度为89.4°,画出一个很扁的椭圆。

(2) 中心点(C):通过指定椭圆的中心来绘制椭圆。

命令:ELLIPSE〈回车〉

指定椭圆的轴端点或[圆弧(A)/中心点(C)]:C〈回车〉

指定椭圆的中心点:(拾取点O)

指定轴的端点:(输入椭圆其中一轴的任一端点A)

指定另一轴的长度或[旋转(R)]:(拾取点B)绘出椭圆,如图2.8(b)所示。

(3) 圆弧(A):此选项用于绘制椭圆弧。系统首先画一个完整椭圆,然后通过指定椭圆弧的起始角和终止角,或指定椭圆弧的起始角及其包含角画出椭圆弧。

命令:ELLIPSE〈回车〉

指定椭圆的轴端点或[圆弧(A)/中心点(C)]:A〈回车〉

指定椭圆弧的轴端点或[中心点(C)]:(输入点1)〈回车〉

指定轴的另一个端点:(输入另一端点2)

指定另一条半轴长度或[旋转(R)]:(输入点3)

指定起始角度或[参数(P)]:0〈回车〉

指定终止角度或[参数(P)/包含角度(I)]:190〈回车〉

绘出椭圆,如图2.8(c)所示。

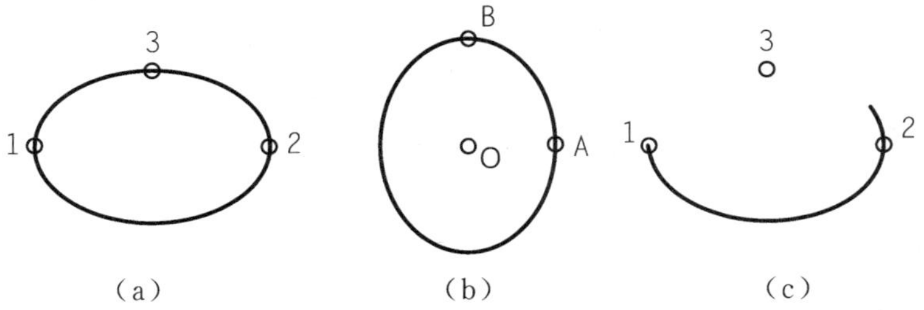

图2.8　椭圆的绘制

AutoCAD 2024提供有专门绘制椭圆弧的命令,在“绘图”下拉菜单椭圆的子菜单或“绘图”工具栏中直接调用。该命令的选项及其意义与椭圆命令中的“圆弧(A)”选项相同,读者可自行练习体会。

【例2.4】　绘制如图2.9(a)所示的面盆的平面图。

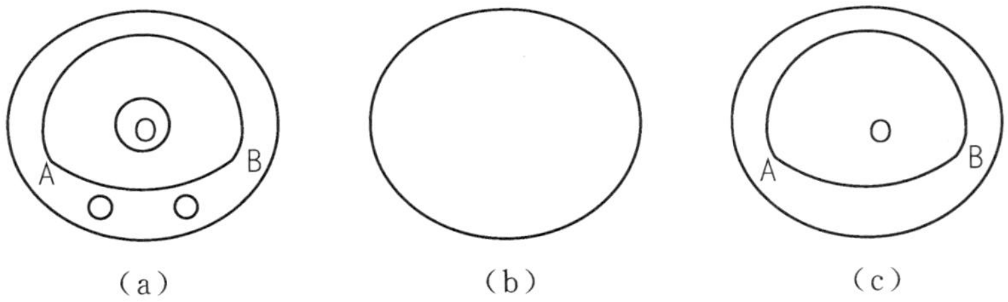

图2.9　面盆的平面图

(1) 单击“椭圆”命令,绘制面盆外沿。

命令:ELLIPSE〈回车〉

指定椭圆的轴端点或[圆弧(A)/中心点(C)]:(用鼠标在屏幕的适当位置拾取一点)

指定轴的另一个端点:(拾取另一端点)

指定另一条半轴长度或[旋转(R)]:(用鼠标拉出另一半轴长度)如图2.9(b)所示。

(2) 单击“椭圆弧”命令,画面盆内沿。

命令:ELLIPSE〈回车〉

指定椭圆的轴端点或[圆弧(A)/中心点(C)]:A〈回车〉

指定椭圆弧的轴端点或[中心点(C)]:C〈回车〉

指定椭圆的中心点:(捕捉外沿椭圆的中心)

指定轴的另一个端点:(输入另一端点)

指定另一条半轴长度或[旋转(R)]:(用鼠标在屏幕上拉出另一半轴长度)

指定起始角度或[参数(P)]:−20〈回车〉

指定终止角度或[参数(P)/包含角度(I)]:200〈回车〉结果如图2.9(c)所示。

(3) 单击“圆弧”命令。

命令:ARC〈回车〉

指定圆弧的起点或[圆心(C)]:(捕捉A点)如图2.9(c)所示。

指定圆弧的第二个点或[圆心(C)/端点(E)]:E〈回车〉

指定端点:(捕捉B点)

指定圆弧的圆心或[角度(A)/方向(D)/半径(R)]:A〈回车〉

指定包含角:(输入120)〈回车〉结果如图2.9(c)所示。

(4) 用“圆”命令在适当位置绘制下水孔、水龙头孔的圆。

2.5 多段线PLINE

二维多段线是由可变宽度的直线段或直线段和圆弧段相互连接所形成的图形。它与用LINE命令画出的彼此相连的多个直线形不同,多段线是作为一个整体而存在的。

1. 命令的执行方法

(1) 下拉菜单:“绘图”→“多段线”。

(2) “绘图”工具栏:多段线按钮。

(3) 命令行输入:PLINE(简化输入:PL)。

2. 命令的提示与选项

命令:PLINE〈回车〉

指定起点:(输入起点)

当前线宽0.000

指定下一个点或[圆弧(A)/半宽(H)/长度(L)/放弃(U)/宽度(W)]:

“当前线宽0.000”:多段线当前的宽度。该宽度将对多段线的所有线段起作用,直到用户重新指定新线宽为止。

接着显示的提示是PLINE命令的选项,其含义说明如下:

(1) 指定下一个点:默认选项,让用户指定多段线的下一点,指定后将从起点开始画出一条直线段。然后继续相同的提示及选项。连续指定下一点,就像执行“LINE”命令一样绘制出一条折线段。

(2) 圆弧(A):转换为画圆弧模式,键入“A“并按回车键,显示相应的提示:

指定圆弧的端点或[角度(A)/圆心(CE)/闭合(CL)/方向(D)/半宽(H)/直线(L)/半径(R)/第二个点(S)/放弃(U)/宽W]:在此提示下输入点或选择其他选项,即画出与前段图元相切的圆弧。

(3) 半宽(H):指定多段线的半宽度,即从多段线的中线到多段边界的宽度。键入H并按回车键后,系统显示如下提示:

指定起点半宽:要求用户输入多段线的起点半宽度。

指定终点半宽:要求用户输入终点的半宽度。完成画线的提示。

(4) 长度(L):按与前一线段相同的方向画指定长度的线段。

(5) 放弃(U):将最后加到多段线中的线段或圆弧删除。

(6) 宽度(W):指定多段线的宽度。键入“W”并按回车键后,系统显示如下提示:

指定起点宽度:(输入数值)〈回车〉

指定终点宽度:(输入数值)〈回车〉当起始宽度和终止宽度设置为不同值时,能画出带有锥度的线条。

选择PLINE命令的“圆弧(A)”选项,将切换到画圆弧模式,并显示以下提示:

指定圆弧的端点或[角度(A)/圆心(CE)/闭合(CL)/方向(D)/半宽(H)/直线(L)/半径(R)/第二个点(S)/放弃(U)/宽W]。

现将各选项的含义说明如下:

(1) 指定圆弧的终点:指定圆弧的终点,为默认选项。圆弧的起点就是前一线段(直线或圆弧)的终点,并与前一线段相切。

(2) 角度(A):指定圆弧的圆心角。在键入A并按回车键后系统提示如下:

指定包含角:如果角度值为正,按逆时针方向画弧;如果角度值为负,则按顺时针方向画弧。执行后继续提示:

指定圆弧的端点或[圆心(CE)/半径(R)]:指定点后即画出圆弧。

(3) 圆心(CE):指定圆弧的中心,键入CE并按回车键后,显示提示如下:

指定圆弧的圆心:(输入圆心点)〈回车〉

指定圆弧的端点或[角度(A)/长度(L)]:这时用户可以再指定圆弧的端点、包含角或圆弧所对应的弦长来绘制圆弧。

(4) 闭合(CL):从当前位置画一圆弧到多段线的起点,构成一闭合多段线,同时结束命令。

(5) 方向(D):指定圆弧的起始方向。键入D并按回车键显示以下提示:

指定圆弧的起点切向:要求输入一点,该点与前一点连线确定圆弧的起始方向。接着系统提示:

指定圆弧的端点:输入终点后即画出圆弧。

(6) 半宽(H):与前面说明的半宽含义相同。

(7) 直线(L):切换到画直线状态。

(8) 半径(R):指定圆弧的半径。在键入R并按回车键后显示以下提示:

指定圆弧的半径:(输入半径)〈回车〉

指定圆弧的端点或[角度(A)]:指定圆弧的端点或者圆弧的圆心角。

(9) 第二个点(S):指定三点画圆弧的第二点和第三点。在键入R并按回车键后系统显示提示:

指定圆弧上的第二个点:(输入一点)〈回车〉

指定圆弧的端点:输入终点后即画出圆弧。

当多段线带有宽度时,可以通过“FILL”命令打开或关闭填充模式。

【例2.5】 用"PLINE"命令绘制如图2.10所示键槽的视图,线宽为1。

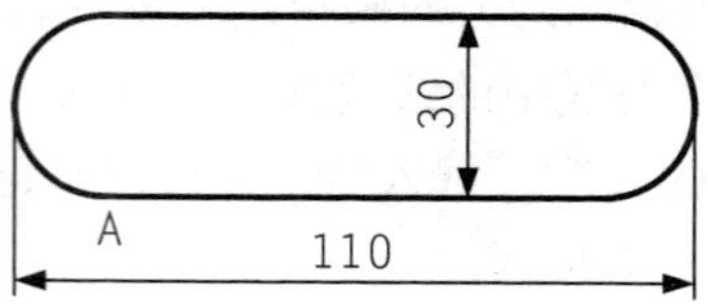

图2.10 键槽视图

命令:PLINE〈回车〉

指定起点:(在屏幕上拾取一点为图形的左下角A点)

当前线宽0

指定下一个点或[圆弧(A)/半宽(H)/长度(L)/放弃(U)/宽度(W)]:W〈回车〉

指定起点宽度:1〈回车〉

指定终点宽度:1〈回车〉

指定下一个点或[圆弧(A)/半宽(H)/长度(L)/放弃(U)/宽度(W)]:@80,0〈回车〉

指定下一个点或[圆弧(A)/半宽(H)/长度(L)/放弃(U)/宽度(W)]:A〈回车〉

指定圆弧的端点或[角度(A)/圆心(CE)/闭合(CL)/方向(D)/半宽(H)/直线(L)/半径(R)/第二个点(S)/放弃(U)/宽W]:@0,30〈回车〉

指定圆弧的端点或[角度(A)/圆心(CE)/闭合(CL)/方向(D)/半宽(H)/直线(L)/半径(R)/第二个点(S)/放弃(U)/宽W]:L〈回车〉

指定下一个点或[圆弧(A)/半宽(H)/长度(L)/放弃(U)/宽度(W)]:@−80,0〈回车〉

指定下一个点或[圆弧(A)/半宽(H)/长度(L)/放弃(U)/宽度(W)]:A〈回车〉

指定圆弧的端点或[角度(A)/圆心(CE)/闭合(CL)/方向(D)/半宽(H)/直线(L)/半径(R)/第二个点(S)/放弃(U)/宽W]:@0,−30〈回车〉

指定圆弧的端点或[角度(A)/圆心(CE)/闭合(CL)/方向(D)/半宽(H)/直线(L)/半径(R)/第二个点(S)/放弃(U)/宽W]:〈回车〉

【例2.6】 用"PLINE"命令绘制如图2.11所示的箭头。

图2.11 箭头

命令:PLINE〈回车〉

指定起点:(在屏幕上拾取一点为图形的左端点)

当前线宽0

指定下一个点或[圆弧(A)/半宽(H)/长度(L)/放弃(U)/宽度(W)]:@80,0〈回车〉

指定下一个点或[圆弧(A)/半宽(H)/长度(L)/放弃(U)/宽度(W)]:W〈回车〉

指定起点宽度:4〈回车〉

指定终点宽度:0〈回车〉

指定下一个点或[圆弧(A)/半宽(H)/长度(L)/放弃(U)/宽度(W)]:@30,0〈回车〉

指定下一个点或[圆弧(A)/半宽(H)/长度(L)/放弃(U)/宽度(W)]:〈回车〉

2.6　样条曲线SPLINE

在工程应用中有一类曲线，它们不能用标准的数学方程式加以描述。只有一些测得的数据点，要通过拟合这些数据点的方式绘制出相应的曲线。这类曲线称为样条曲线。SPLINE用于绘制非均匀有理的样条曲线，在工程制图中常用来绘制波浪线。

1. 命令的执行方法

(1) 下拉菜单："绘图"→"样条曲线"。

(2) "绘图"工具栏：样条曲线按钮。

(3) 命令行输入：SPLINE。

2. 命令的提示与选项

命令：SPLINE〈回车〉

指定第一个点或[对象(O)]：

(1) 指定第一个点：默认选项。让用户指定曲线的第一个数据点，输入后系统显示提示：

指定下一点：指定曲线的第二个数据点，输入后显示提示：

指定下一点或[闭合(C)/拟合公差(F)]〈全部选择〉：

① 指定下一点：默认选项。让用户继续指定后续数据点来添加样条曲线段。系统依用户指定的后续点数据来不断后延样条曲线。键入U可删除最后指定的数据点。按回车键结束数据点的输入，并显示提示："起始切向："要求用户指定样条曲线在起始点的切线方向；紧接着显示："指定终点切向："要求用户指定样条曲线在终点处的切线方向。两个方向被指定后，即画出样条曲线。

② 闭合(C)：让曲线的起点和终点重合，并共用相同的顶点和切线，形成闭合的样条曲线。选择该选项系统仅显示"指定切向："的提示。

③ 拟合公差(F)：该选项用于控制样条曲线与数据点的逼近程度，即可设置曲线与数据点之间的拟合公差。公差值越小曲线越逼近数据点。公差值等于0，则样条曲线精确通过数据点。

〈全部选择〉：定义样条曲线的第一点和最后一点的切线方向。

(2) 对象(O)：转换样条多段线为样条曲线。

【例2.7】　如图2.12所示，已知点A、B、C、D、E、F的位置，绘制通过各点的样条曲线。

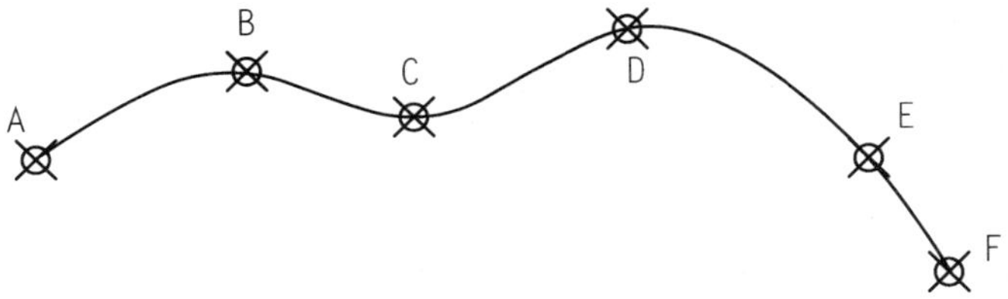

图2.12　样条曲线绘制

命令:SPLINE〈回车〉

指定第一个点或[对象(O)]:(拾取点A)

指定下一点或[闭合(C)/拟合公差(F)]〈全部选择〉:(拾取点B)

指定下一点或[闭合(C)/拟合公差(F)]〈全部选择〉:(拾取点C)

指定下一点或[闭合(C)/拟合公差(F)]〈全部选择〉:(拾取点D)

指定下一点或[闭合(C)/拟合公差(F)]〈全部选择〉:(拾取点E)

指定下一点或[闭合(C)/拟合公差(F)]〈全部选择〉:(拾取点F)

指定下一点或[闭合(C)/拟合公差(F)]〈全部选择〉:〈回车〉

指定起点切向:0〈回车〉

指定终点切向:0〈回车〉

【例2.8】 绘制图2.13中的A向斜视图。

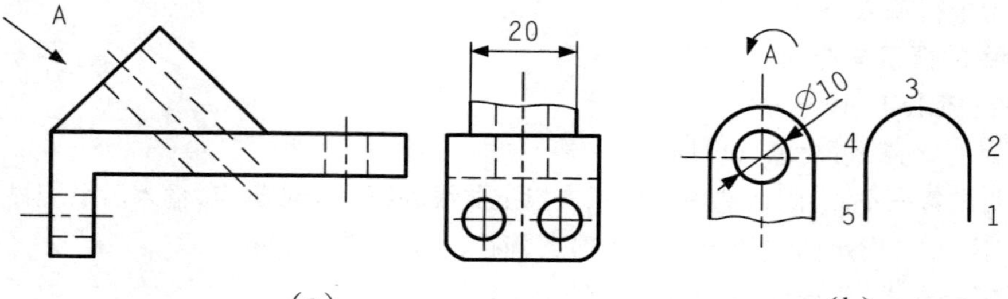

(a) (b)

图2.13 绘制斜视图

(1) 单击“直线”命令,画直线段12,如图2.13(b)所示。

命令:LINE〈回车〉

指定第一点:(用鼠标在屏幕上拾取一点1)

指定下一点或[放弃U]:(用鼠标向上拾取一点2)

指定下一点或[放弃U]:〈回车〉

(2) 单击“圆弧”命令,画半圆弧234。

命令:ARC〈回车〉

指定圆弧的起点或[圆心(C)]:(用鼠标捕捉2点)

指定圆弧的第二点或[圆心(C)/端点(E)]:C〈回车〉

指定圆心:@−10,0〈回车〉

指定圆弧的端点或[角度(A)/弦长(L)]A:〈回车〉

指定包含角:180〈回车〉

(3) 单击“直线”命令,画直线段45。

(4) 单击“样条曲线”命令,画波浪线51。

命令:SPLINE〈回车〉

指定第一个点或[对象(O)]:(用鼠标捕捉5点)〈回车〉

指定下一点或[闭合(C)/拟合公差(F)]〈全部选择〉:(用鼠标向右拾取一点)

指定下一点或[闭合(C)/拟合公差(F)]〈全部选择〉:(用鼠标向右拾取一点)

指定下一点或[闭合(C)/拟合公差(F)]〈全部选择〉:(捕捉1点)

指定下一点或[闭合(C)/拟合公差(F)]〈全部选择〉:〈回车〉

指定起点切向:〈回车〉

指定终点切向:〈回车〉

(5) 单击“圆”命令,画出∅10圆。

2.7　画构造线命令XLINE

AutoCAD中的构造线是向两端无限延伸的直线。绘图时常用构造线进行辅助定位或构图。

1. 命令的执行方法

(1) 下拉菜单:“绘图”→“构造线”。

(2) “绘图”工具栏:构造线按钮。

(3) 命令行输入:XLINE。

2. 命令的提示与选项

XLINE命令执行时,命令行显示如下提示:

命令:XLINE〈回车〉

指定点或[水平(H)/垂直(V)/角度(A)/二等分(B)/偏移(O)]:

(1) 指定点:默认选项,要求输入构造线的中心点,输入后系统接着提示:

指定通过点:指定构造线要通过的另一点,输入后系统将该点与中心点连一构造线,并继续提示:

指定通过点:指定构造线要通过的另一点。系统会不断重复这一提示,以绘制各种不同方向的构造线,直到按回车键结束命令。

(2) 水平(H):绘制通过指定点且平行于X轴的构造线。选择该选项系统提示:

指定通过点:要求输入水平线要通过的点,输入后在该点显示一水平线并继续提示:

指定通过点:系统不断重复这一提示,以绘制多条平行X轴构造线,直到按回车键或空格键结束命令。

(3) 垂直(V):绘制通过指定点且平行于Y轴的构造线。选择该选项系统提示:

指定通过点:要求输入竖直线要通过的点,输入后在该点显示一水平线并继续提示:

指定通过点:系统不断重复这一提示,以绘制多条平行Y轴构造线,直到按回车键或空格键结束命令。

(4) 角度(A):绘制一条或多条按指定角度倾斜于X轴的构造线。选择该选项系统提示:

输入参照线角度〈O〉或[参照(R)]:指定斜构造线的倾斜角度,输入“O”或回车后系统提示：

指定通过点：要求输入斜线要通过的点，输入后系统在该点显示一斜线，并不断重复这一提示，以绘制多条相互平行的斜构造线，直到按回车键或空格键结束命令。

[参照(R)]：选择该选项有如下提示：

选择直线对象：要求用户指定一条已存在的线作为参照线。

直定参照线角度〈O〉：指定构造线于上述参照线的倾斜角度。

指定通过点：指定点以绘制多条构造线，直到按回车键结束命令。

(5) 二等分(B)：绘制指定角的平分线的构造线。可连续指定角的终边生成该角的平分线。选择该选项系统依次提示：

指定角的顶点：要求用户指定要平分的角的顶点，输入后系统提示：

指定角的起点：要求用户指定要平分的角的始边，输入后系统提示：

指定角的端点：要求用户指定要平分的角的终边，输入后系统显示一条角平分线，并继续提示：

指定角的端点：用户可指定下一个要平分的角的终边响应，或按回车键结束命令。

(6) 偏移(O)：绘制以指定距离平行于一直线的构造线。选择该选项后系统提示如下：

指定偏移距离或[通过(T)]当前值：要求用户输入要偏移的距离。

选择直线对象：要求用户选择要偏移的基准线。

指定向哪边偏移：用鼠标在要偏移的方位拾取一点。

如选择“通过(T)”，则系统提示如下：

选择直线对象：要求用户选择要偏移的基准线。

指定通过点：用鼠标拾取要通过的一点。

【例2.9】 如图2.14所示，将直角AOB四等分。

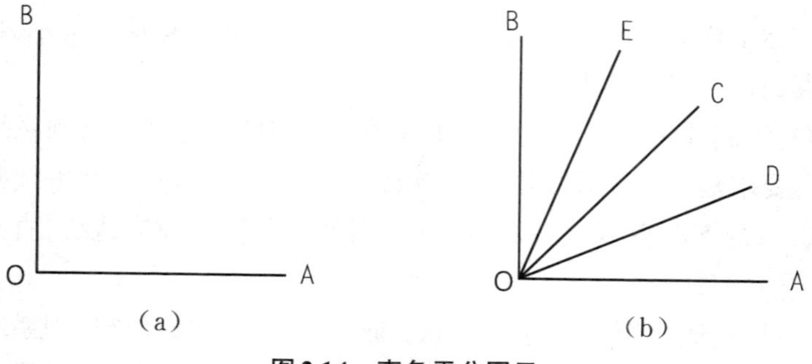

图2.14 直角平分图示

(1) 启动“XLINE”命令。

指定点或[水平(H)/垂直(V)/角度(A)/二等分(B)/偏移(O)]：B〈回车〉

指定角的顶点：(拾取顶点O)

指定角的起点：(选择端点A)

指定角的端点：(选择端点B)画出分角线OC。

指定角的端点:(选择端点C)画出分角线OD。

指定角的端点:〈回车〉

(2) 再次执行"XLINE"命令。

指定点或[水平(H)/垂直(V)/角度(A)/二等分(B)/偏移(O)]:B〈回车〉

指定角的顶点:(输入顶点O)

指定角的起点:(选择端点C)

指定角的端点:(选择端点B)画出分角线OE。

用构造线做辅助线绘制形体的三视图,能方便地保证"主、俯视图长对正,主、左视图高平齐,俯、左视图宽相等"的对应关系。

【例2.10】 绘制图2.15(a)所示的三视图。

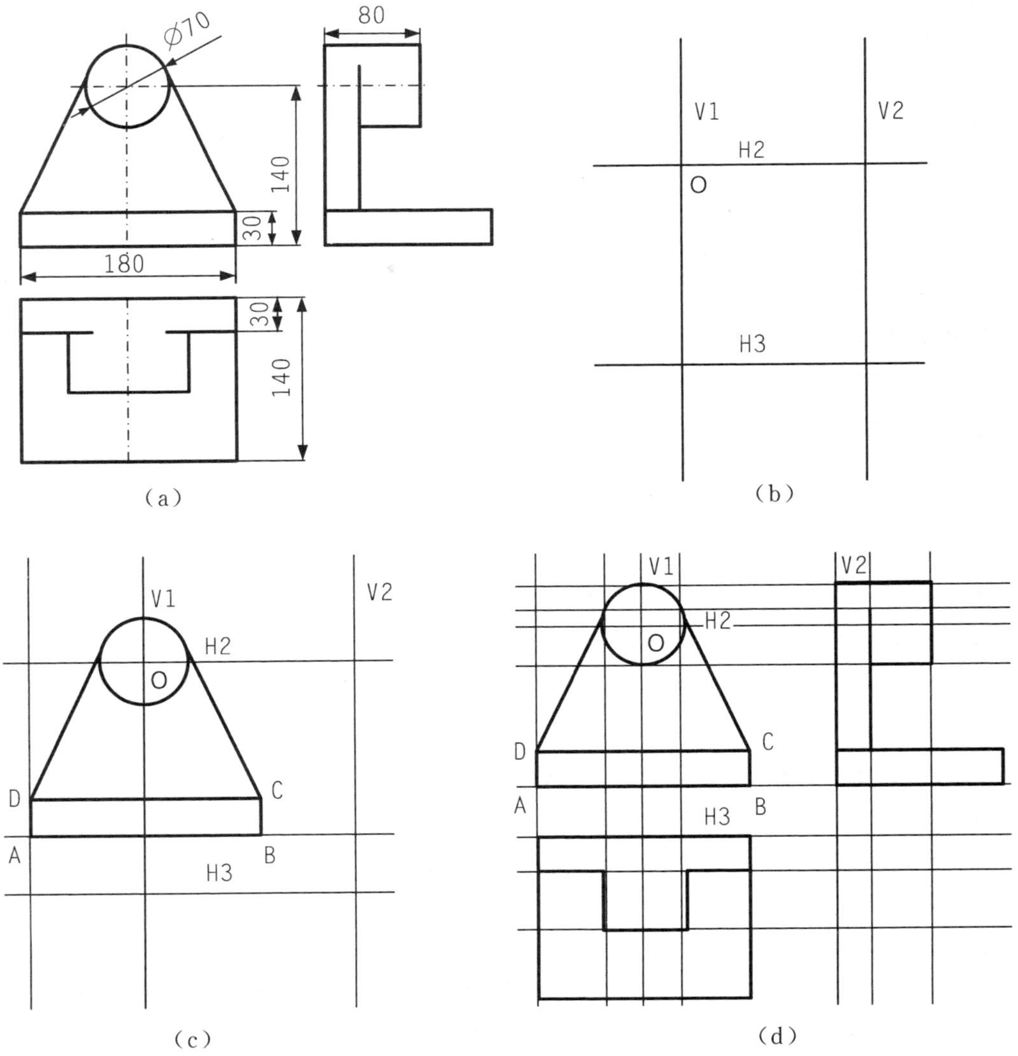

图2.15　绘制三视图

(1) 单击“构造线”命令,画三视图的基准线如图2.15(b)所示。

命令:XLINE〈回车〉

指定点或[水平(H)/垂直(V)/角度(A)/二等分(D)偏移(O)]:V〈回车〉

指定通过点:(在屏幕上拾取一点O)

指定通过点:〈回车〉画出构造线V1,长度基准。

命令:XLINE〈回车〉

指定点或[水平(H)/垂直(V)/角度(A)/二等分(D)偏移(O)]:H〈回车〉

指定通过点:(在屏幕上拾取一点)画出构造线H2,高度基准。

指定通过点:〈回车〉

命令:XLINE〈回车〉

指定点或[水平(H)/垂直(V)/角度(A)/二等分(D)偏移(O)]:O〈回车〉

指定偏移距离或[通过(T)]:160〈回车〉

指定直线对象:(选择竖直的基准线V1)

指定向哪偏移:(用鼠标在V1的右侧单击左键)绘制出左视图的宽度基准V2。

命令:XLINE〈回车〉

指定点或[水平(H)/垂直(V)/角度(A)/二等分(D)偏移(O)]:O〈回车〉

指定偏移距离或[通过(T)]:180〈回车〉

指定直线对象:(选择水平基准线H2)

指定向哪偏移:(用鼠标在H2下方单击左键)绘制出俯视图的宽度基准H3。

(2) 画主视图,如图2.15(c)所示。

① 启动画圆命令,以O为圆心,35为半径画圆。

② 画矩形。

命令:XLINE〈回车〉

指定点或[水平(H)/垂直(V)/角度(A)/二等分(D)偏移(O)]:O〈回车〉

指定偏移距离或[通过(T)]:90〈回车〉

指定直线对象:(选择竖直的基准线V1)

指定向哪偏移:(用鼠标在V1的左侧单击左键)

命令:XLINE〈回车〉

指定点或[水平(H)/垂直(V)/角度(A)/二等分(D)偏移(O)]:O〈回车〉

指定偏移距离或[通过(T)]:140〈回车〉

指定直线对象:(选择水平基准线H2)

指定向哪偏移:(用鼠标在H2的下方单击左键)

命令:RECTANG〈回车〉

指定第一个角点或[倒角(C)/标高(E)/圆角(F)/厚度(T)宽度(W)]捕捉A点

指定另一个角点:@180,30〈回车〉绘制出矩形ABCD。

③ 画连接板的视图。

命令:LINE〈回车〉

指定第一点:(捕捉D点)

指定下一点或[放弃(U)]:(将鼠标移到∅30圆上捕捉切点)绘制左边切线。

用同样方法画出右边切线。

(3) 类似方法,用构造线定位,用“LINE”命令绘制出俯、左视图,如图2.15(d)所示。

辅助线交点用直线连接即为底板的左视图。类似的方法画出圆柱和连接板的俯视图和左视图,如图2.15(d)所示。

(4) 单击“删除”命令,擦去辅助构造线。

综 合 练 习

1. 绘制如图2.16所示的两个图案,尺寸自定。

图2.16　绘制图形

2. 绘制如图2.17所示轴的视图。

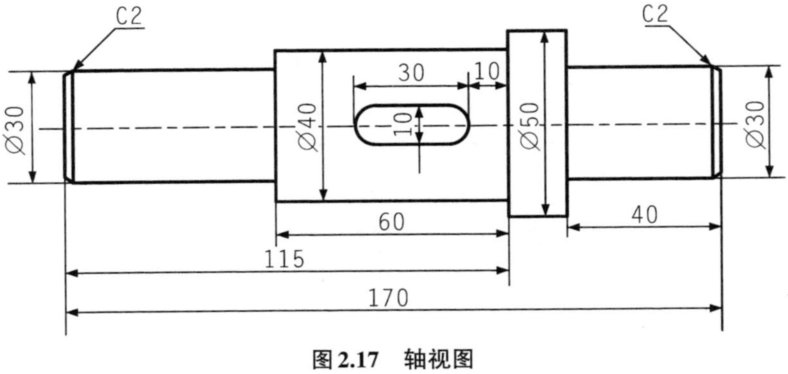

图2.17　轴视图

3. 抄绘如图2.18所示的平面图形。

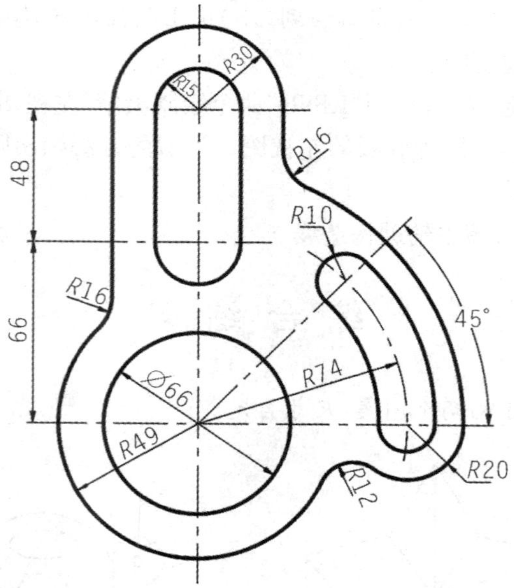

图2.18　平面图形

4. 绘制如图2.19所示的两面视图。

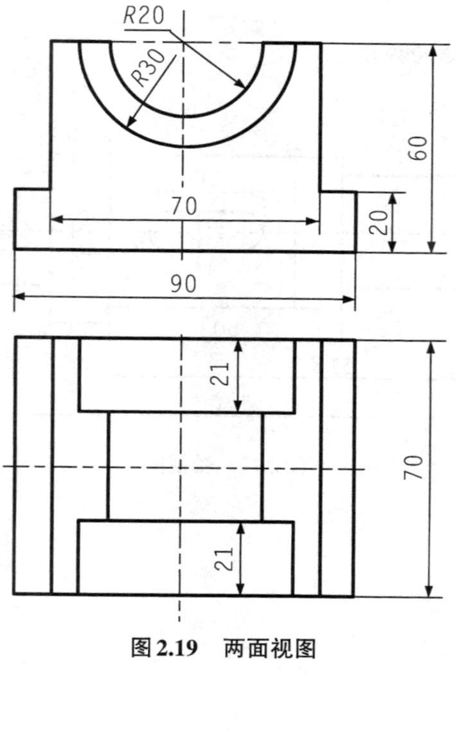

图2.19　两面视图

第3章 绘图辅助工具

3.1 捕捉与栅格

3.1.1 启动捕捉与栅格功能

1. 捕捉

捕捉是栅格捕捉，状态栏上的 ⁝⁝⁝ 按钮，指系统能生成隐含于屏幕上的栅格点。这些点是按照指定行间距和列间距排列，能够捕捉光标，使光标只能处于这些点确定的位置上，从而达到光标按指定的步距即栅格间距精确移动的目的。

可以通过以下方式实现栅格捕捉与否的切换：

(1) 单击状态栏上的 ⁝⁝⁝ 按钮，按钮变为蓝色表示启动捕捉模式，按钮变为灰色表示关闭捕捉模式。

(2) 快捷键：F9。

2. 栅格

栅格是栅格显示，状态栏上的 # 按钮，指绘图屏幕上显示按指定行间距和列间距均匀分布的栅格点，其作用就像坐标纸。需要注意的是栅格点仅仅是一种视觉辅助工具，不是图形的一部分，绘图输出时并不实际输出。

通过以下方式实现栅格显示与否的切换：

(1) 单击状态栏上的 # 按钮，同样按钮变蓝为开启，按钮为灰色表示关闭。

(2) 快捷键：F7。

3.1.2 捕捉与栅格功能的设置

捕捉与栅格功能的设置可以通过“草图设置”对话框中的“捕捉与栅格”选项卡来实现，如图3.1所示。

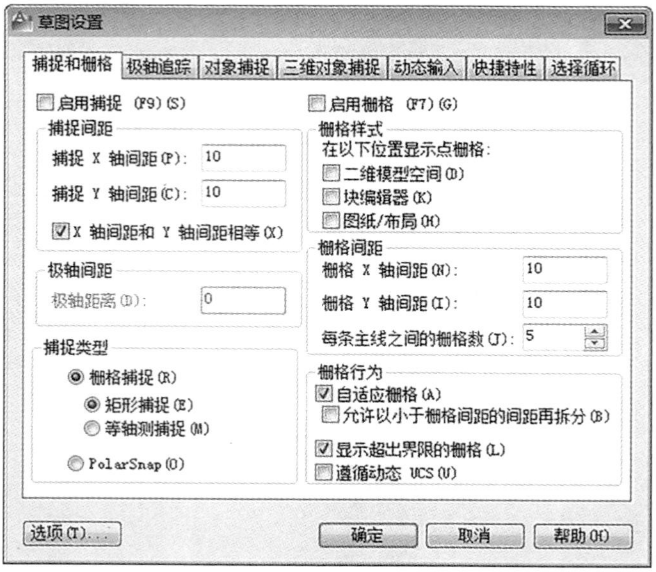

图3.1 草图设置对话框

1. 命令格式

状态栏上任意绘图辅助工具按钮(除约束和正交)右键单击,从弹出的快捷菜单选择“设置”命令。

菜单方式:“工具”→“草图设置”。

2. 选项卡说明

(1) 启用捕捉:用于确定启用捕捉功能。

(2) 捕捉间距:“捕捉X轴间距”和“捕捉Y轴间距”文本框分别用来确定栅格点之间沿X轴与Y轴方向的间距,即栅格点之间的列间距和行间距。它们之间的值可以相等也可以不等。

(3) 启用栅格:用于确定启用栅格功能。

(4) 栅格间距:设置栅格点在X轴方向与Y轴方向之间的间距。如果设置为0,表示与捕捉栅格的间距相同。在设置时,注意间距不要设置得太小,否则会使间隔太密而无法显示或导致图形模糊以及屏幕重画太慢。

(5) 极轴间距:将捕捉模式设为极轴追踪模式时确定捕捉时光标移动的距离增量。只有选中“PolarSnap”单选按钮才能设置极轴间距。

(6) 捕捉类型:用于设置捕捉模式。“栅格捕捉”单选按钮表示将捕捉模式设为栅格捕捉模式。在栅格捕捉模式下可以选中“矩形捕捉”单选按钮,此时光标沿水平或垂直方向捕捉;“等轴测捕捉”单选按钮的模式用于绘制正等轴测图时的工作环境,此时栅格和光标十字线不再相互垂直,而是成绘制等轴测图时的特定角度。如果选中“PolarSnap”单选按钮,表示将捕捉模式设置为极轴模式。

(7) 栅格行为:用于控制所显示栅格线的外观。如果选中“自适应栅格”复选框,当缩小图形显示时,可以限制栅格密度;而当放大图形时,能够生成更多间距更小的栅格线;若选中

“显示超出栅格界限”复选框，整个绘图窗口都显示栅格点；反之，栅格点只显示在有LIMITS命令设置的绘图范围内。“遵循动态UCS”复选框用于确定是否可以更改栅格平面以便动态跟随UCS的XY平面。

3.2　正交与极轴追踪

3.2.1　正交

在绘图过程中需要经常绘制水平线和垂直线，直接用鼠标绘制很难保证直线的水平或垂直，在命令区输入相对坐标绘制较为麻烦，利用正交功能则可以方便地绘制水平线和垂直线。

通过以下方式进行启动或关闭正交模式：

(1) 单击状态栏上的按钮，按钮变为蓝色表示处于正交模式，按钮变为灰色表示关闭正交模式。

(2) 快捷键：F8。

启动正交模式，确定第一点的位置后，光标在绘图区域内任意移动，就会出现水平线或垂直线。光标移动时，若X轴移动的距离大于Y轴移动的距离，则为水平线；若Y轴移动的距离大于X轴移动的距离，则为垂直线，如图3.2所示。

在正交模式下不用于绘制倾斜线，如有需要，不能使用光标拾取点，只能通过键盘输入2个点的坐标才能绘出。

(a) 非正交模式下绘制直线　　(b) 正交模式下绘制直线

图3.2　正交模式的开启与关闭

3.2.2　极轴追踪

极轴追踪是指用户在绘图时，绘图区会按照一定角度增量显示出追踪线，为用户提供精确的角度以确定对象的位置。

1. 启动极轴追踪

启动或关闭极轴追踪模式通过以下方式进行：

(1) 单击状态栏上的按钮。

(2) 快捷键:F10。

2. 选项卡说明

设置极轴角度可以通过单击右侧三角形弹出的快捷菜单选择角度增量模式,列表中有90,45,30,22.5,18,15,10,5以及对应角度的整数倍,也可以通过“草图设置”对话框中的“极轴追踪”选项卡设置,如图3.3所示。

(1) 极轴角设置:用“增量角”下拉列表框设置角度增量,即极轴角是角度增量的整数倍。下拉列表中有90,45,30,22.5,18,15,10和5几种选择。如该选项设置为90,则可以进行90°,180°,270°,360° 4个方向极轴追踪。

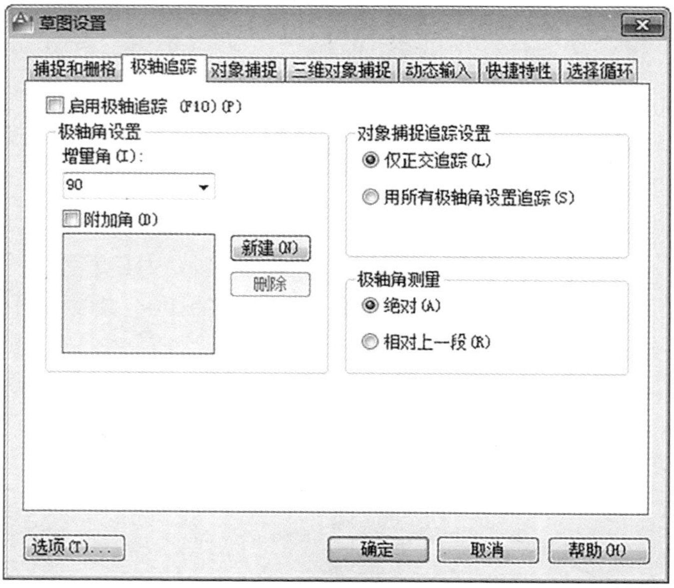

图3.3 “极轴追踪”选项卡

(2) 附加角:用于设置附加极轴角。选中该复选框后单击“新建”按钮,输入一个角度值按回车键,即可将该角度附加为极轴角。除了可以按角度增量进行追踪外,还可以按设置的附加极轴角进行追踪。单击“删除”按钮可以删除设置的附加极轴角。

(3) 对象捕捉追踪设置:2种模式供选择,用于设置对象追踪模式。此选项的效果需要打开“对象捕捉追踪”按钮。

(4) 极轴角测量:选中“绝对”单选按钮,表示以当前的UCS的X轴为基准测量极轴角;选中“相对上一段”单选按钮表示以最后创建的对象为基准测量极轴角。

3.3　对象捕捉与对象追踪

3.3.1　对象捕捉

对象捕捉功能用于帮助用户精确地选择图形元素上的某些特定点。例如，在画好的图形上拾取两直线的交点、垂足点、圆的圆心、切点等，就需要预先设置出相应的对象捕捉模式。绘图过程中只要将光标移动到一个捕捉点附近，系统就会显示出捕捉标记和捕捉提示。如图3.4所示，在对象捕捉模式下，捕捉到圆心的标记和提示。

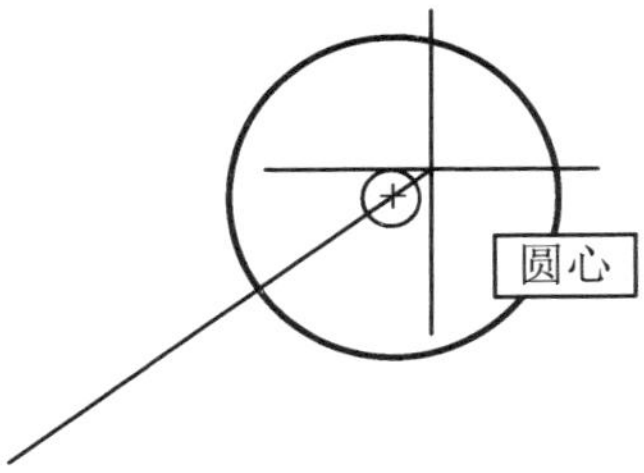

图3.4　“对象捕捉”示意图

1. 启动对象捕捉

通过以下方式进行启动或关闭对象捕捉模式：

(1) 单击状态栏上的按钮。

(2) 快捷键：F3。

启用对象捕捉模式后，在绘图过程中，使用光标确定点时，将光标移动到特殊点附近，AutoCAD就会自动捕捉到这些点，并显示捕捉到相应点的捕捉标记和标签，此时单击即可选中所需要的特殊点。

通过“草图设置”中的“对象捕捉”选项卡设置对象捕捉的模式，或者右键单击对象捕捉按钮，从快捷菜单中选择“设置”，也可弹出“草图设置”对话框，如图3.5所示。

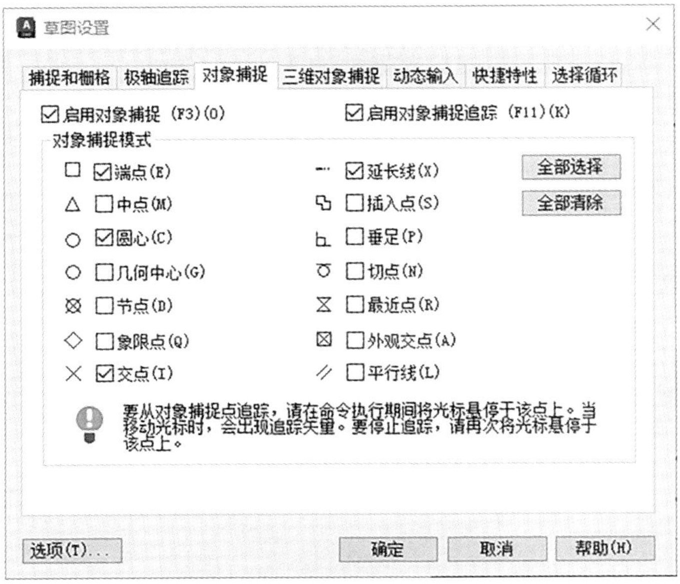

图3.5　“对象捕捉”选项卡

2. 选项卡说明

(1) 启用对象捕捉:用于确定是否启用对象捕捉功能。

(2) 启用对象捕捉追踪:用于确定是否启用对象捕捉追踪功能。

(3) 对象捕捉模式:各复选框用于选择在对象捕捉模式下捕捉哪些特殊点,如交点捕捉需要经常使用,则选中“交点”前的复选框;反之,不选中将捕捉不到交点。复选框前的图标表示相应特殊点的捕捉标记,如交点的捕捉标记为×,圆心的捕捉标记为○,等等。

选中需要捕捉的特殊点后,单击“确定”按钮完成对象捕捉模式的设置。

在绘制复杂的图形时,由于线型较密,需要捕捉到的点附近有很多特殊点,形成对捕捉模式的干扰,AutoCAD可能经常捕捉到不需要的点。此时要减少自动对象捕捉的种类,在“对象捕捉”选项卡中取消不需要的捕捉选项即可。还可以通过放大图像,避免特殊点过于集中而形成对自动捕捉的干扰。

虽然在自动捕捉模式下便于拾取特殊点,但有时绘图过程中需要某些非特殊点,由于所需点的位置与某些特殊点离得较近,用光标拾取到的点并不是所需点,而是特殊点。此时,要关闭自动对象捕捉功能才能拾取到所需点。

3. 对象捕捉的其他方式

(1) 可以使用对象捕捉工具栏捕捉特殊点。打开“视图”下拉菜单,选择“工具栏”即弹出一对话框。选中“对象捕捉”前的复选框后,桌面上即出现如图3.6所示的“对象捕捉”工具栏。点击其中的图标按钮即执行相应的捕捉。这种对象捕捉方式对于在命令运行过程中选择某个特定点极为有用。

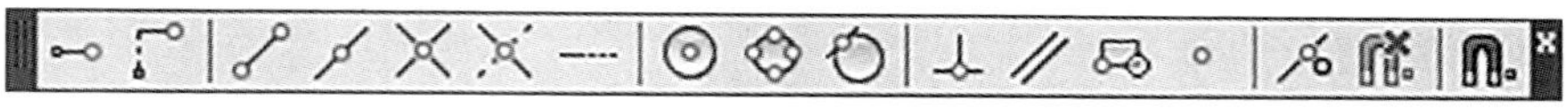

图3.6 “对象捕捉”工具栏

(2) 也可以通过在命令执行时单击鼠标右键,在弹出的菜单中选择“捕捉替代”,在子菜单中选中相关的捕捉模式,如图1.12和图1.13所示。

(3) 用键盘在命令行键入捕捉模式名称的头3个字母也可以捕捉到特殊点。例如:“INT”表示捕捉交点、“CEN”表示捕捉中心等。

3.3.2 对象捕捉追踪

对象捕捉追踪是基于对象捕捉的追踪,即对象捕捉追踪的出发点是捕捉到的已有对象的点。因此在使用对象捕捉追踪模式之前,必须先打开“对象捕捉”模式,这也是它与极轴追踪的区别之处。

1. 启动对象捕捉追踪

启动或关闭对象捕捉追踪模式通过以下方式进行:

(1) 单击状态栏上的按钮。

(2) 快捷键:F11。

2. 选项卡说明

利用“草图设置”对话框中的“极轴追踪”选项卡可以设置对象捕捉追踪的方向,如图3.7

所示，选项卡中的“对象捕捉追踪设置”选项组中，选中“仅正交追踪”单选按钮，表示只能沿正交方向追踪；选中“用所有极轴角设置追踪”单选按钮，表示可以沿所有的极轴角度进行追踪。

图3.7(a)为选中“仅正交追踪”选项所捕捉到的点，其X、Y坐标分别与已有直线端点的X坐标和圆心的Y坐标相同；图3.7(b)为选择“用所有极轴角设置追踪”选项，并将极轴角追踪的增量角设置为45后所捕捉到的点，单击即可得到对应的点。利用对象捕捉就可以容易地得到这些特殊点。

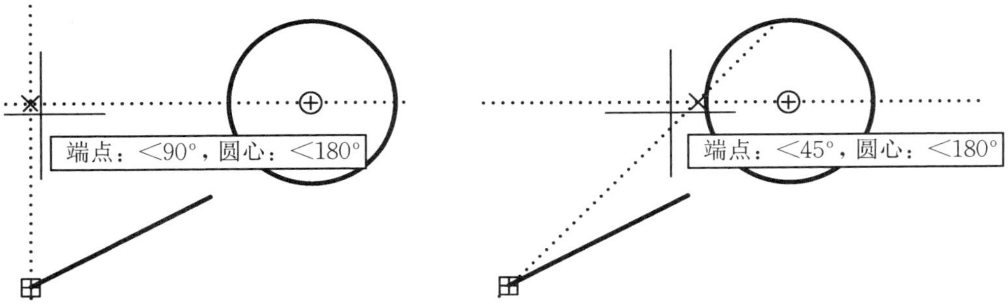

(a) 选中“仅正交追踪”　　(b) 选中“用所有极轴角设置追踪”

图3.7　对象捕捉追踪

绘制多个视图时，打开对象捕捉追踪，有利于视图中图线的对齐。绘制基本视图，选择“仅正交追踪”就可以获得“长对正，高平齐”的效果。

3.4　动态UCS与动态输入

3.4.1　动态UCS

动态UCS主要应用于三维实体造型过程中，使用绘图命令时，可以通过在面的一条边上移动指针对齐UCS，而无需使用UCS命令。结束命令后，UCS将恢复到其上一个位置和方向。通过打开动态UCS模式，使用UCS命令定位实体模型上某个平面的原点，可以轻松地将UCS与该平面对齐。

通过以下方式进行启动或关闭动态UCS功能：

(1) 单击状态栏上的按钮。

(2) 快捷键：F6。

此命令在2D图形的绘制中不需要用到，应用此命令需结合本书“三维实体造型”章节中的三维图形绘制。

3.4.2 动态输入

动态输入是在光标附近提供一个命令界面,可让用户直接在鼠标单击处快速激活命令,读取提示和输入值,而不需要阅读和相应显示在命令提示区的提示,从而帮助用户专注于绘图区域的操作,而不依赖传统的命令提示区。用户在创建和编辑几何图形时,可以动态查看标注值,如长度和角度等。

1. 启动动态输入

启动或关闭动态输入功能通过以下方式进行:

(1) 单击状态栏上的按钮。

(2) 快捷键:F12。

2. 选项卡说明

动态输入的设置通过“草图设置”对话框中的“动态输入”选项卡进行,也可以通过右键单击动态输入按钮从快捷菜单中选择“设置”,弹出“动态输入”选项卡,如图3.8所示。

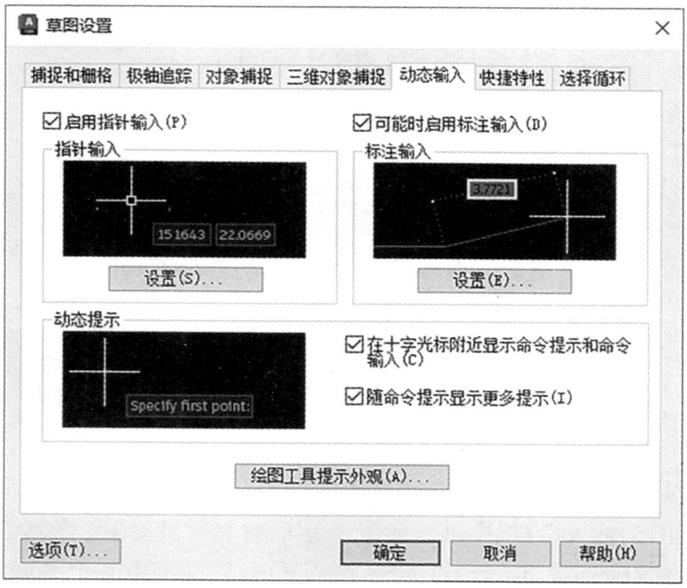

图3.8 “动态输入”选项卡

(1) 启用指针输入:用于控制是否能够动态输入参考点,即启动绘图命令后的第一点的坐标。例如执行“直线”命令后,如果该复选框被选中,则绘图区出现输入第一点坐标的提示框,反之不显示任何提示框。

(2) 指针输入:“设置”按钮,用于设置第二点和后续的坐标格式和可见性。系统默认格式为极坐标和相对坐标。

(3) 可能时启用标注输入:用于控制是否能够动态标注位点和上一个点之间的尺寸。

(4) 标注输入:“设置”按钮用于设置标注输入的可见性。

(5) 在十字光标附近显示命令提示和命令输入:用于控制是否在十字光标附近显示命令提示和命令输入。

系统默认设置为3个复选框都选中。

启动动态输入模式后,光标附近就会出现输入方框,按照提示输入参数即可。当输入参数较多时,可以按“Tab”键进行切换。例如,执行“直线”命令,系统提示指定第一点,如图3.9(a)所示。此时用户移动光标,动态显示工具栏也随着光标移动,且显示的坐标值也随之动态变化以反映光标的当前坐标值。此时,在提示框中可以直接输入点的坐标值。输入第一点的坐标后,系统提示输入下一个点,如图3.9(b)所示。可以输入相应的极坐标来确定新端点,输入长度30后按“Tab”键切换到直线角度的动态输入。图中系统的提示后有一个向下箭头的图标,按“↓”键,会显示与当前操作相关的选项。选项提示与命令区中的相同,可以通过单击选项来执行操作。

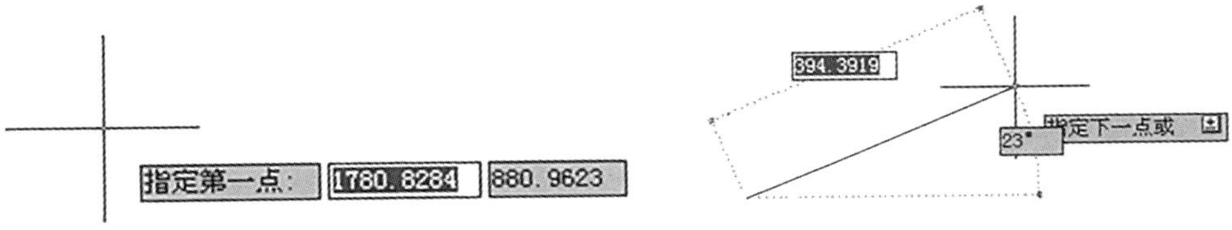

(a)　　(b)

图3.9　动态输入模式下绘制直线

3.5　显示线宽与快捷特性

3.5.1　显示线宽

1. 启动显示线宽

状态栏中的按钮用于控制是否显示线宽,通过单击状态栏上的按钮来显示或隐藏线宽。

2. 选项卡说明

显示线宽的设置通过右键单击按钮,从快捷菜单中选择“设置”,弹出线宽设置的对话框,如图3.10所示。

(1) 线宽:用于选择可以更改当前绘图的线型宽度,与“特性面板”中的线宽设置功能相同。系统默认为“ByLayer”随层状态。

(2) 列出单位:用于设置线宽的单位。有“毫米”和“英寸”供选择,默认状态下的线宽单位为“毫米”。

(3) 显示线宽:用于设置是否按照实际线宽显示图形。可以通过下拉列表设置默认显示线型宽度。

(4) 调整显示比例:用于设置线宽的显示比例,拖动滑块即可调整显示比例。

设置完成后点击“确定”按钮即可。

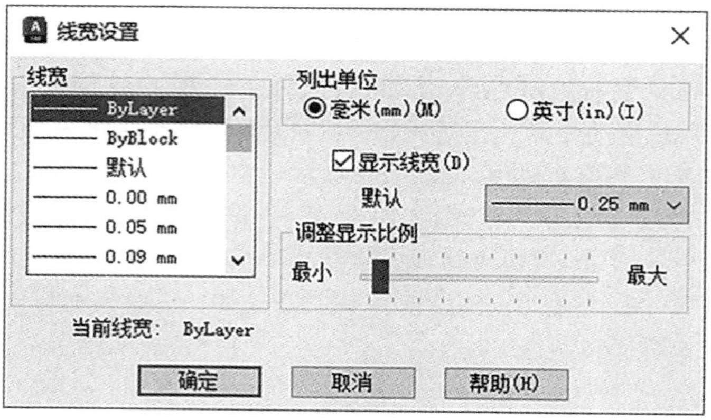

图 3.10 “线宽设置”对话框

3.5.2 快捷特性

1. 启动快捷特性

启动或关闭快捷特性模式通过单击状态栏上按钮的方式进行。启动快捷特性模式后,选中绘图对象,即可出现对象的特性及其当前设置,如图 3.11 所示。将鼠标移动到选项板上,即可展开显示所选对象的全部特性及设置参数,如图 3.12 所示。

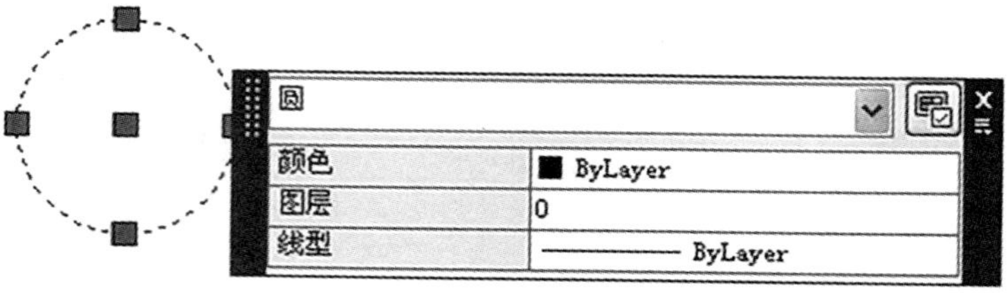

图 3.11 快捷特性选项板

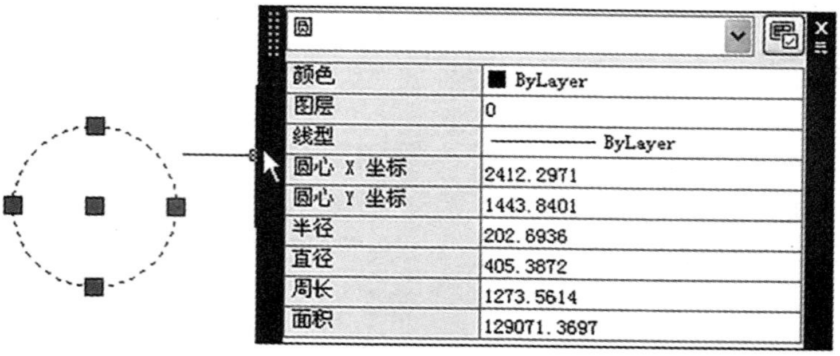

图 3.12 快捷特性选项板完全显示状态

如果要对绘图对象进行修改，在选项板中选择要修改的属性，就可出现下拉菜单或列表状态为可编辑状态直接输入数值进行更改。想要关闭选项板，按Esc键即可退出。

2. 选项卡说明

快捷特性的设置通过“草图设置”对话框中的“快捷特性”选项卡进行，也可以通过右键单击动态输入按钮从快捷菜单中选择“设置”，弹出“快捷特性”选项卡，如图3.13所示。

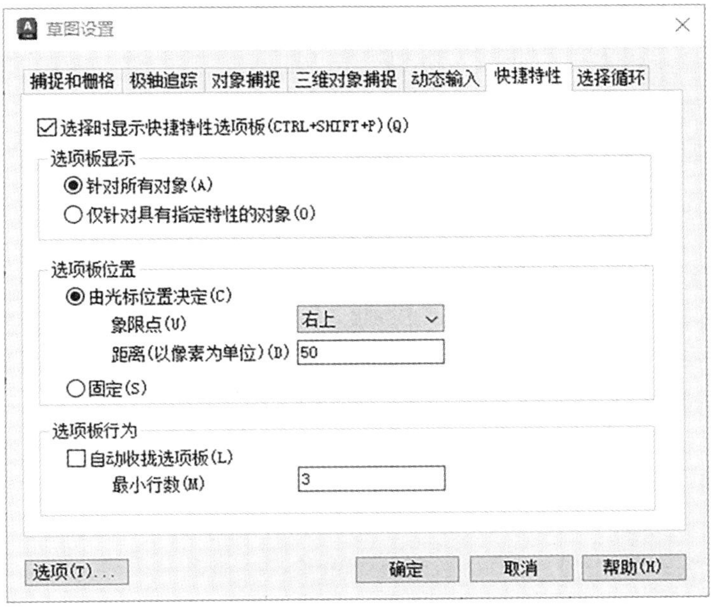

图3.13　“快捷特性”选项卡

(1) 选择时显示快捷特性选项板(CTRL+SHIFT+P)：用于控制是否启用快捷特性选项板。

(2) 选项板显示：用于选择显示选项板的对象。此选项栏只有在开启快捷特性功能时才能设置，否则为灰白显示，不能进行设置。在选项栏中，如果选中“针对所有对象”单选按钮，选中任何对象都会显示选项板；如果选中“仅针对具有指定特性的对象”单选按钮，仅选中在自定义用户界面编辑器中定义为显示特性的对象显示选项板。

(3) 选项板位置：用于设置选项板显示的位置。选中“由光标位置决定”单选按钮，表示选项板显示在光标附近，“象限点”下拉菜单中的选项为右上、右下、左上和左下4个选项，分别表示选项板出现在光标的右上方、右下方、左上方或左下方，“距离”用于设置选项板与光标直接的位置；如果选中“固定”单选按钮，不论选中的对象或光标在什么位置，选项板总显示在同一个的位置。

(4) 选项板行为：用于确定选项板是否收缩。选中“自动收拢选项板”复选框表示选项板的显示为自动收缩状态，如图3.11所示，需要点击选项板才能展开，在“最小行数”方框中设置需要显示的最小行数，即收拢后显示的行数；反之没有勾选复选框，选项板则为完全显示状态，如图3.12所示。

设置完成后点击“确定”即可。

【例3.1】 绘制图3.14所示的图形。

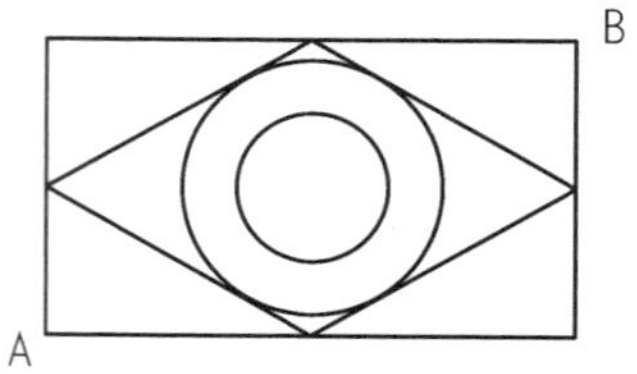

图3.14 例3.1图

(1) 打开“工具”菜单,单击“草图设置”命令,弹出“草图设置”对话框。

(2) 在对象捕捉选项卡中选择“对象捕捉”开,并选中“中点”和“圆心”复选框,单击“关闭”。

(3) 单击“矩形”命令,绘制一个以AB为对角点任意大小的矩形。

(4) 启动“直线”命令,并打开对象捕捉□。

指定第一点:(光标移到矩形底边中点附近,出现黄色三角形符号时单击左键)

指定下一点:(光标移到矩形右边中点附近,出现黄色三角形符号时单击左键)

指定下一点:(捕捉第三边中点)

指定下一点:C〈回车〉

(5) 下拉菜单:“绘图”→“圆”→“相切、相切、相切”。

指定圆上的第一点:(光标移到菱形的一条边上出现相切符号时单击鼠标左键)

指定圆上的第二点:(光标移到菱形的另一条边上单击鼠标左键)

指定圆上的第三点:(光标移到菱形的第三条边上单击鼠标左键)

(6) 启动“圆”命令。

指定圆的圆心或[三点(3P)/两点2P/相切、相切、半径(T)]:(捕捉内切圆圆心)

指定圆的半径:(拖动鼠标确定一长度)

【例3.2】 绘制图3.15(a)所示的图形。

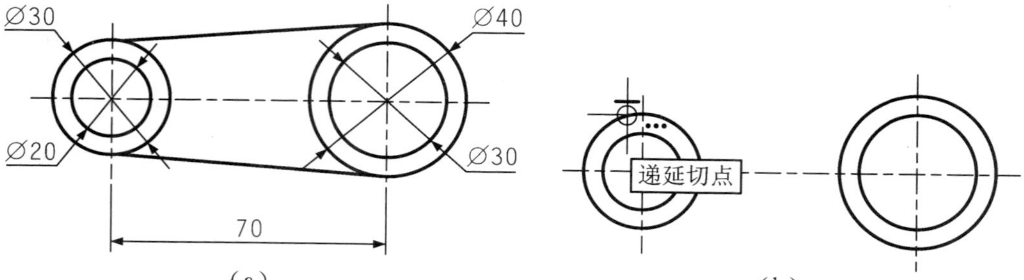

图3.15 例3.2图

(1) 打开“对象捕捉”“对象追踪”和“极轴”绘图辅助工具按钮。右键单击“对象捕捉”,选择“设置”打开“对象捕捉”选项卡,选中“圆心”和“切点”复选框后关闭选项卡。

(2) 绘制∅20和∅30的圆。

命令:CIRCLE〈回车〉

指定圆心或[三点(3P)/两点(2P)/相切、相切、半径(T)]:(用鼠标在屏幕的适当位置拾取一点)

指定半径[直径(D)]:10〈回车〉

命令:CIRCLE〈回车〉

指定圆心或[三点(3P)/两点(2P)/相切、相切、半径(T)]:(用鼠标捕捉∅20的圆心)

指定半径[直径(D)]:15〈回车〉

(3) 绘制∅30和∅40的圆。

命令:CIRCLE〈回车〉

指定圆心或[三点(3P)/两点(2P)/相切、相切、半径(T)]:用鼠标捕捉∅20的圆心,往右侧移动,水平方向出现一条虚线为极轴,输入70〈回车〉

指定半径[直径(D)]:15〈回车〉

按回车键再次执行画圆命令:

指定圆心或[三点(3P)/两点(2P)/相切、相切、半径(T)]:(用鼠标捕捉∅30的圆心)

指定半径[直径(D)]:20〈回车〉

(4) 绘制公切直线。

命令:LINE〈回车〉

指定第一点:(单击"对象捕捉"工具栏上的"捕捉到切点")

TO(在此提示下移动拾取框到左边∅30的圆上,待出现"递延切点"提示时单击左键,如图3.15(b)所示)

指定下一点或[放弃(U)]:(单击"对象捕捉"工具栏上的"捕捉到切点")

TO(在此提示下移动拾取框到右边∅40的圆上,待出现"递延切点"提示时单击左键)

指定下一点或[放弃(U)]:〈回车〉

(5) 用同样的方法画出另一侧的切线。

综 合 练 习

1. 按尺寸绘制如图3.16所示的图形。

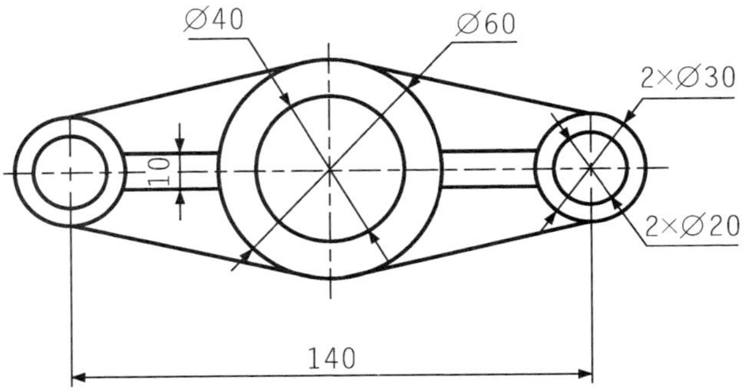

图3.16　练习示图

2. 绘制如图3.17所示的相贯线图形。

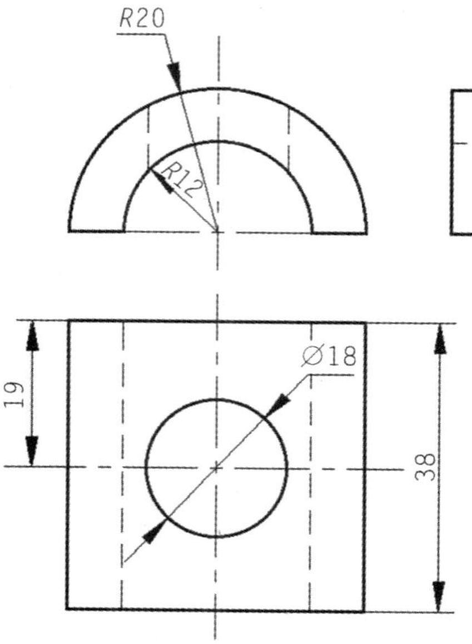

图3.17 相贯线图形

3. 绘制如图3.18所示的连接配件的主视图、左视图。

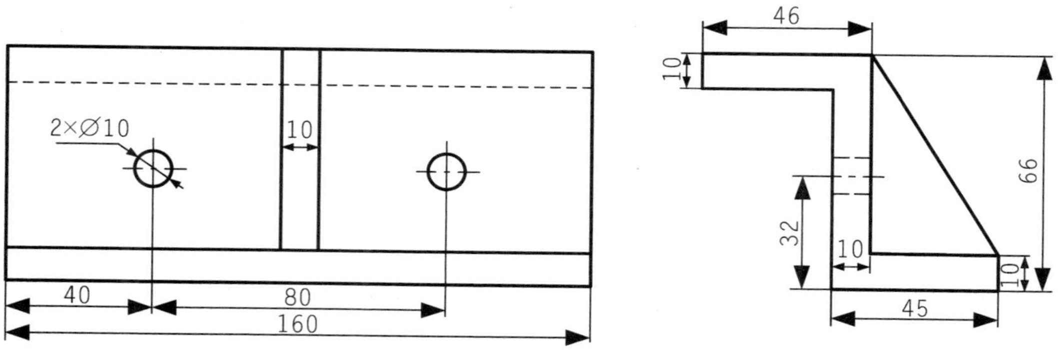

图3.18 连接配件的主视图、左视图

4. 绘制如图3.19所示的主视图、俯视图，补画其左视图。

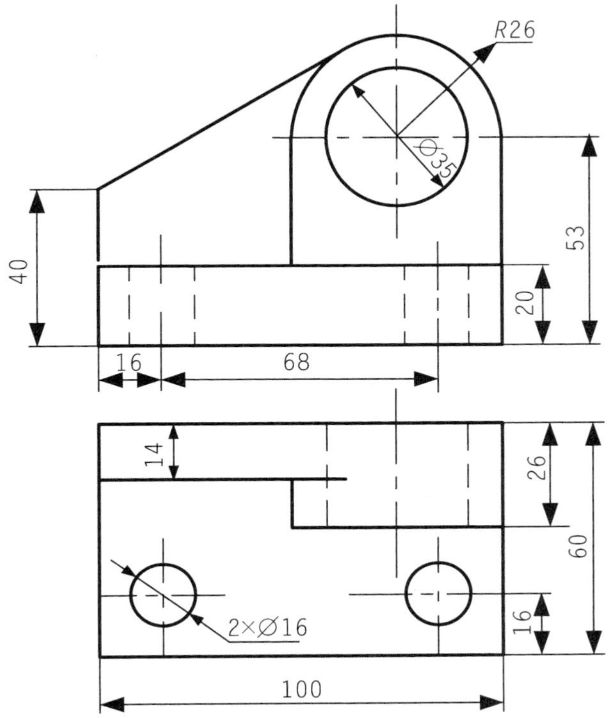

图3.19　主视图及俯视图

第4章　绘图环境的设置

在使用AutoCAD绘图时，根据工作需要和个人操作习惯设置好AutoCAD绘图环境，有利于形成统一的设计标准和工作流程，提高设计工作的效率。绘图环境的设置包括修改系统配置、确定图形单位、确定图形界限、设置辅助绘图模式、创建与管理图层、文字样式的设置和表格样式的设置。

4.1　修改系统配置

AutoCAD 2024系统配置主要通过"选项"对话框修改设置。常用的几项设置有以下几点：

(1) 在"选择集"选项卡，可以设置拾取框的大小和夹点尺寸，如图4.1所示。向左或向右移动滑块，能使拾取框变小或变大。

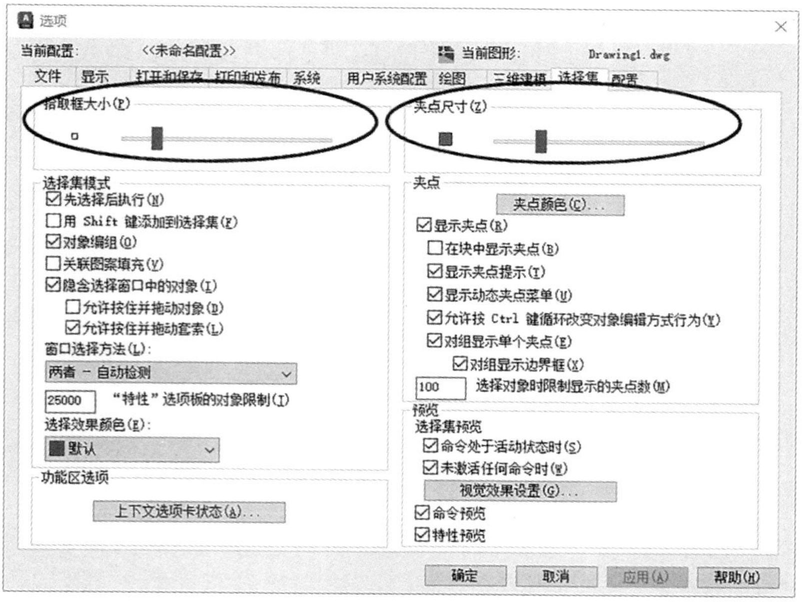

图4.1　"选择集"选项卡

(2) 在"显示"选项卡，单击"颜色"按钮，可以修改绘图区的背景颜色，具体操作步骤可以参照1.1.3节。

(3) 在“用户系统配置”选项卡,可以自定义鼠标右键功能,如图4.2所示。

图4.2　“用户系统配置”选项卡

(4) 某些情况下,硬件加速导致打开线宽后图线消失,只能看到2个端点,此时需要通过“系统”选项卡,单击图形性能,将“二维显示设置”调整为“基本模式”,图线就能恢复,如图4.3所示。其他选项根据具体情况确定是否修改。

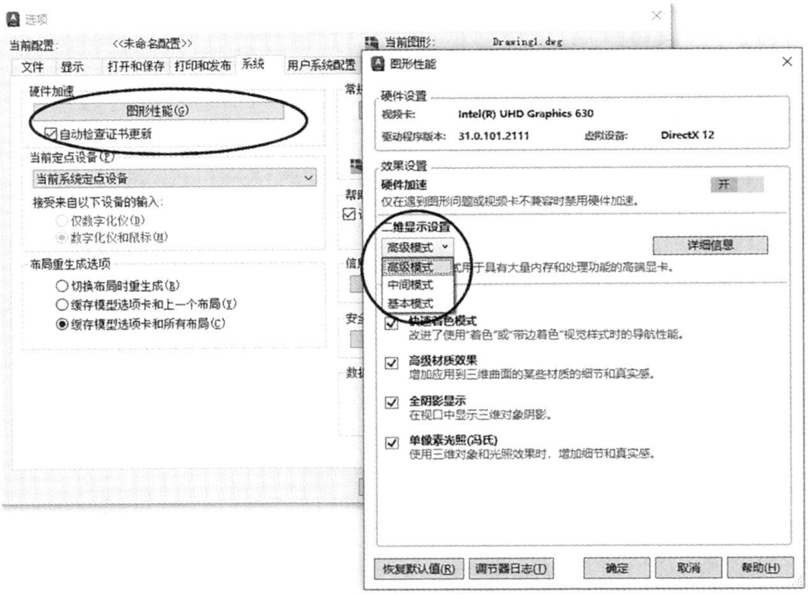

图4.3　图形性能设置

4.2 确定图形单位

单击“格式”下拉菜单，单击“单位”命令，打开“图形单位”对话框，如图4.4所示。

在该对话框中，设置长度类型为“小数”（即十进制），其精度为“0”；设置用于缩放插入内容的单位“毫米”；设置角度类型为“十进制度数”，其精度为“0”。

单击“方向(D)…”，打开“方向控制”对话框，如图4.5所示，一般设置为默认状态，即“东(E)”，方向为0。

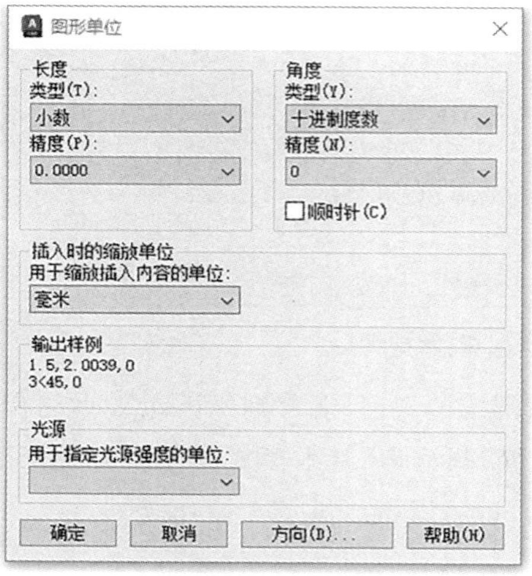

图4.4 “图形单位”对话框图

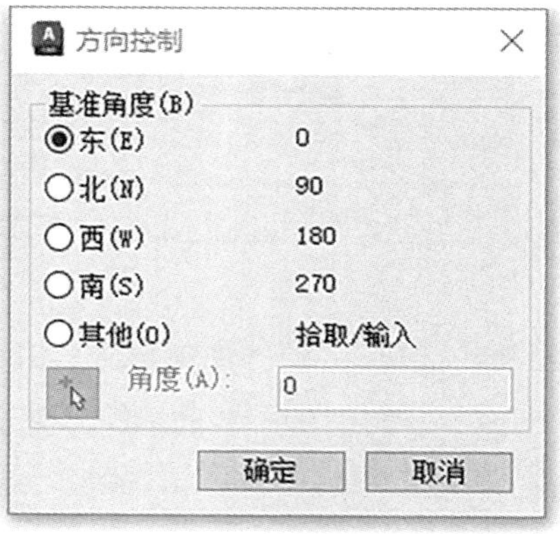

图4.5 “方向控制”对话框

4.3 确定图形界限

绘图界限就是AutoCAD的绘图区域，也称为图限。通常用于打印的图纸都有一定的规格尺寸，如A3(297 mm×420 mm)、A4(210 mm×297 mm)。为了便于将绘图的图形打印输出，在绘图前应设置好图形界限。

下面以设置A3横放图纸为例，具体介绍设置图形界限的操作方法。

单击“格式”下拉菜单，选择“图形界限”。

1. 命令的执行方法

(1) 下拉菜单：“格式”→“图形界限”。

(2) 命令行：LIMITS。

2. 命令提示和选项

(1) 指定左下角点或[开(ON)/关(OFF)]〈0,0〉:〈回车〉即接受默认值,确定图幅左下角图界坐标。

(2) 指定右上角点〈420,297〉:〈回车〉即接受默认值,确定图纸幅面为横放A3图纸。

若在选项中选择"开(ON)"时,则打开图形界限校核,即只能在图形界限内绘图,超出界限将不能画图,默认状态是"关(OFF)"。此时,如果要观察到图形界限范围,还需要鼠标右击状态栏中的"显示图形栅格"按钮,在弹出的"网格设置"菜单中选择"网格设置"命令,在弹出"草图设置"对话框中取消"显示超出界限的栅格"复选框的勾选,如图4.6所示。

图4.6　"草图设置"对话框

4.4　设置辅助绘图模式

(1) 打开"栅格显示"。双击滚轮,使栅格充满屏幕。

(2) 打开"对象捕捉"模式。

(3) 打开"对象捕捉追踪"模式。

(4) 根据需要打开"正交"模式和"极轴"模式。

(5) 打开"线宽"显示。

具体设置参见本书第3章的内容。

4.5 创建与管理图层

图层(Layer)是AutoCAD设计中常用的工具之一,图层能建立一系列具有不同线性和不同绘图颜色的图层,绘图时,将具有同一线性的图形对象放在同一图层中。图层可以被打开、关闭、修改,还可以实现图线颜色、线型以及其他操作。当通过打印机或绘图仪将图形输出到图纸时,利用打印设置,将不同颜色的对象设为不同的线宽,这样就可以保证输出到图纸的对象满足线宽要求。

在AutoCAD中绘制的对象都具有图层、线型和颜色3个基本特征,AutoCAD允许用户建立和选用不同的图层来绘图,也允许选用不同的线型和颜色绘图。利用图层,可以在图形中对相关的对象进行分组,以方便对图形进行控制与操作,可以说,图层是AutoCAD中用户组织图形的非常有效的工具之一。图形对象的属性包括线型、线宽和颜色等。

利用图层可以绘制和编辑图形,组织和管理不同类型的图形信息,特别是绘制复杂的图形时,可以关闭无关的图层,避免由于对象过多而产生相互干扰,从而降低了图形编辑的难度,提高了绘图精度。本章介绍图层的概念、图形属性、有关命令、设置方法等。

4.5.1 图层的概念

图层的概念很重要,正确理解图层的概念有助于设置图层并利用其进行绘图和编辑。图层相当于一张张没有厚度的透明胶片,整个AutoCAD文档就是由若干透明胶片上下叠加的结果。同一幅图中的所有图层都是用同一个坐标系定位。下面通过一个例子说明图层的概念。

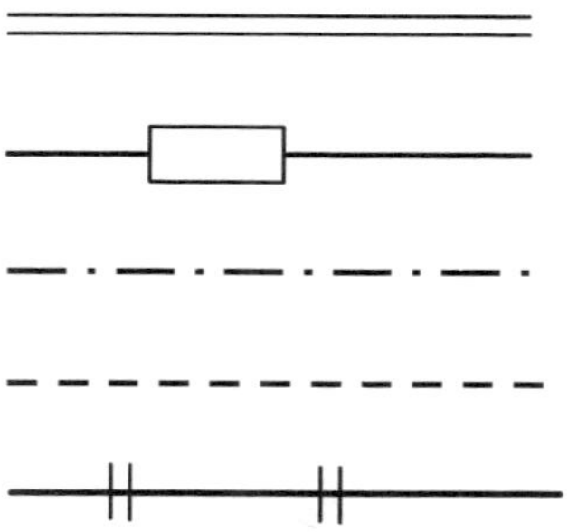

图4.7 交通路线线型

大家对交通图都很熟悉,比如一张交通图,它是用图4.7中的图线表达交通路线的,不同的道路用不同的线型,每条图线具有一定的宽度、颜色和形式。如果一张交通图由几个人同时绘制,每个人分别用一张透明的胶片绘制一种交通路线,绘制完后将这些透明胶片叠加在一起,就制成了一张完整的交通图。若某人画的铁路线有错,或新建了几条铁路,只要把画铁路的透明胶片取出来修改或添加几条铁路线即可。AutoCAD为用户提供了与透明胶片类似的绘图环境,它被称为图层。

确定一个图形对象,除了必须给出它的几何数据(如确定位置和形状等)以外。还要给定它的线型、线宽、颜色和状态等非几何数据;我们把图形所具有的这些非几何信息称为图形的属性。比如:为了画一段直线,必须指定它的两个端点的坐标,此外,还要说明画这段直线所用的线型(实线、虚线等)、线宽(线条的粗细)和颜色。

引入了图层这个概念以后,只要事先指定每一图层的线型、线宽、颜色和状态等属性,使凡具有与之相同属性的图形对象都放到该图层上。这样,在绘制图形时,只需指定每个图形对象的几何数据和其所在的图层就可以了。这样做,既可使绘图过程得到简化,又便于对图形的管理。因为所有图层都是用同一个坐标系定位,所以各个图层相互之间完全对齐,即一层上的某一基准点准确无误地对齐于其他各层上的同一基准点。在各层上画完图后,把这些层对齐重叠在一起,就构成了一张整图。其示意图如图4.8所示。

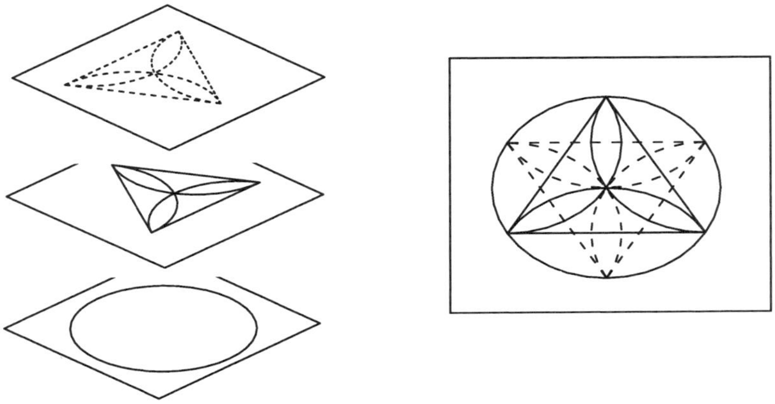

图4.8　概念上的图层

AutoCAD提供的默认层是0层。图层具有关闭(打开)、冻结(解冻)、锁定(解锁)等特性。用户的绘图和编辑等操作都是在当前层上进行的,它相当于由透明胶片组成的图中最上面的一张。

4.5.2　图层的用途

前面已经谈到图层类似于透明胶片,利用它可以绘制和编辑图形、组织和管理不同种类的图形信息。所绘制的图形具有图层、颜色和线型等特性。图形可以采用图层的颜色和线型,也可以采用不同于图层的颜色和线型。颜色有助于区分图形中相似的元素,线型用于表达不同的绘图元素(例如中心线或虚线)。

用户在绘图时,应先创建几个图层,每个图层设置不同的颜色和线型。例如,创建一个用于绘制中心线的图层,并为该图层指定红颜色和Center线型;创建一个用于绘制虚线的图层,并为该图层指定蓝颜色和Dashed线型;创建一个用于注写尺寸和文本的图层,并为该图层指定黄颜色和Continuous线型。在绘制和编辑过程中,可以随时切换图层绘图,而无须在每次绘制某种图线时去设置线型和颜色。如果不想显示或输出图形中的某些内容,则可以关闭其对应的图层。

例如,建筑设计师在进行楼房的水暖设计时,需要利用其他设计师设计完的楼房平面图和立面图中的部分内容。如果在绘制楼房平面图和立面图时,将不同的结构放在不同的图层上,在进行水暖设计时,只需打开楼房平面图和立面图中有关的图层继续进行设计即可。由于AutoCAD为用户提供了非常有用的图层,使得设计师在进行机械、建筑、电器、服装等设计时,能很好地利用设计的继承性。

总之,图层的应用使得用户在组织图形时拥有极大的灵活性和可控性。组织图形时,最重要的一步就是要规划好图层的结构。例如,图形的哪些部分放置在哪一图层上,总共需设置多少个图层,每个图层的命名、线型、线宽与颜色等属性如何设置等。

4.5.3 图层的特性

(1) 一幅图最多可以包含32000个图层,所有的这些图层采用相同的图限、坐标系统和缩放比例因子。每一图层上可以绘制的图形对象数不受限制。因此,这完全可以满足绘图的需要。

(2) 每一个图层都有一个图层名,以便在各种命令中引用某图层时使用。该图层名最多可由255个字符组成,这些字符可以包括字母、数字和专用符号“$”“—”(连字符)和“_”(下划线)。用户可根据自己的习惯决定图层的命名规则,当开始画一幅新图时,AutoCAD自动生成0层,且0层不能被更名和删除。当前层层名的前后至多有8个字符显示在“特性”工具条的图层列表框中。

(3) 图层被指定带有颜色号、线型名、线宽和打印式样。颜色号为可见的层指定实际显示的颜色,对于新的图层、系统可用默认方式赋予颜色号7。线型名为图层指定绘图时所用的线型,系统的默认方式是赋予新层使用实线线型(Continuous),线宽的默认值为“默认”(线宽为0.01英寸或0.25 mm)。图层的打印式样可以在图层一级控制图形的输出外观,它将覆盖对图形对象颜色、线型和线宽的设置。

(4) 在一幅图所包含的多个图层中,可以且只能设置一个“当前层”。用户只能在当前层上绘图,并且使用当前层的颜色、线型和线宽。所以在绘图前首先要选择好相应的当前层。

(5) 图层可以被打开(On)或关闭(Off)。只有打开图层上的图形才能显示在图形屏幕上,并可以用绘图仪绘出。被关闭图层上的图形仍然是整图中的一部分,它们只是不能被显示或绘制出来。所以合理地打开和关闭一些图层,可以使绘图或看图时显得更清楚。

注意:不要轻易关闭掉当前层,因为这样会导致混乱。

(6) 图层可以被冻结(Freeze)或解冻(Thaw)。处于冻结层上的图形不能被显示出来,并且也不参加图形之间的运算;解冻图层上图形则与之相反;从可见性来说,冻结的图层和关闭的图层是相同的。它们之间的差别在于:被冻结图层上的图形对象不参加图形处理过程中的运算,而被关闭图层上的图形对象则要参加。所以,在复杂图形中冻结不需要的图层,可以大大加快系统重新生成图形的速度。

注意:当前层不能被冻结。

(7) 图层是可以锁定(Lock)和解锁(Unlock)。锁定一个图层并不影响其图形的显示状况;即处于锁定层上的图形仍然是可以显示出来的,当然该锁定层必须是打开且未被冻结的。但用户不能对锁定层上的图形进行编辑。

当前层也可以被锁定,且可以在该层上继续绘图。此外,用户可在锁定层上改变颜色和线型,也可以在锁定层上使用捕捉功能和查询命令。

(8) “特性”按钮面板形式如图4.9所示。该面板非常重要,可用其上的按钮和列表框快速地查看或改变对象的图层、颜色和线型。在没有命令激活时选择任一对象,该对象的图层、颜色和线型都将在工具栏中动态显示出来。“特性”按钮板块中按钮和列表框的使用详见图4.9中的注释。

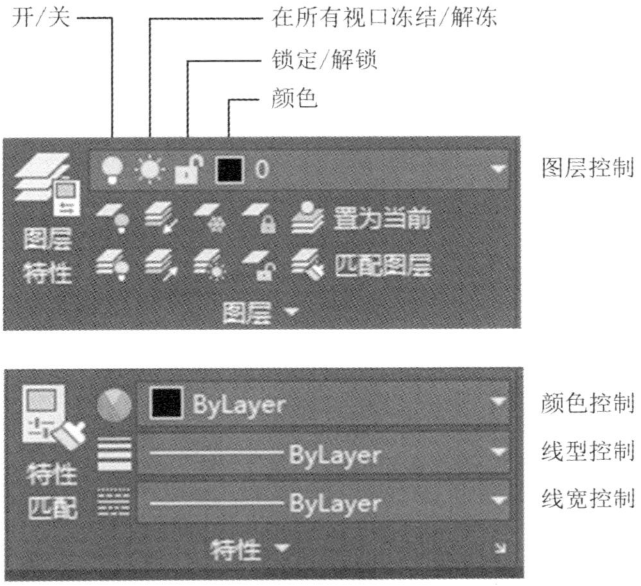

图4.9　“图层”按钮面板和“特性”按钮面板

4.5.4　图层的控制

“图层”选项可以控制图层的基本设置。它可以生成新的图层，指定当前层，为图层设置颜色、线型、线宽、打印式样、打开或关闭图层、冻结或解冻图层、锁定或解锁图层等。

1. “图层”选项的执行方法

执行方法有以下几种：

(1) 打开下拉菜单“格式”，选择其中的“图层”选项。

(2) 在“图层”按钮面板上单击“图层特性”按钮。

(3) 从命令行键入LAYER并按回车键。

“图层”选项执行后，屏幕上将显示一个“图层特性管理器”对话框，如图4.10所示。

2. “图层特性管理器”对话框的内容

对话框中各项内容的含义如下：

(1) 层列表框。占据了对话框中的大部分区域；它显示当前图形中所定义的全部图层以及每一图层的特性与状态。开始绘制一张新图的时候，AutoCAD自动建立一个0层(层名为0)。0层是默认层，所用的默认颜色为白色(7号颜色)，线型为实线。但如果图形窗口的背景色为白色，则7号颜色将显示为黑色，线宽和打印式样也采用默认值。0层不能重新命名或者删除。

层列表框中从左至右各列的含义：第一列为“状态”列，显示当前层所在位置；第二列为

“名称”列，表示图层的名字；第三列为“开/关”列，控制图层的“打开”或“关闭”状态；第四列为“在所有视口冻结”列，控制图层的“冻结”或“解冻”状态；第五列为“锁定”列，控制图层的“锁定”或“解锁”状态；第六列为“颜色”列，用于设置图层的颜色；第七列为“线型”列，用于设置图层的线型；第八列为“线宽”列，用于设置图层的线宽；第九列为“打印样式”列，用于设置图层的打印式样；第十列为“打印”列，用于设置图层是否打印。

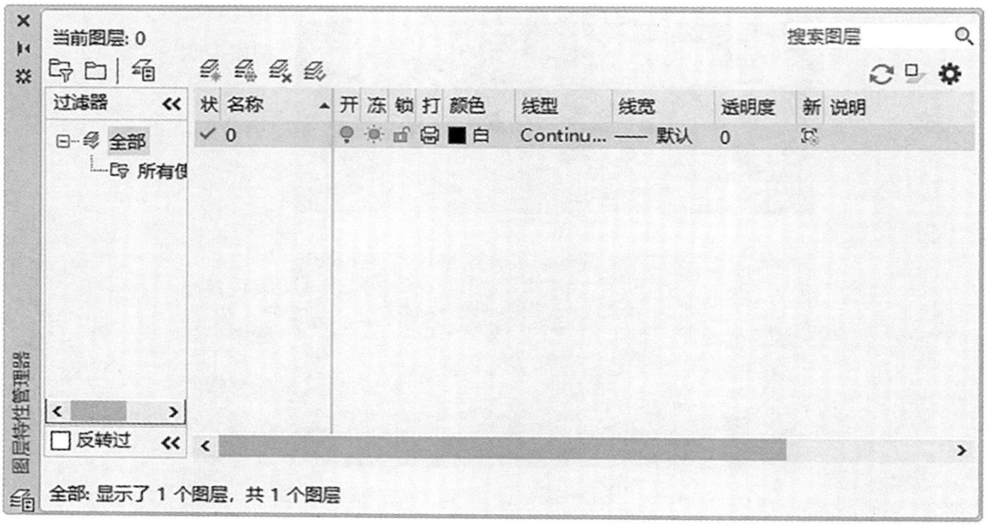

图 4.10 “图层特性管理器”

(2) 按钮“新建特性过滤器”。单击打开“图层过滤器特性”对话框，如图4.11所示。

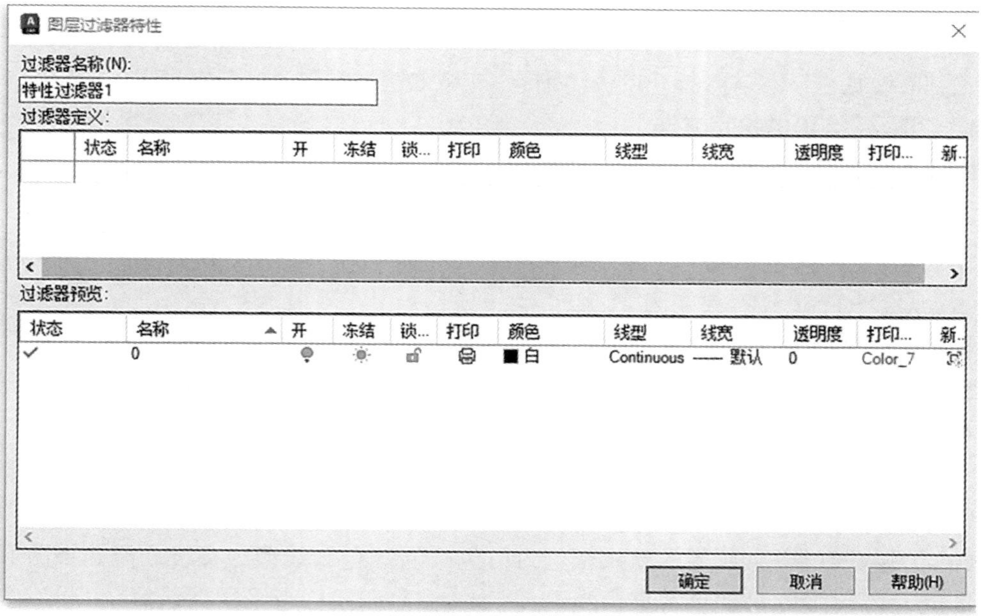

图 4.11 “图层过滤器特性”对话框

当图形中包含大量图层时，利用“图层过滤器特性”对话框可以有选择地过滤图层。在该对话框中，用户还可以在“过滤器定义”列表框中设置图层的名字、颜色、线型、线宽等过滤条件，以及图层的打开或关闭、冻结或解冻、锁定或解锁等状态。过滤条件的名称、颜色、线型和打印式样可以使用“*”“?”等多种通配符。

在“图层特性管理器”对话框中，选中“反转过滤器”复选框，将只显示未通过过滤器的图层。选中“应用到图层工具栏”复选框，则图层工具栏中仅显示符合当前过滤器的图层。

(3) 按钮“新建图层”，用于建立新层。

(4) 按钮“删除图层”，用于删除在层列表框中选定的层。

(5) 按钮“在所有视口中都被冻结额的新图层视口”，创建新图层，然后在所有现有布局视口中将其冻结。

(6) 按钮“置为当前”，使在层列表框中选定的层成为当前层。如果该层原来是关闭的，则成为当前层后将自动打开。

4.5.5　图层的基本操作

实现图层操作先打开图层特性管理器，如图4.10所示。AutoCAD提供的默认层是0层，如果不设置任何图层，绘图只能在0图层上进行。

1. 建立新图层

创建新图层可以通过以下2种方式：

(1) 单击新建图层按钮，如图4.12所示。AutoCAD会创建一个名称为“图层1”的新图层，然后依次创建“图层2”“图层3”等。

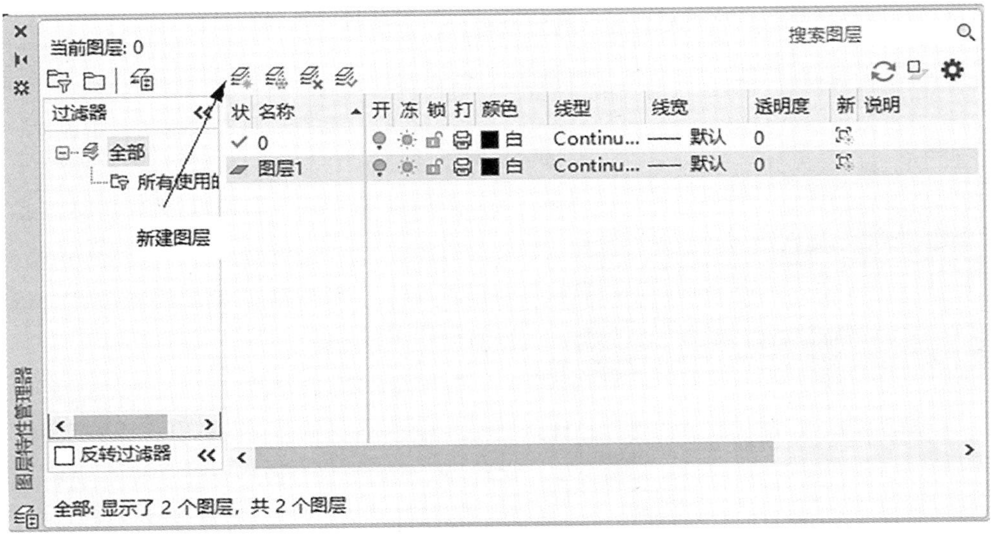

图4.12　图层的基本操作

(2) 在图层管理器对话框中选择任意一个图层，接着按Enter键，即可得到一个新图层，并且新图层的颜色、线型和线宽等参数和原始图层一致。

对于新建的层，用户可以使用鼠标单击对图层的状态、颜色、线型、线宽等各项进行逐项修改。

2. 设置当前层

用户在屏幕上绘制的任何图形对象，都被指定画在当前层上，并且拥有当前层的颜色和线型。因此，对于包含多个图层的图形，如果想在非当前层上进行操作，必须将其置为当前层。

用户可以通过以下方式将图层置为当前层：

(1) 在图层按钮面板中，“图层控制”下拉列表中选择需要置为当前的图层，如图4.9所示。

(2) 在“图层特性管理器”中，选中需要置为当前的图层，单击“置为当前”按钮✔。

(3) 在“图层特性管理器”中，双击需要置为当前的图层。

(4) 在“图层特性管理器”中，选中需要置为当前的图层，单击右键，在弹出的菜单中选择“置为当前”项。

在图层特性管理器中，图层前面有✔标记表示该图层为当前层。

3. 重新命名层

新建的图层为便于用户分类，常常需要重新命名。一般用汉字并根据功能来命名，如“粗实线”“细实线”“中心线”“虚线”等。

选中需要更改的图层名称，单击就进入编辑模式，输入图层的新名称后按Enter键或者单击即可完成图层的重新命名。

在图层较多的情况下，单击“名称”标题可以调整图层的排列顺序，使图层根据名称按顺序或逆序的方式列表显示。

4. 删除图层

在“图层特性管理器”中，可以通过以下2种方式删除图层：

(1) 选中所要删除的图层，单击“删除图层”按钮。

(2) 选中所要删除的图层，单击右键，在弹出的快捷菜单中选择“删除图层”选项。

需要注意的是，要删除的图层必须是空图层，即图层上没有图形对象，否则AutoCAD拒绝删除操作。当前图层、0图层和依照外部参照的图层均无法删除。

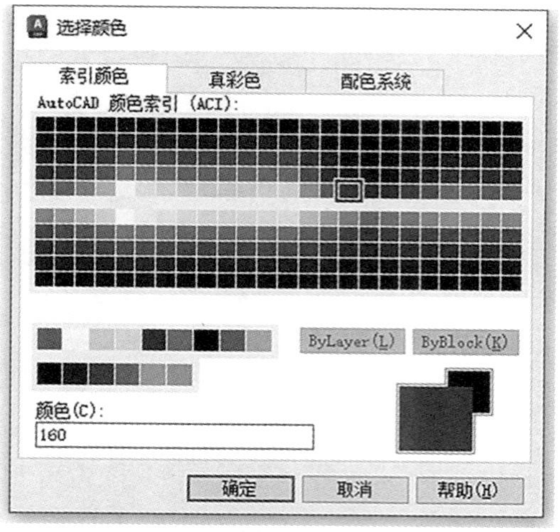

图4.13 “选择颜色”对话框

5. 设置图层的颜色

要设置图层的颜色，用户可以在“图层特性管理器”对话框中，单击与层名相对应的“颜色”列，在屏幕上将弹出“选择颜色”对话框，如图4.13所示。

在“选择颜色”对话框中包括“索引颜色”“真彩色”“配色系统”3个选项卡。

(1) 索引颜色。

在“选择颜色”对话框中，选择“索引颜色”选项卡，如图4.13所示，也可以在“颜色调色板”中根据颜色的索引号来选取颜色。

“索引颜色”选项卡实际上是一张含有255种颜色的颜色表。其中标准颜色有9种，颜色号和颜色名分别为1=红色，2=黄色，3=绿色，4=青色，5=蓝色，6=橙红色，7=白色，8和9为不同的灰色。灰度颜色选项区域包含6种灰度级，可以将图层颜色设置为灰度色。

用户可以直接用鼠标指定一种标准色，也可以在“颜色表”中指定任意一种颜色，然后按“确定”按钮。这些索引颜色足以满足用户的绘图需要。

单击“ByLayer”或“ByBlock”按钮，可以确定所选中的颜色为随层或随块方式。

(2) 真彩色。

打开“真彩色”选项卡，在该选项卡中的“颜色模式”下拉列表中有RGB和HSL 2种颜色模式可以选择，如图4.14所示。通过这2种颜色模式可以调出我们想要的各种颜色。

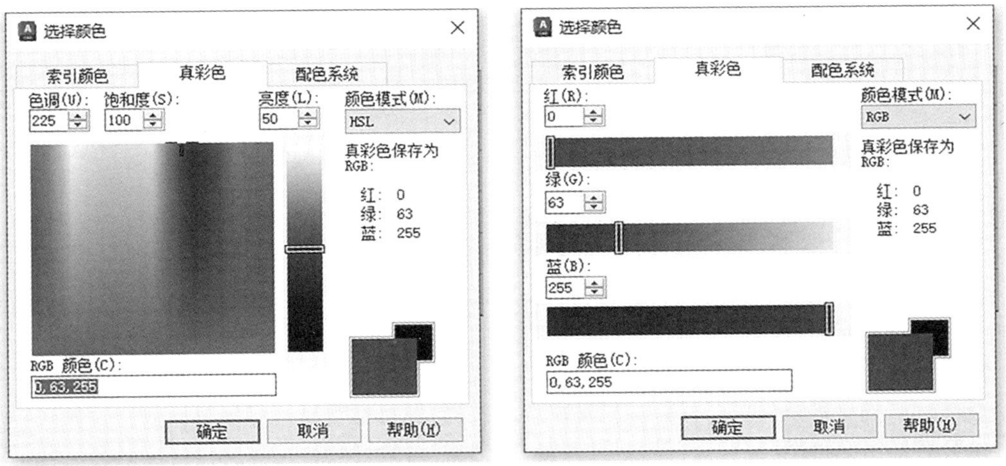

图4.14　HSL和RGB颜色模式

RGB颜色模式是源于有色光的三原色原理。其中，R代表红色，G代表绿色，B代表蓝色。每种颜色都有255种不同的亮度值。因此RGB模式从理论上讲有255×255×255共约16兆种颜色，足够模拟自然界中的各种颜色。RGB模式是一种加色模式，即其他所有颜色都是通过红、绿、蓝3种颜色叠加而成的。

HSL颜色模式是以人类对颜色的感觉为基础，描述了颜色的3种基本特性。H代表色调，这是从物体反射或透过物体传播的颜色。在0°～360°的标准色轮上，按位置度量色相。S代表饱和度，是指颜色的强度或纯度。饱和度表示色相中灰色成分所占的比例，它使用从0%(灰色)至100%(完全饱和)的百分比来度量。在标准色轮上，饱和度从中心到边缘递增。L代表亮度，是颜色的相对明暗程度。由0%(黑色)至100%(白色)的百分比来度量。

(3) 配色系统。

单击“配色系统”选项卡，打开“配色系统”对话框，如图4.15所示。

在该选项卡中的“配色系统”下拉列表中，AutoCAD提供了17种定义好的色库表，用户可以选择一种色库表，然后在下列的颜色条中选择需要的颜色。

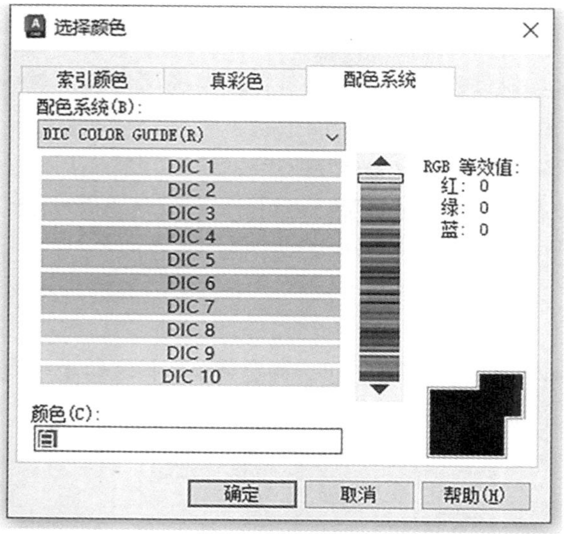

图4.15 “配色系统”对话框

6. 设置图层的线型和线宽

(1) 线型设置。

要设置图层的线型，用户可以在“图层特性管理器”对话框的层名列表框中，单击设置层名相对应的“线型”列，在屏幕上将弹出“选择线型”对话框，如图4.16所示。也可以从菜单中选择“格式”列“线型”选项。

如果要用的线型已经装入，那么在“选择线型”对话框中将会列有该线型，用户只需直接从“选择线型”对话框的线型列表框中选择一种符合要求的线型即可。

如果要用的线型尚未装入，那么请单击“选择线型”对话框中的“加载”按钮。打开“加载或重载线型”对话框，选中要装入的线型。“加载或重载线型”对话框，如图4.17所示。

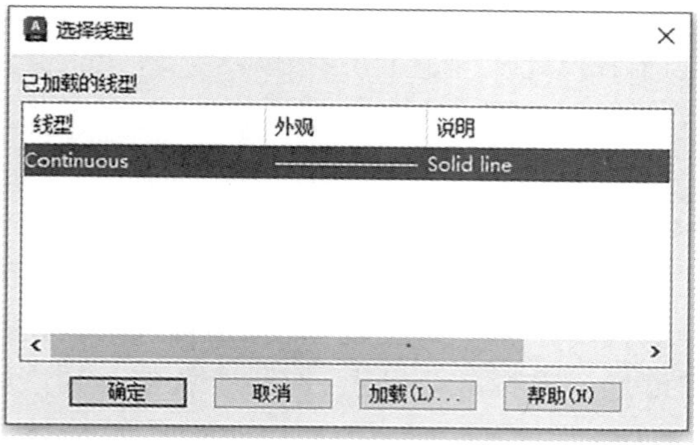

图4.16 “选择线型”对话框

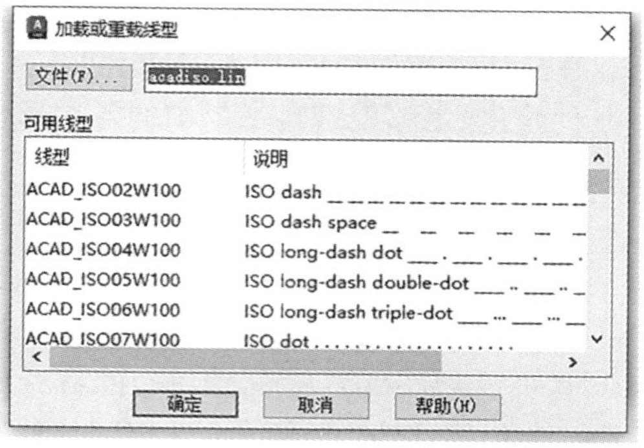

图4.17 “加载或重载线型”对话框

注意：要同时指定多个线型时，如果线型名是连续排列的，则请按住Shift键。然后单击第一个和最后一个线型名；如果线型名的排列是不连续的，则请按住Ctrl键。然后分别单击要装入的线型名。被选中的线型名将高亮显示。

AutoCAD中的线型包含在线型库定义文件acad.lin和acadiso.lin中。在英制测量系统下,使用acad.lin文件;在公制测量系统下,使用acadiso.lin文件。通过“文件”按钮可以打开“选择线型文件”对话框,以选择合适的线型库文件。

(2) 线宽设置。

要设置图层的线宽,用户可以在“图层特性管理器”对话框中,单击与层名相对应的“线宽”列,在屏幕上将弹出“线宽”对话框,如图4.18所示。对话框中列有20多种线宽,用户只需直接从该对话框的线宽列表中选择一种符合要求的线宽即可。

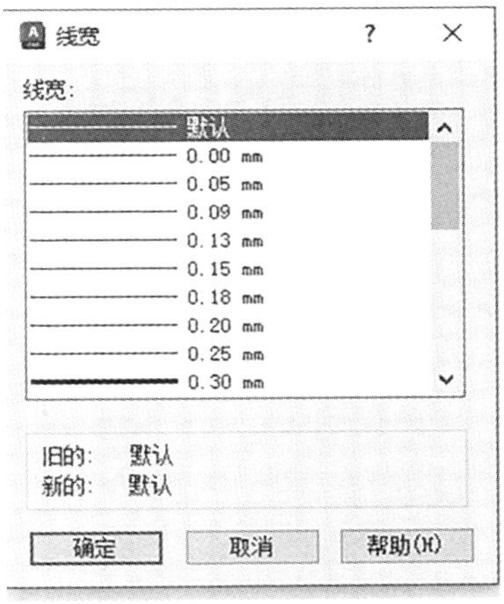

图4.18　“线宽”对话框

7. 设置图层的状态

(1) 打开与关闭。

图层的打开与关闭状态的图标是一盏灯泡,用黄色的小灯泡 和蓝色的小灯泡 表示图层的打开与关闭,如图4.19所示。可以通过单击小灯泡图标实现打开状态与关闭状态之间的切换。

图层的打开与关闭可以控制该层上对象的可见性,图层关闭后,该层上的所有对象将不能在显示器上显示,也不能编辑和打印。

单击“开”标题可以调整各图层的排列顺序,使关闭状态的图层放在列表的最前面或最后面。

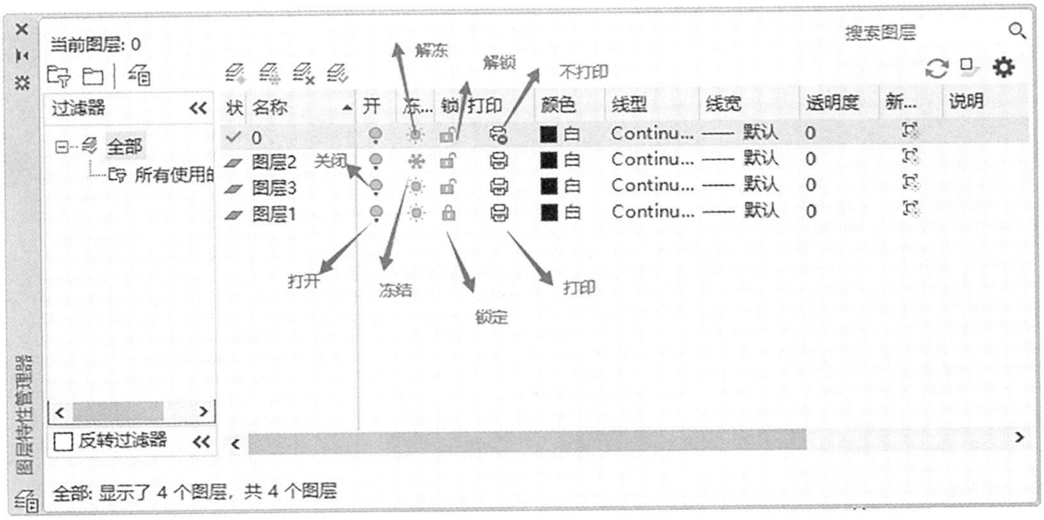

图4.19　图层状态示意图

(2) 图层的冻结与解冻。

图层的冻结状态的图标是雪花 ,解冻状态的图标是太阳 ,如图4.19所示。图层的冻结与解冻状态显示在“图层特性管理器”对话框中的“在所有视口冻结”列中。单击图标可以实现图层冻结与解冻2个状态之间的切换。

图层被冻结，则该图层上的对象既不能显示，也不能编辑和打印。

关闭图层和冻结图层的区别是：关闭图层后，该图层仍然是图形的一部分并参与处理过程的运算，而冻结的图层不参与运算。因此，冻结图层能够加快系统重新生成图形的时间。另外，用户可以关闭当前层，但不能冻结当前层。

同样，单击“冻结”标题，可以调整各图层的排列顺序，使当前冻结的图层放在列表的最前面或最后面。

(3) 图层的锁定与解锁。

图层的锁定与解锁状态的图标是一把小锁，如图4.19所示，用锁住与打开表示图层的锁定与解锁。图层的锁定与解锁状态显示在“图层特性管理器”对话框中的“锁定”列中，单击“锁定”列中的锁标记，在“锁定”与“解锁”状态之间进行切换。

加锁一个图层可以防止用户编辑该层上的所有对象，但是对象仍然可见，起到对原先现场的保护作用。加锁层可以是当前层，并且可以在其上添加新的图形对象，还可以对加锁层上的对象应用目标捕捉模式。

同样，单击“锁定”标题，可以调整图层的排列顺序，使当前锁定图层位于列表的前面或后面。

8. 其他设置法

以上各种对图层的设置和控制，还可以通过以下方法来进行：

(1) 通过对“特性”按钮面板上的“图层控制”下拉列表的操作来进行，其操作步骤与前面所述是一致的。

(2) 在“图层特性管理器”对话框的相应位置上单击鼠标右键。此时将弹出快捷菜单，选择菜单中的相应选项，可实现对图层的设置。

(3) 选择菜单栏“格式”→“图层工具”。

(4) 选择工具栏“图层Ⅱ”(如图4.20所示)。

(5) 从命令行键入Layer并按回车键，将出现“图层特性管理器”对话框。

图4.20 “图层Ⅱ”工具栏

4.5.6 图层转换器

在绘制或编辑图形过程中，有些图层可能不符合用户的要求。此时可以把已有或新建的标准图层，通过图层转换器将这些图层转换为标准的图层。

打开图层转换器可用以下方法：

(1) 下拉菜单：“工具”→“CAD标准”→“图层转换器”。

(2) 命令行：Laytrans。

AutoCAD弹出如图4.21所示的“图层转换器”对话框，各选项的含义说明如下：

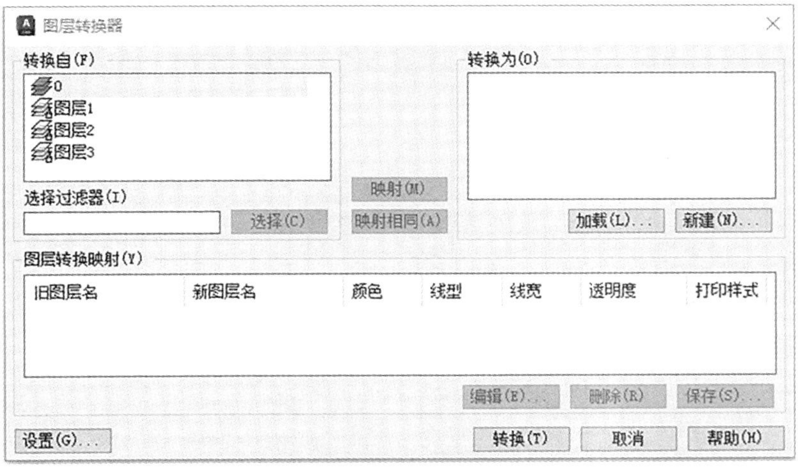

图 4.21 “图层转换器”对话框

1. 转换自

该选项用于确定要进行转换的图层。列表框中列出了当前图形中的所有图层,供用户选择,也可以通过“选择过滤器”来选择。

2. 转换为

用于确定要转换的图层将以哪个图层为标准进行转换。列表框中列出了可以将当前图形的图层转换成的图层名称。

“加载”按钮可以打开“选择图形文件”对话框,用来加载已有图形文件、样板文件和标准文件中的图层设置。

“新建”按钮可以打开“新图层”对话框,如图4.22所示。用来创建新的图层作为转换匹配图层。新图层会显示在“转换为”列表中。

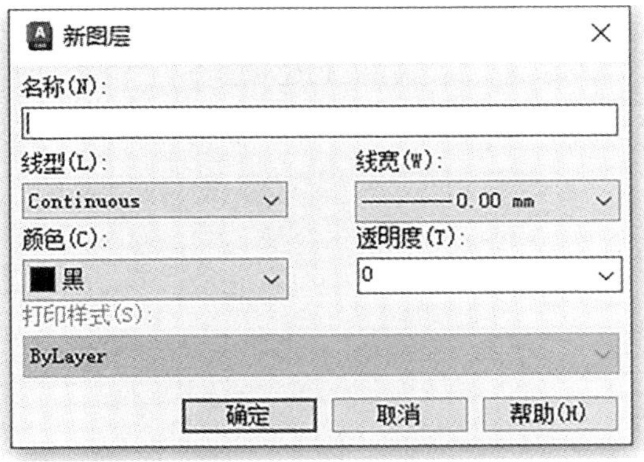

图 4.22 “新图层”对话框

“映射”按钮用于将在“转换自”列表框中选中的图层映射到“转换为”列表框中。并且当图层被映射后,它将从“转换自”列表框中删除。

“映射相同”按钮用于将在“转换自”列表框和“转换为”列表框中具有相同名称的图层进行转换映射。

3. 图形转换映射

该选项区域的列表框中,显示出已经映射的图层名称、颜色、线型等相关特性。当选中一个图层后,单击“编辑”按钮,打开“编辑图层”对话框,可以修改转换后的图层特性,如图4.23所示。

4. 设置

用于设置图层的转换过程。选择该选项,系统弹出“设置”对话框。用户可根据需要选中相应的复选框,如图4.24所示。

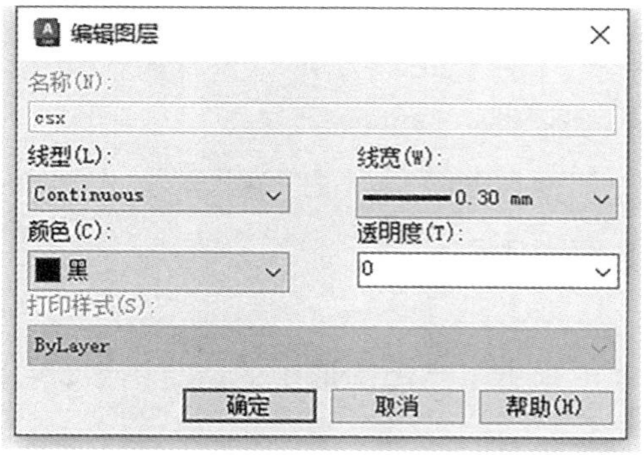

图4.23 “编辑图层”对话框

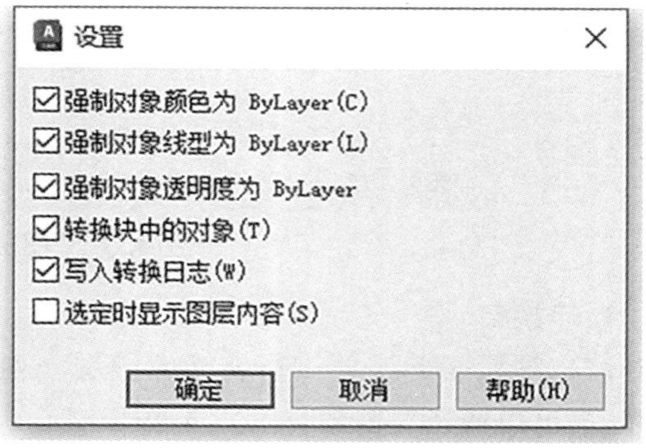

图4.24 “设置”对话框

4.5.7 常用图层设置

AutoCAD提供了标准线型库,相应库的文件名为“ACADISO.LIN”,标准线型提供了多种线型。其中包含多个长短、间隔不同的虚线和点画线,只有进行适当的搭配,在同一线型比例下,才能绘制出符合机械制图国家标准的图线。此外,国家标准GB/T 18229—2000规定了下列线型的颜色,下面推荐一组绘制工程图时常用的线型,见表4.1。

表4.1 创建图层

图　层	颜色(国标规定)	线型(推荐)	线宽(推荐)
粗实线	白的	粗实线(Continuous)	0.5 mm
细实线	绿色	细实线(Continuous)	0.25 mm
波浪线	绿色	细实线(Continuous)	0.25 mm
双折线	绿色	细实线(Continuous)	0.25 mm
虚线	黄色	虚线(Dashed2)	0.25 mm
细点画线	红色	点画线(Center)	0.25 mm
粗点画线	棕色	点画线(Center)	0.5 mm
双点画线	粉红色	双点画线(Phantom)	0.25 mm

提示:若屏幕底色为白色,或彩色线条出图时,建议将黄色的虚线改为蓝色。

4.6　图形属性设置

AutoCAD对图形中每一对象的颜色、线型、线宽和打印式样等，均默认设置为“随层”(Bylayer)。“随层”颜色称为逻辑颜色(Logical color)，即AutoCAD根据对象所属图层的颜色来显示对象。同样，“随层”线型是指AutoCAD根据对象所属图层的线型来显示对象。其他属性也与此有相同的含义。“随层”颜色实际上是256号颜色，而0号颜色称为“随块”颜色。“随块”颜色是针对块(Block)中的对象而言的，同样也存在“随块”线型。

虽然图形中的对象默认时使用“随层”颜色和线型等属性，但是用户可以根据需要覆盖掉层的定义，并显示设置对象的颜色与线型等属性。显示设置后，以后新绘制的图形对象都将以该新设置的颜色、线型或者线宽来显示。对于图形中已经有的对象，则可以先选择对象，然后再显示设置来改变该对象原有的颜色、线型和线宽等。

由于显示设置会导致图形管理的混乱，因此建议用户最好设置好图层，使用所属图层的颜色、线型和线宽等属性来显示对象，不要轻易使用显示设置。

4.6.1　设置对象的颜色

显示设置对象的颜色可以使用以下2种方法：

1. 使用“颜色控制”下拉列表

“特性”按钮面板上的“颜色控制”下拉列表可用于显示设置对象的颜色。要设置对象的颜色为图层定义的颜色，请从下拉列表中选择“随层”项；要设置对象的颜色为块定义的颜色，请从下拉列表中选择“随块”(Byblock)项；要设置对象的颜色为标准颜色，只要在下拉列表中直接选择某种标准颜色就可以了；要设置对象的颜色为其他非标准颜色，请单击下拉列表中“其他”项，然后从弹出的“选择颜色”对话框中的颜色表里直接选择某种颜色就可以了。

2. 使用“颜色”选项

使用“颜色”选项可以显示设置对象的颜色。其执行方法有以下几种：

(1) 打开下拉菜单“格式”，选择其中的“颜色”选项。

(2) 打开屏幕菜单的“格式”页，选择执行其中的“颜色”命令。

(3) 从命令行键入Color或Ddcolor并按回车键。

“颜色”选项执行后，屏幕上将显示“选择颜色”对话框，用户可以从该对话框提供的调色板中选择指定要用的颜色。

4.6.2　设置对象的线型

显示设置对象的线型可以使用以下2种方法：

1. 使用“线型控制”下拉列表

“特性”按钮面板上的“线型控制”下拉列表可用于显示设置对象的线型。要设置对象的线型为图层定义的线型，请从下拉列表中选择“随层”项；要设置对象的线型为块定义的线型，请从下拉列表中选择“随块”项。单击下拉列表中的“其他”选项，将弹出“线型管理器”对话框，如图4.25所示。用户可从对话框中提供的线型表中直接选择某种线型。如果线型不够，则可单击对话框中的“加载”按钮，从弹出的“加载或重载线型”对话框中指定要加载的线型。凡线型名中带有ACAD_ISO前缀的线型为ISO线型。

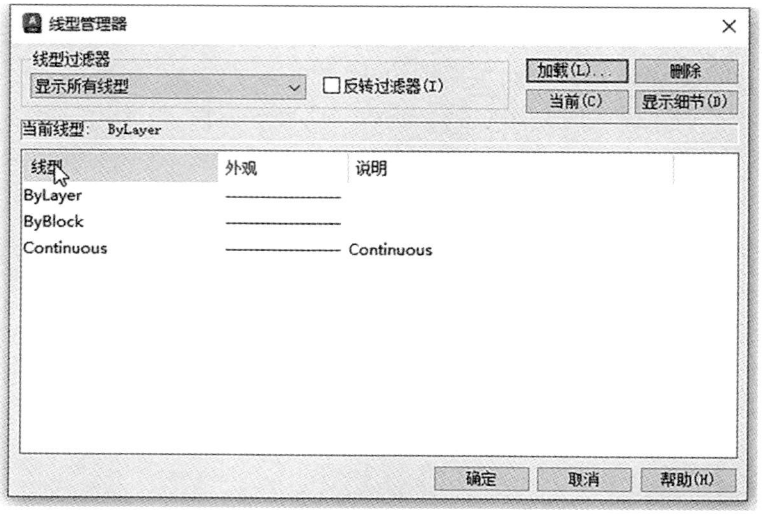

图4.25 “线型管理器”对话框

现将“线型管理器”对话框中各项的含义说明如下：

(1)“线型列表框”列出了当前图形中所有可用的线型。

(2)“线型过滤器”下拉列表用于过滤线型列表框中显示的线型。

(3)“加载”按钮引出“加载或重载线型”对话框，从中可以选择指定要装入的线型。

(4)“当前”按钮使线型列表框中被选定的线型成为当前线型，当前线型将对之后的绘图命令有效，直到改变新的当前线型为止。

(5)“删除”按钮用于从线型列表框中删除指定的线型。删除后的线型不会保存到该图形文件中去，这样可以减少图形文件所占有的存储空间。

(6)“显示细节”按钮用于列出指定线型的特性，单击后将显示“详细信息”扩展选项。同时“显示细节”按钮变为“隐藏细节”按钮。

现将“详细信息”域的各扩展选项的含义说明如下：

①“名称”框显示选定线型的名字。

②“说明”框显示选定线型的特性。

③“全局比例因子”框显示全局线型比例因子。

④“当前对象缩放比例”框显示局部线型比例因子。

⑤“ISO笔宽”框用于指定ISO线型的笔宽，仅适用于显示设置。

2. 使用“线型”选项

使用“线型”选项可以显示设置对象的线型；还可以从线型库文件中装入线型定义。其执行方法有以下几种：

(1) 打开下拉菜单“格式”，选择其中的“线型”选项。

(2) 打开屏幕菜单的“格式”页，选择执行其中的“线型”命令。

(3) 从命令行键入LINETYPE并按回车键。

“线型”选项执行后，屏幕上将显示一个“线型管理器”对话框。用户可从对话框提供的线型表中直接选择某种线型。如果线型不够，则可单击对话框中的“加载”按钮，从弹出的“加载或重载线型”对话框中指定要加载的线型。

4.6.3　设置对象的线宽

显示设置对象的线宽可以使用以下2种方法：

1. 使用“线宽控制”下拉列表

“特性”按钮面板上的“线宽控制”下拉列表可用于显示设置对象的线宽。下拉列表中有“随层”“随块”和“默认”以及各种宽度的选项。用户只需在下拉列表中直接选择某种宽度就可以了。

2. 使用“线宽控制”选项和LWEIGHT命令

使用“线宽控制”选项和LWEIGHT命令也可以显示设置对象的线宽。其执行方式有以下几种：

(1) 打开下拉菜单“格式”，选择其中的“线宽控制”选项。

(2) 右键单击绘图辅助命令按钮中的“线宽”，从快捷菜单中选择“设置”。

(3) 输入LWEIGHT命令，该命令必须在键盘上输入，其过程如下：

命令：Lweight〈回车〉

AutoCAD将显示一个“线宽设置”对话框，具体执行方式与3.5.1节中的设置方式一致。

4.7　改变图形的属性

一般说来，用户都是在绘图之前就设置好了图形的属性。但是在绘图结束后，用户还可以根据需要对每个图形对象的属性进行修改。

如果要修改对象所属的图层，可以选择这些对象，单击按钮右侧的倒黑三角，在图层下拉列表中单击要更改为的图层即可。除此之外还可以通过“特性”选项和CHANGE命令来修改对象的属性。

4.7.1 使用"特性"选项修改对象的属性

使用"特性"选项不仅可以修改对象的属性,同时也可以查询对象的属性。

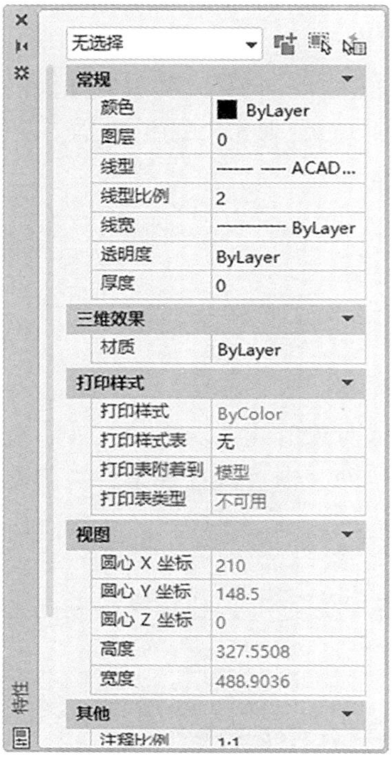

图4.26 "特性"对话框

1. "特性"选项的执行方法

"特性"选项的执行方法有以下几种:

(1) 单击标准按钮工具条上的"特性"按钮。

(2) 打开下拉菜单"工具"→"选项板"→"特性"选项。

(3) 打开下拉菜单"修改",选择其中的"特性"选项。

(4) 快捷键方式:在任何时候,按Ctrl+1键。

(5) 快捷菜单方式:在选择了对象后,单击鼠标右键,从弹出的快捷菜单中选择"特性"选项。

(6) 从命令行键入Properties命令,并按回车键。

用以上任何一种方法执行"特性"选项后,系统将显示一个"特性"对话框,如图4.26所示。

"特性"对话框是一个形式简单的表格式对话框。表格中所列的内容即为所选对象的属性。根据所选对象的不同,表格中的内容也会有所差别。用户可以通过修改对话框中的内容来修改所选对象的属性。

2. "特性"对话框内容

(1) "特性"对话框所管理的对象属性。

在"特性"对话框所管理的对象属性中列出的对象属性项将根据所选择对象的不同而有所变化。在显示名称列表中选择单个对象时,"特性"对话框所管理的对象属性将列出该对象的全部属性;如果选择了全部对象,则"特性"对话框所管理的对象属性将列出所选多个对象的共有属性;未选择对象时,"特性"对话框所管理的对象属性将显示整个图形的属性。

不管选择了什么对象,AutoCAD都将在"特性"对话框所管理的对象属性中列出对象的通用属性。这是所有图形对象都具有的共同属性,这些通用属性包括以下几项:

①"颜色"显示或设置颜色。

②"图层"显示或设置图层。

③"线型"显示或设置线型。

④"线型比例"显示或设置线型比例。

⑤"线宽"显示或设置线宽。

⑥"厚度"显示或设置厚度。

⑦"打印样式"显示或设置打印样式。

(2) "特性"对话框的特点。

"特性"对话框的一些主要特点包括:

① 设置了一个下拉菜单，可以让用户灵活地操作该对话框。

② 设置了一个“快速选择”按钮，单击该按钮弹出“快速选择”对话框，如图4.27所示。此按钮可以让用户方便地建立供编辑用的选择集。

③ 选择单个对象时，将列出该对象的全部属性，包括非几何属性和几何属性；如果选择了多个对象，则只列出所选多个对象的共有属性；未选择对象时，将显示整个图形的属性。

④ 允许按对象的类型编辑对象；如果在选择集中包含同一类型的对象，则可以编辑这一类对象共有的属性。

⑤ 在需要的情况下，将调用附加对话框或提供下拉列表，以方便属性的修改。

⑥ 双击“特性”对话框中的属性栏，将依次出现该属性所有可能的取值，以供用户选取。

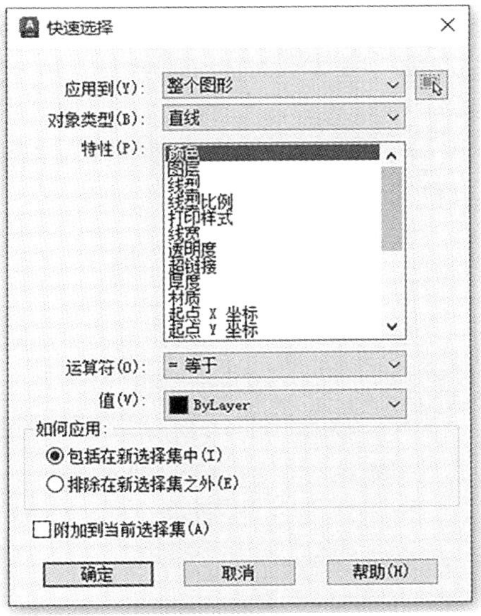

图4.27　“快速选择”对话框

当用户在图形中选择了单个对象或多个对象时，“特性”对话框将列出所有对象属性的当前值，用户可以在其中修改任何可以被改变的属性，用户可以按以下任何一种方式修改所选对象的属性：

a. 输入一个新值。

b. 从下拉列表中选取一个值。

c. 从附加对话框中选取一个值。

d. 用拾取设备改变点的坐标值。

比较以上2种不同选择的对话框中所包含的内容，可以看到：假如选择的是一个对象，那么不仅可以修改所选对象的颜色、线型、线宽、线型比例因子和所属图层等非几何属性，还可以修改它的几何数据，如顶点坐标值等；而假如同时选择了多个对象，那么只能修改所选对象的颜色、线型、线宽、线型比例因子和所属图层等共同的非几何属性。

AutoCAD还有“快捷特性”选项板。选中对象后双击即可显示，如图4.28所示。可以在对应的列表中修改对象的颜色、图层、线型以及长度等特性。具体操作及设置详见本书的2.3.5节。

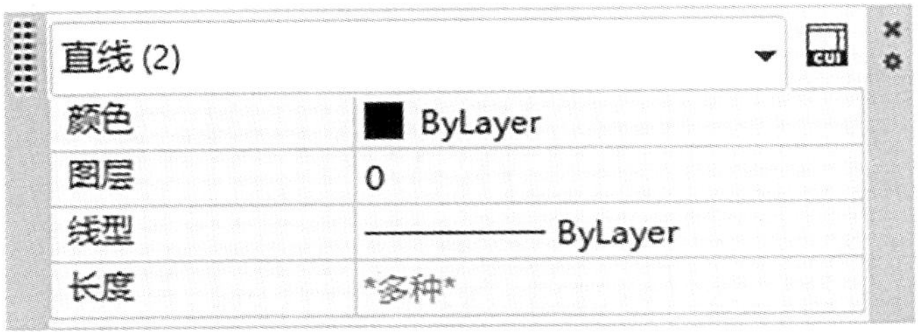

图4.28　“快捷特性”选项板

4.7.2 使用CHANGE命令修改对象的属性

使用CHANGE命令同样可以修改对象的属性，与使用PROPERTIES命令不同的是，CHANGE命令只能在命令行执行。其执行过程如下：

命令：Change〈回车〉

选择对象：

提示用户选择对象。选择后将显示以下提示：

指定更改点或[特性(P)]：

该提示意味着用户可以修改所选对象的非几何属性，也可以修改所选对象的几何数据点。如果选择修改属性，则输入：

指定修改点或[特性(P)]：P〈回车〉

系统提示：

CHANGE 输入要修改的特性[颜色(C)/标高(E)/图层(LA)/线型(LT)/线型比例(S)/线宽(LW)/厚度(T)/透明度(TR)/材质(M)/注释性(A)]：

用户可根据所需修改的属性来选择相应的选项，如颜色、标高、图层、线型、线型比例、线宽、厚度、透明度、材质和注释性。选择相应的选项后，系统会显示进一步的提示，如："指定新的线型比例〈当前值〉："等。

修改所选对象的几何数据点是默认选项，可以改变某些实体的形状和位置，但这种方法改变实体形状往往难以预料结果，因此不建议使用。最便捷的方法是使用"特性"对话框。

4.8 文　　字

工程图中不仅有图形，还包含文字，如注释、技术要求等。使用AutoCAD绘制机械图样时，应该先设置文字样式，这样图中的文字才符合机械制图国家标准。

4.8.1 定义文字样式

文字样式是用来控制文字基本形状的一组设置，包括字体、字号、倾斜角度以及其他文字特征。在一幅图中可定义多个文字样式，当需要以自己定义的某一文字样式标注文字时，应首先将该样式设为当前样式。所有AutoCAD图形中的文字都有和其相对应的文字样式。模板文件acad.dwt和acadiso.dwt中定义了名为Standard的默认文字样式。

1. 命令的执行方式

(1) 从"文字"工具栏上单击"文字样式"图标，如图4.29所示。

(2) 打开"格式"下拉菜单，选择"文字样式…"选项。

(3) 从命令行键入Style并按回车键。

(4) 从“注释”功能区,点击“Standard”,选择“管理文字样式”。

命令执行后,将显示“文字样式”对话框,如图4.30所示。

图4.29　用“文字”工具栏激活“文字样式”选项

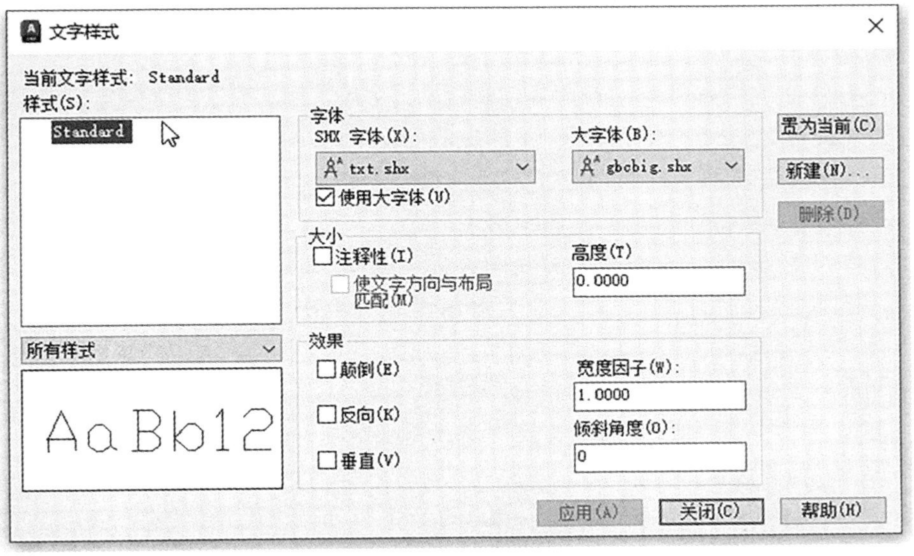

图4.30　“文字样式”对话框

2.“文字样式”对话框

该对话框包括若干按钮和选项组。

(1)“样式”选项组。

“样式(S):”下拉列表框,如图4.31所示:框中列出已定义的样式名,单击右侧“置为当前”按钮,可将其定义为当前样式。

在AutoCAD 2024中,可以方便地选择显示所有样式,或仅显示正在使用的样式,如图4.32所示。

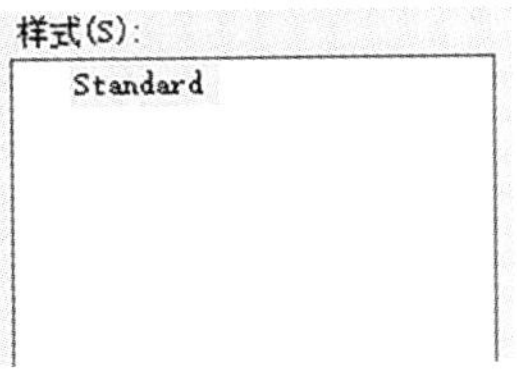

图4.31　“样式”列表框

图4.32　“样式选择”列表框

(2)“字体”选项组。

① “字体名(F):”下拉列表框:可在下拉列表中选择字体文件,包括TrueType和Shx字

体文件。当选择字体名为txt.shx字体或者其他后缀名为“.shx”字体时,“使用大字体”选项才能使用。

②“字体样式(Y):”下拉列表框:指定字体格式,比如斜体、粗体或者常规字体。选定“使用大字体”后,该选项变为“大字体”,用于选择大字体文件。

(3)“大小”选项组。

用于更改文字的大小。

①“注释性(I):”选中此项表示指定文字为注释性。

“注释”就是:用于向模型中添加信息的文字、标注、公差、符号、说明以及其他类型的说明符号或说明对象。

使用注释性文字样式创建注释性文字的优势是:可以设定图纸上的文字高度,可以精确控制文字在图纸上的显示高度,确保在不同比例的布局视口里文字大小保持一致。

②“使文字方向与布局匹配(M):”选项。指定图纸空间视口中的文字方向与布局方向匹配。如果清除注释性选项,则该选项不可用。

③“高度(T):”选项。根据输入的值设置文字高度。输入大于0.0的高度将自动为此样式设置文字高度。如果输入0.0,则文字高度将默认为上次使用的文字高度,或使用存储在图形样板文件中的值。

在相同的高度设置下,TrueType字体显示的高度可能会小于Shx字体。

如果选择了注释性选项,则输入的值将设置图纸空间中的文字高度。

(4)“效果”选项组。

用于设置字体的具体特征,包括:☑颠倒(E)复选框、☑反向(K)复选框、☑垂直(V)复选框、宽度因子(W):文本框、倾斜角度(O):文本框,其效果如图4.33所示。

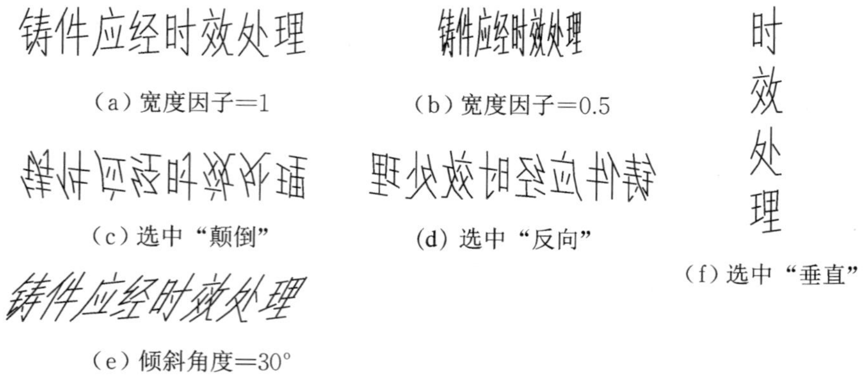

(a)宽度因子=1　(b)宽度因子=0.5　(c)选中“颠倒”　(d)选中“反向”　(e)倾斜角度=30°　(f)选中“垂直”

图4.33　字体的特征设置效果

(5)“预览”选项组。

用户设置各参数后,图像框中显示所设置的文字样式如图4.34所示。

(6)“置为当前(C)”按钮。

将在“样式”下选定的样式设定为当前。

(7)“新建(N)”按钮。

创建新的样式。单击后弹出如图4.35所示的对话框。

(8)“删除(D)”按钮。删除所选择的文字样式。但不能删除Standard和当前样式。

(9)“应用(A)”按钮。确认用户对文字样式的修改、定义。当对某一文字样式或新建样式更改设置后,应单击该按钮予以确认。

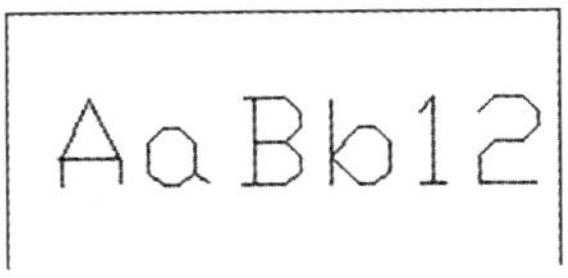

图4.34　字体的预览效果

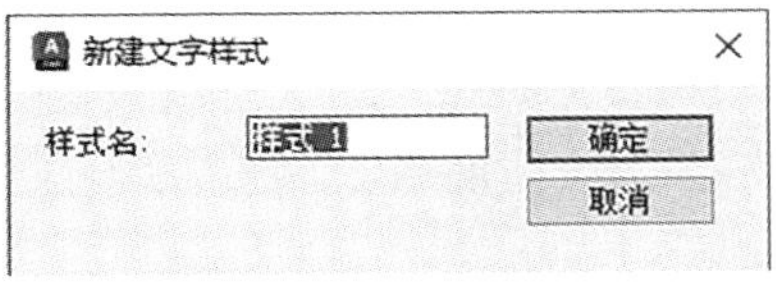

图4.35　“新建文字样式”对话框

3. 字体文件

每种字体都由一个字体文件控制。AutoCAD中可以选择的字体文件有2种:一种是Windows系列应用软件所提供的TrueType类型字体(保存在Windows安装目录下的Fonts文件夹中);另一种是AutoCAD提供的字体形文件(保存在AutoCAD安装目录下的Fonts文件夹下)。形文件是AutoCAD用于定义字体或符号库的文件,其源文件的扩展名是.shp,扩展名是.shx的形文件是编译后的文件。

书写文字时,在文字样式中要设置正确的字体文件。比如书写汉字时,如果所选择的字体文件不支持汉字,则会出现图4.36右侧所示的问号或乱码。

图4.36　文字写入实例

我国国家标准GB/T 14691—1993对工程图样中的字体都做了规定。比如,汉字应写成长仿宋体字,对字母和数字也有相应要求。AutoCAD提供了符合工程制图要求的字体形文件:gbenor.shx、gbeitc.shx和gbcbig.shx文件。其中Shx字体文件gbenor.shx和gbeitc.shx分别用于标注直体和斜体的字母和数字;大字体gbcbig.shx用于标注汉字。大字体文件是AutoCAD为支持亚洲国家语言提供的特殊类型形定义。比如,gbcbig.shx支持简体中文,whgdtxt.shx支持韩文。如果将字体名设置为“宋体”样式,将字体样式设置为“常规”来标注文字,标注出的汉字为长仿宋体,但字母和数字则是由文件txt.shx定义的字体,不完全满足制图要求,因此,还需要将字体文件设为gbenor.shx或gbeitc.shx。

4. 应用举例

定义符合制图要求的新文字样式:“工程字”。

操作步骤如下:

(1) 激活“文字样式”对话框。在该对话框中点击“新建…”按钮,在弹出的对话框中输入新的文字样式名——“工程字”,单击“确定”按钮返回“文字样式”对话框。

(2) 在“字体”选项组的“字体名”下拉列表框中选择字体文件“gbeitc.shx”(相当于国家标准斜体字、字母样式)或者“gbenor.shx”(相当于国家标准直体字、字母样式),用于标注字母和数字;然后选择该框下面的“使用大字体”复选框,在激活的“大字体”下拉列表框中选择

“gbcbig.shx”用于标注汉字。

(3) 单击“应用”按钮。

4.8.2 标注单行文字

1. 命令的执行方式

(1) 从“文字”按钮面板上单击“多行文字”图标下面的黑色三角,选择“单行文字”,如图4.37所示。

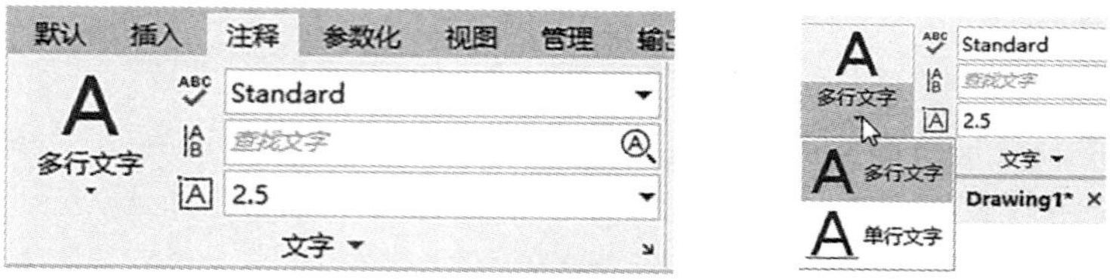

图4.37 用“文字”按钮面板激活“单行文字”选项

(2) 打开“绘图”下拉菜单,选择其中的“文字”选项下的“单行文字”命令。

(3) 从命令行键入Dtext并按回车键。

命令执行后,系统提示:

当前文字样式:“Standard” 当前文字高度:2.5000 注释性:否 对正:左

TEXT 指定文字的起点或[对正(J)/样式(S)]:

2. 各选项介绍

第一行提示说明当前的文字样式以及当前文字样式中的文字高度及是否注释。

第二行提示中各选项的含义为:

(1) 指定文字的起点。

该选项为默认选项,由基点的起点确定文字位置。指定文字的起点后,系统提示:

TEXT 指定高度〈2.5000〉:(输入文本的高度)

TEXT 指定文字的旋转角度〈0〉:(输入文字的旋转角度)

随后,在绘图区显示出一个表示文字位置的方框,用户可直接输入要标注的文字。

说明:输入文字时,可实时修改,随时改变文本的位置。输入一行文字后,可回车换行或移动鼠标并单击,即执行一次命令可以连续标注多行,但每一行作为一个对象,所以标注的“多行”文本实际是多个对象。

(2) 对正(J)。

用来确定标注文本的对齐方式及排列方向。在命令行输入“J”回车后可执行该选项,执行后命令行有如下提示:

TEXT 输入选项[左(L)/居中(C)/右(R)/对齐(A)/中间(M)/布满(F)/左上(TL)/中上(TC)/右上(TR)/左中(ML)/正中(MC)/右中(MR)/左下(BL)/中下(BC)/右下(BR)]:

这里有15种对齐方式供用户选择,各种对齐方式的含义如下:

① 对齐(A):指定文本基线的起点和终。执行该选项,系统提示:

指定文字基线的第一个端点:

指定文字基线的第二个端点:

随后,在绘图区显示出表示文字位置的方框,用户可在其中输入要标注的文字,输入后连续按2次回车键即可,其标注结果是:输入的文字均匀分布于指定的两点之间,且文字行的旋转角度由两点间连线的倾斜角度确定;字高、字宽根据两点间的距离、字符的多少、按字的宽度比例关系自动确定,如图4.38所示。

② 布满(F):指定文字按照由两点定义的方向和一个高度值布满一个区域。只适用于水平方向的文字。

指定文本基线的起点、终点以及文字高度。执行该选项,系统提示:

指定文字基线的第一个端点:

指定文字基线的第二个端点:

指定高度〈2.5000〉:(如果在文字样式中设置了字高,就没有此提示)

随后,在绘图区显示出表示文字位置的方框,用户可在其中输入要标注的文字,输入后连续按2次回车键即可,其标注结果是:输入的文字字符均匀分布于指定的两点之间,且文字行的旋转角度由两点间连线的倾斜角度确定;字的高度为用户指定的高度或在文字样式中设置的高度;字宽度由所确定两点间的距离与字的多少自动确定,如图4.39所示。

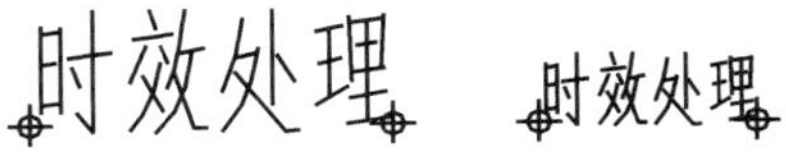

图4.38　“对齐”选项

图4.39　“布满”选项

其余13种对齐方式如图4.40所示。这些对齐方式在标注文本时很有用,特别是在特定区域内,需要采用特殊的对齐方式。

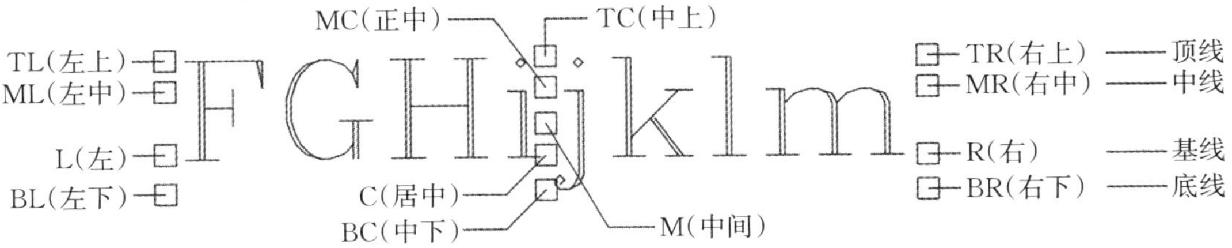

图4.40　对齐方式

说明:注写文本时,无论采用哪种对齐方式,文本最初均按左对齐方式排列。当结束执行命令时,文本才会按指定的对齐方式排列。

(3) 样式(S)。

确定文字使用的文字样式。命令行输入“S”并回车,继续提示:

输入样式名或[?]〈Standard〉:

在此提示下,可直接输入已定义的某一文字样式名;也可以用“?”响应来显示当前已定义的所有样式。如果直接按回车键,则采用默认样式。

3. 控制码及特殊字符

绘制工程图时，有时需要标注一些特殊字符，如“∅”（直径符号）、“±”（正负号）、“°”（度）等。由于这些特殊字符不能从键盘上直接输入，为此，AutoCAD提供了以控制码的方式输入，控制码由两个百分号（%%）以及后面紧跟一个字符构成。表4.2是常用符号的控制码。

表4.2 常用符号的控制码

控制码	功　能	特殊字符示例
%%D	标注符号“°”	45°(45%%D)
%%P	标注符号“±”	±0.025(%%P0.025)
%%C	标注符号“∅”	∅75(%%C75)

4. 应用举例

用标注单行文字命令标注图4.41所示文字。

技术要求

1. Φ38圆周表面硬度(55~66)HRC

2. 锐边除净毛刺，未注倒角1X45°

图4.41 用“Dtext”命令标注文字

操作步骤如下：

（1）定义对应的文字样式（见4.8.1节“4. 应用举例”），并将该样式设为当前样式。

（2）执行标注单行文字命令，系统提示：

当前文字样式：“工程字” 文字高度：2.5000 注释性：否（系统提示当前文字的样式和高度及是否注释）

TEXT指定文字的起点或[对正(J)/样式(S)]：（在绘图屏幕上指定标注文字的起始点）

TEXT指定高度〈2.5000〉：10（输入文字字高）

TEXT指定文字的旋转角度〈0〉：（回车，接受缺省项）

然后在屏幕上输入对应的文字（可输入空格以调整文字沿水平方向的位置，输完一行文字后，按回车键换行来输入另一行文字）。输完后连续按2次回车键，完成标注。

4.8.3 标注多行文字

如果在图中输入的文本较多时，可用Mtext方式注写多行文字。多行文字由任意数目的单行文字或段落组成，无论文字有多少行，每段文字构成一个对象。在工程制图中，常使用多行文字创建较为复杂的文字说明，如图样的技术要求。

1. 命令的执行方式

（1）从“注释”按钮面板点击“文字”图标，或在“文字”或“绘图”工具栏上单击“多行文字…”

图标，如图4.42所示。

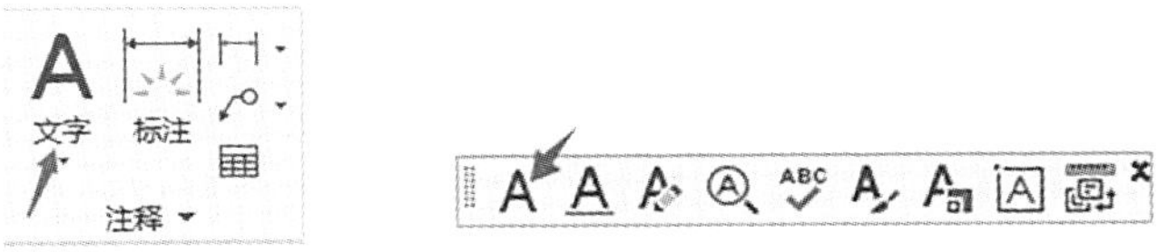

图4.42　用“绘图”或“文字”工具栏激活“多行文字”选项

(2) 打开“绘图”下拉菜单，选择其中的“文字”选项下的“多行文字…”命令。

(3) 从命令行键入Mtext并按回车键。

命令执行后，系统提示：

MTEXT 当前文字样式:“工程字”　文字高度:2.5　注释性:否

MTEXT 指定第一角点:(确定一点)

MTEXT 指定对角点或[高度(H)/对正(J)/行距(L)/旋转(R)/样式(S)/宽度(W)/栏(C)]:

2. 各选项介绍

(1) 指定对角点：默认选项，移动鼠标，拖出一个矩形。指定对角点，即可确定矩形，该矩形即是注写文字的区域，此时屏幕弹出“在位文字编辑器”，如图4.43所示。

(2) 高度(H)、对正(J)、行距(L)、旋转(R)、样式(S)、宽度(W)、栏(C)：分别用于设定文本高度、对齐方式、文本间的行距、文本行的旋转角度、文字样式、文本行的宽度和设置栏。

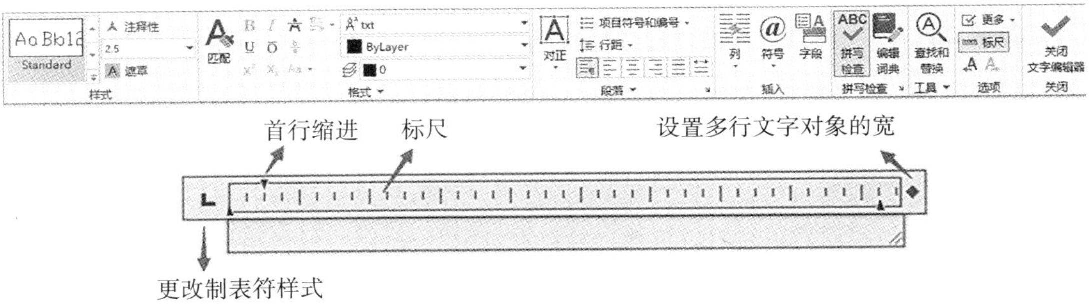

图4.43　文字编辑器

3. 使用“文字编辑器”

从图4.43可以看出，文字编辑器由“文字编辑器”选项卡、文字输入窗口等组成，工具栏上有一些下拉列表框、按钮等。下面介绍编辑器中主要选项的功能。

(1) “文字样式”列表框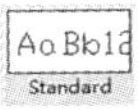。列有当前已定义的文字样式，用户可通过列表选用标注样式。

(2) “字体”下拉列表框。设置或改变字体。在文字编辑器中输入文字时，可利用该下拉列表随时改变所输入文字的字体，也可以用来更改已有文字的字体。

(3) “文字高度”下拉列表框。设置或更改文字的高度。设置时可从下拉列表框中选择值，也可以直接输入高度值。

(4)“粗体”按钮 、“斜体”按钮 。将被选择的或以后输入的文字设置成粗体或斜体，这2个按钮只适用于部分True Type字体，所以目前是灰显。

(5)“下划线”按钮 。为被选择的或以后输入的文字添加下划线。“上划线”按钮 。为被选择的或以后输入的文字添加上划线。

(6)“放弃”按钮 。取消最近输入的文字或最近的一次操作。“重做”按钮 。重复前一次取消的操作。

(7)“删除线”按钮 。为新的或选定的文字启用或禁用删除线。

(8)“清除”按钮 包含3个子命令。“删除字符格式”按钮 ，将选中的文字删除现有字符格式。“删除段落格式”按钮 ，将选中的文字删除现有段落格式。“删除所有格式”按钮 ，将选中的文字删除现有字符和段落格式。

(9)字符“堆叠/非堆叠”按钮 。堆叠是对分数、公差与配合的一种位置控制方式。输入含有字符堆叠控制码的字符串，选择上述字符串并单击该按钮，则显示字符堆叠的字符串。字符堆叠控制码有以下3种：

①“/”：字符堆叠成分式的形式。如输入“H7/n6”则显示“$\frac{H7}{n6}$”。

②“#”：字符堆叠成比值的形式。如输入“H7#n6”则显示“H7/n6”。

③“^”字符堆叠成上下排列的形式。如输入“H7^n6”则显示“$\genfrac{}{}{0pt}{}{H7}{n6}$”。

选择已堆叠的分数并右击鼠标，再从图4.44所示的快捷菜单中选择“特性”命令，即可显示出“堆叠特性”对话框，如图4.45所示，利用该对话框可以修改分子和分母的值、上下偏差值，选择公式样式，确定分数线与其他字符的对齐关系，分式的缩放比例等。

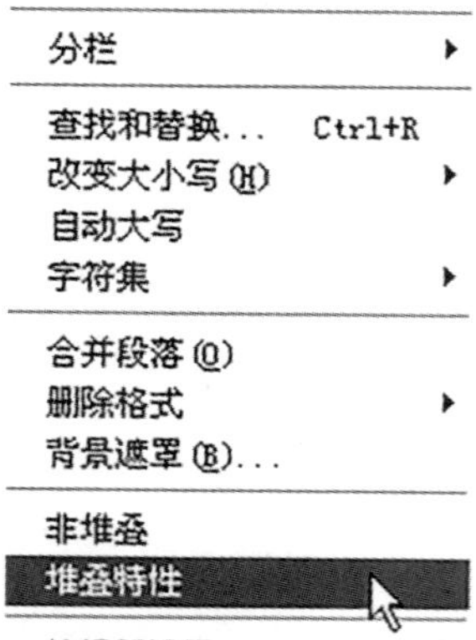

图4.44　堆叠快捷菜单

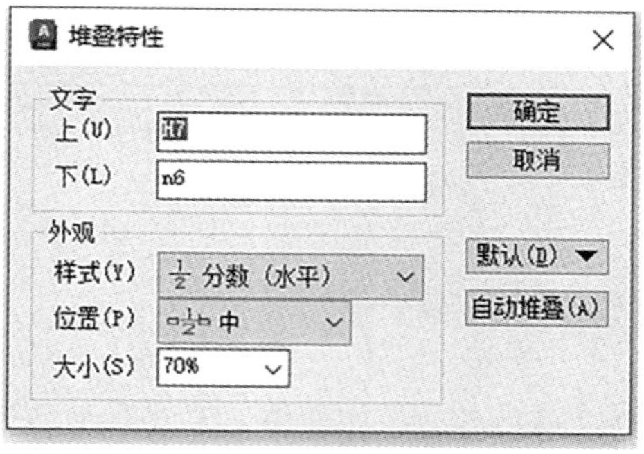

图4.45　“堆叠特性”对话框

(10)“颜色”下拉列表框 ByLayer 。设置或更改所标注文字的颜色。

(11)“标尺”按钮 标尺 。实现在编辑器中是否显示水平标尺的切换。

(12)“列”按钮 列 。可以将多行文字对象的格式进行分栏排版，可以指定栏和栏间距的宽度、高度及栏数，可以使用夹点编辑栏宽和栏高。

单击该按钮,系统弹出对应的菜单,如图4.46所示。

图4.46　"列"菜单

① 不分栏:为当前多行文字对象指定"不分栏"。

② 动态栏:将当前多行文字对象设定为动态栏模式。动态栏由文字驱动。调整栏将影响文字流,而文字流将导致添加或删除栏。"自动高度"或"手动高度"选项可用。

③ 静态栏:将当前多行文字对象设定为静态栏模式。可以指定多行文字对象的总宽度和总高度及栏数。所有栏将具有相同的高度且两端对齐。

④ 插入分栏符 Alt+Enter:插入手动分栏符。

⑤ 分栏设置:显示"分栏设置"对话框,如图4.47所示。

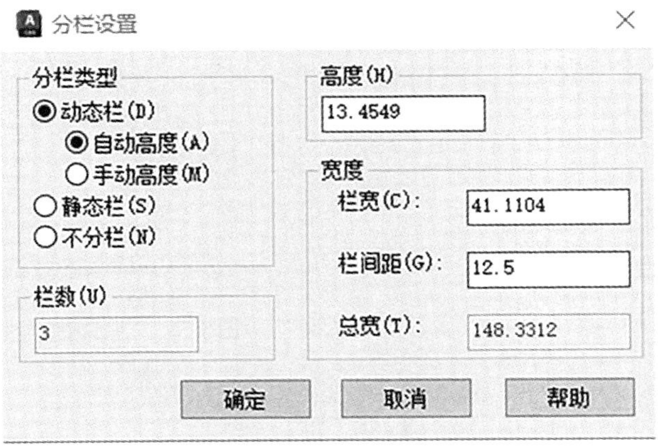

图4.47　"分栏设置"对话框

(13)"多行文字对正"按钮,设置多行文字的对正方式。单击该按钮,系统弹出对应的菜单,如图4.48所示。

(14)"段落"按钮。指定制表位和缩进,控制段落对齐方式、段落间距和段落行距。单击该按钮,系统弹出对应的对话框,如图4.49所示。

(15)"左对齐"按钮、"居中"按钮、"右对齐"按钮、"对正"按钮、"分布"按钮。用于设置当前段落或选定段落的左、中或右文字边界的对正和对齐方式。包含在一行的末尾输入的空格，并且这些空格会影响行的对正。

图 4.48 “多行文字对正”菜单

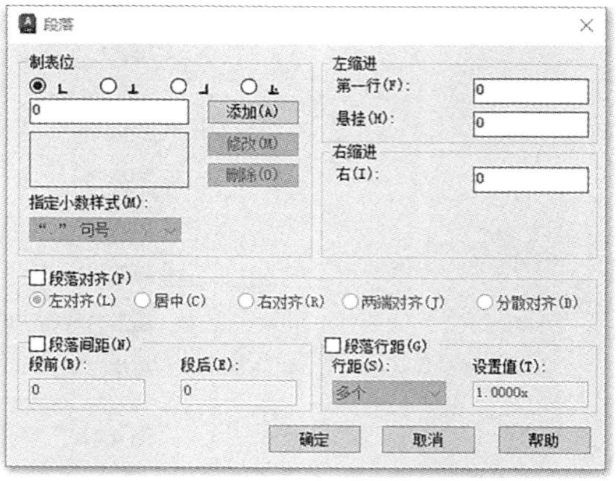

图 4.49 “段落”对话框

(16)“行距”按钮，显示建议的行距选项或“段落”对话框。在当前段落或选定段落中设置行距。单击该按钮，系统显示对应的菜单，如图4.50所示。

(17)“编号”按钮，可实现项目符号和编号。单击该按钮，系统显示如图4.51所示的菜单。

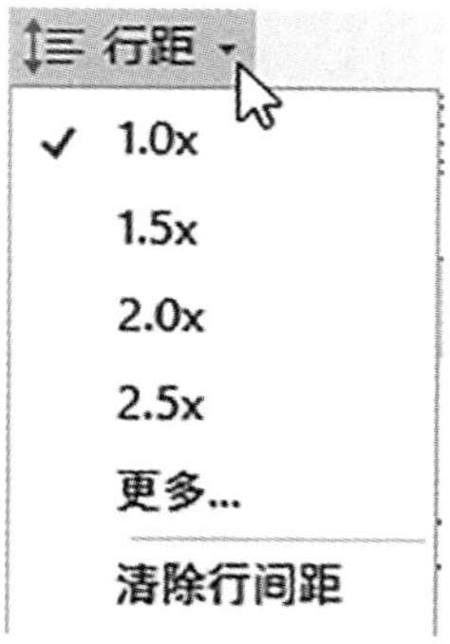

图 4.50 “行距”菜单

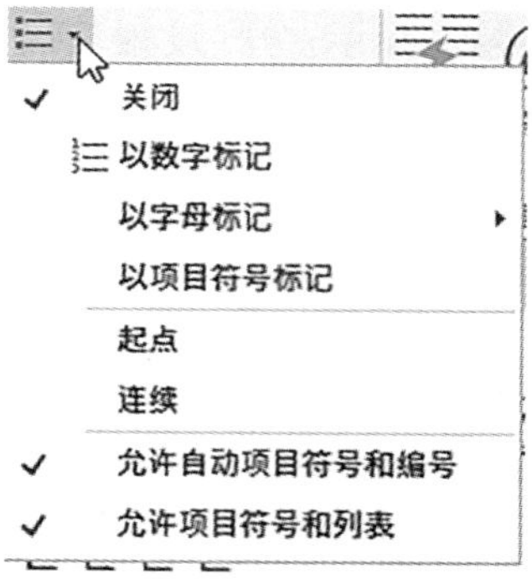

图 4.51 “项目符号和编号”菜单

(18)“插入字段”按钮。

向文字中插入字段。单击该按钮，系统显示“字段”对话框，用户可从中选择要插入文字中的字段，如图4.52所示。

(19)全部大写按钮和小写按钮。全部大写按钮用于将选定的字符更改为大写；小写按钮用于将选定的字符更改为小写。

(20)符号按钮@。用于在光标位置插入符号或不间断空格。单击该按钮，系统弹出对应的菜单，如图4.53所示。

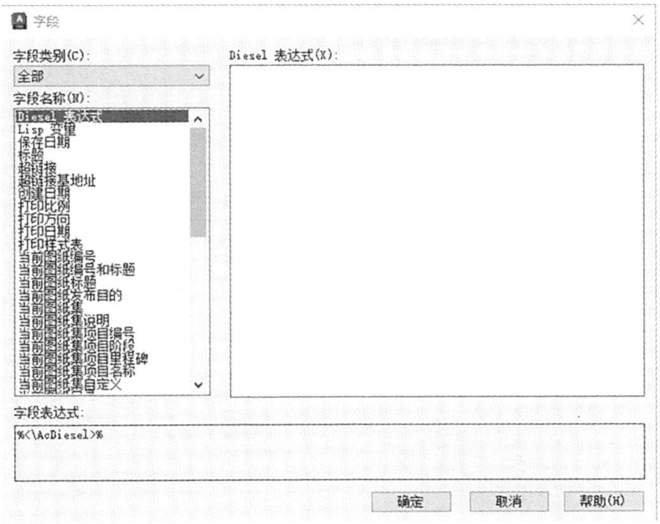

图4.52 “字段”对话框

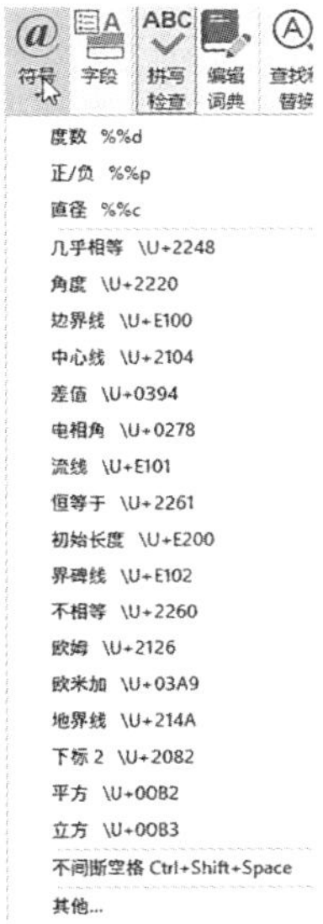

图4.53 “符号”菜单

菜单中列出了常用符号及其控制符或Unicode字符串,用户可根据需要从中选择。如果选择“其他”项,则会显示出“字符映射表”对话框。对话框包含了系统中各种可用字体的整个字符集,可以利用该对话框来标注特殊字符,具体操作步骤是:从“字符映射表”对话框中选择一个符号,单击“选择”按钮将其放到“复制字符”文本框,单击“复制”按钮将其放到剪贴板,关闭“字符映射表”对话框,在文本输入窗口中,右击鼠标,从快捷菜单中选择“粘贴”,即可在当前光标位置插入对应的符号。

(21) 倾斜角度框 0/ 0 。使输入或选定的字符倾斜一定的角度,其中角度值为正时向右倾斜,为负时向左倾斜。注意允许输入的角度值是从−85～85。

(21) 追踪框 1 。用于增大或减小字符的间距。设置值为1是常规间距,大于1会增大间距,小于1则减小间距。

(22) 宽度因子框 1 。用于增大或减小字符的宽度。设置值为1是常规宽度,大于1会增大宽度,小于1则减小宽度。

(23) “上标”按钮 x^2 ,将选定文字转换为上标,即在输入线的上方设置稍小的文字。“下标”按钮 x_2 ,将选定文字转换为下标,即在输入线的下方设置稍小的文字。

4. 使用快捷菜单

(1) 在文字窗口中右击鼠标,将弹出一个快捷菜单,如图4.54所示。下面主要介绍快捷菜单。

图4.57所示菜单中,前5项是:全部选择、剪切、复制、粘贴以及选择性粘贴等基本编辑操作。快捷菜单中“插入字段”“符号”“段落对齐”“段落”“项目符号和列表”“分栏”“改变大小写”“自动大写”项分别对应“文字格式”工具栏的相应按钮,这里不再介绍。

下面重点介绍快捷菜单中以下项:

① “全部选择”项:选择该选项,选中当前文字输入窗口中的全部文字对象。

②“输入文字”项：选择该选项，用于导入文本文件，将已有文本文件中的文本插入编辑器中。选择该项，系统弹出“选择文件”对话框，从中选择对应的文件即可。

③“查找和替换”项：选择该选项，系统弹出“查找和替换”对话框，可以搜索或同时替换指定的字符串。

④“字符集”项：选择该选项，系统弹出如图4.55所示的菜单。

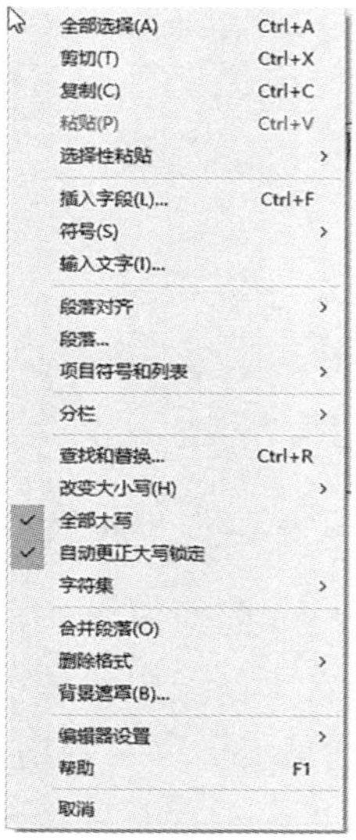

图4.54 快捷菜单

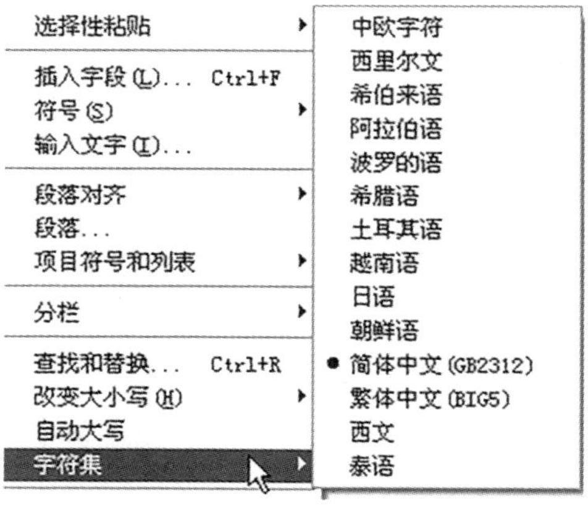

图4.55 “字符集”子菜单

⑤“段落对齐”项：可以设置段落的对齐方式。

⑥“删除格式”项：可以删除选中文字的格式。如图4.56所示，弹出以下菜单。

图4.56 “删除格式”子菜单

⑦“背景遮罩”项：选择该选项，系统弹出“背景遮罩”对话框，如图4.57所示。

在该对话框中，选择☑使用背景遮罩(M)单选框，用于在文字后放置不透明背景。列表框边界偏移因子(F):用于指定文字周围不透明背景的大小。其值基于文字高度，比例设为1.0时，正好布满多行文字对象。比例设为1.5时，背景宽度是文字高度的1.5倍。“填充颜色”选项组中：选择☐使用图形背景颜色(B)单选框，提供与图形背景颜色一致的背景。选择颜色下拉列表框■红，用于指定不透明背景的颜色。可以从颜色列表中选择一种颜色或单击“选择颜色”，打开“选择颜色”对话框。

⑧“编辑器设置”项：选择该选项，系统弹出如图4.58所示的子菜单。

(2) 选择含有字符堆叠控制码的字符串后右击，系统弹出如图4.44所示的堆叠快捷菜单，通过该菜单可对堆叠特性进行设置。

图4.57　“背景遮罩”对话框

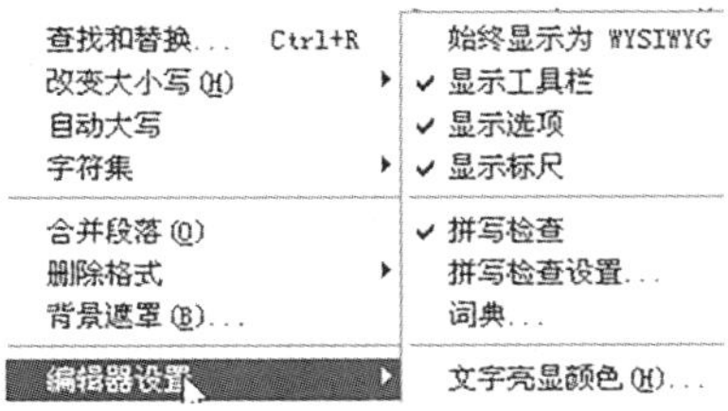

图4.58　“编辑器设置”子菜单

5. 应用举例

用标注多行文字命令标注图4.59所示文字。

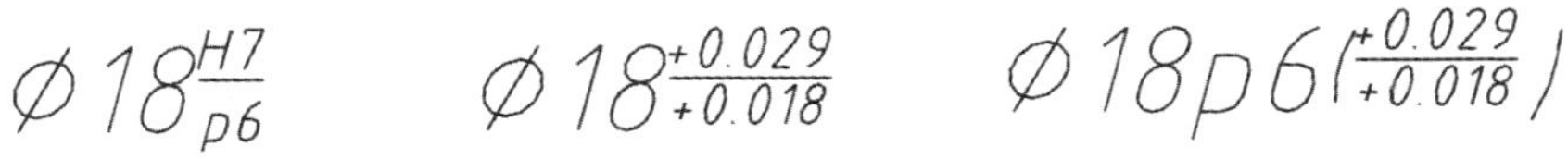

图4.59　用“Mtext”命令标注文字

操作步骤如下：

(1) 从“绘图”工具栏激活“多行文字”命令后，系统弹出如图4.43示的“文字编辑器”，在“文字格式”工具栏中选择文字样式为“工程字”。

(2) 在文字输入窗口中输入“%%c18 H7/p6”，选中“H7/p6”单击堆叠按钮 b/a 。

(3) 继续选中“H7/p6”，右击鼠标，在弹出快捷菜单(图4.44)中选择“堆叠特性”选项，弹出“堆叠特性”对话框(图4.45)。

(4) 在上述对话框的“大小”下拉列表框中选择“50%”，单击“确定”后退出。

(5) 图4.59中的其余两段文字的书写与此类似，不再赘述。

4.8.4　文字编辑

对已标注的文本，可以对文字的内容、缩放比例及对正方式进行修改。

1. 编辑文字的内容

(1) 命令的执行方式。

① 从“文字”工具栏上单击“编辑...”图标，如图4.60所示。

图4.60 用 “文字”工具栏激活“编辑...”选项

② 打开“修改”下拉菜单，选择其中的“对象/文字”选项下的“编辑...”命令。

③ 从命令行键入DDedit并按回车键。

④ 左键双击要编辑的文字。

(2) 操作说明。

命令执行后，系统提示：TEXTEDIT 选择注释对象或[放弃(U)/模式(M)]:

① 选择注释对象。

在此提示下选择要编辑的文字，即可进入文字编辑模式。标注文字时使用的标注方法不同，选择文字后AutoCAD给出的响应也不同：

如果所选文字是用Dtext命令标注的，选择文字对象后，系统会在该文字四周显示出一个方框，此时用户可直接修改对应的文字。

如果所选文字是用Mtext命令标注的，系统会弹出与图4.43类似的文字编辑器，并在编辑器内显示出对应的文字，供用户编辑、修改。

说明：直接双击已有的文字对象，或者选取文字后右击弹出快捷菜单，选择“编辑”（“编辑多行文字”）选项，系统会切换到对应的编辑模式，以便用户编辑、修改文字。

② 放弃(U)消上次对文字的编辑操作。

2. 编辑文字的比例

(1) 命令的执行方式。

① 从“文字”工具栏上单击“比例”图标，如图4.61所示。

图4.61 用“文字”工具栏激活“比例”选项

② 打开“修改”下拉菜单，选择其中的“对象/文字/比例”命令。

③ 从命令行键入Scaletext并按回车键。

(2) 操作说明。

命令执行后，系统提示：

选择对象：拾取需编辑的文字对象（可以选择多个对象），完成后按回车。

输入缩放的基点选项[现有(E)/左对齐(L)/居中(C)/中间(M)/右对齐(R)/左上(TL)/中上(TC)/右上(TR)/左中(ML)/正中(MC)/右中(MR)/左下(BL)/中下(BC)/右下(BR)]〈现有〉：输入某一选项括号内的字母并按回车，用于指定一个位置作为缩放的基点，其中“现有”为默认选项，表示将以文字标注时的位置定义点为基点；其他各选项表示由对应选项表示的点为基点。

指定新模型高度或[图纸高度(P)/匹配对象(M)/比例因子(S)]〈2.5〉：共有4个选项，下面分别介绍：

① 指定新模型高度：默认选项，可在提示符下直接输入文字新的高度。

② 图纸高度：根据注释性特性缩放文字高度，可以仅指定注释性对象的图纸高度。

③ 匹配对象(M)：与已有文字的高度相一致。命令行输入“M”并回车，继续提示：

选择具有所需高度的文字对象：选择要匹配的文字对象。

④ 比例因子(S)：按给定的缩放系数进行缩放。命令行输入“S”并回车，继续提示：

指定缩放比例或[参照(R)]〈1〉：通过输入缩放比例的数值来缩放所选文字对象，或者执行“参照(R)”选项以通过参照长度和新长度的比值来确定缩放比例。

3. 编辑文字的对正方式

(1) 命令的执行方式。

① 从“文字”工具栏上单击“对正”图标，如图4.62所示。

② 打开“修改”下拉菜单,选择其中的“对象/文字/对正”命令。

③ 从命令行键入Justifytext并按回车键。

图4.62　用“文字”工具栏激活“对正”选项

(2) 操作说明。

命令执行后,系统提示:

选择对象:拾取需编辑的文字对象(可以选择多个对象),完成后按回车。

输入对正选项[左对齐(L)/对齐(A)/布满(F)/居中(C)/中间(M)/右对齐(R)/左上(TL)/中上(TC)/右上(TR)/左中(ML)/正中(MC)/右中(MR)/左下(BL)/中下(BC)/右下(BR)]〈左对齐〉:指定新的对正点的位置。

4. 用“特性”选项板编辑文本

利用“特性”选项板可以编辑文本的内容与属性,如图4.63所示。“特性”选项板的操作在其他章节中已做了介绍。

图4.63　用“特性”选项板编辑文本

4.9　表　　格

使用AutoCAD提供的表格功能,可以直接插入设置好样式的表格,而不需要绘制由单独图线组成的栅格。

1. 定义表格样式

表格样式是用来控制表格基本形状和间距的一组设置。和文字样式一样,所有Auto-

CAD图形中的表格都有和其相对应的表格样式。当插入表格对象时，AutoCAD使用当前设置的表格样式。模板文件acad.dwt和acadiso.dwt中定义了名叫Standard的默认表格样式。

(1) 命令的执行方式。

① 从“样式”工具栏上单击“表格样式...”图标，如图4.64所示。

② 打开“格式”下拉菜单，选择“表格样式...”选项。

③ 从命令行键入Tablestyle并按回车键。

图4.64 用“样式”工具栏激活“表格样式”选项

④ 单击“注释”选项卡“表格”面板中的“表格样式”按钮 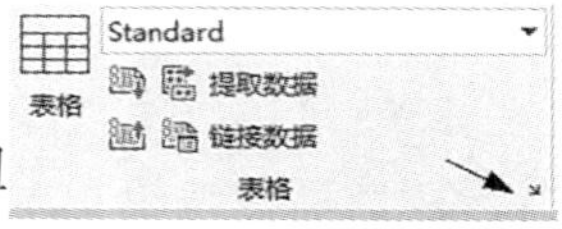

。

命令执行后，将打开“表格样式”对话框，如图4.65所示。

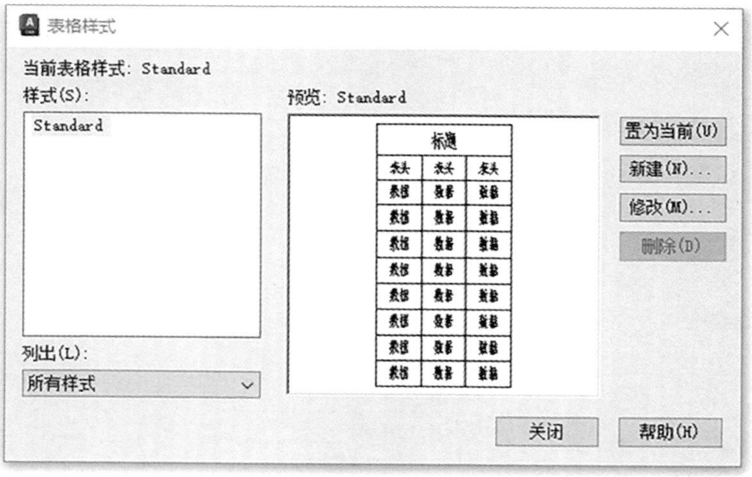

图4.65 “表格样式”对话框

(2) “表格样式”对话框。

① 当前表格样式:：显示应用于所创建表的表样式的名称。默认表样式名为Standard。

② 样式(S):列表框：显示当前已建立的表样式，当前样式的名字以高亮显示。在该列表框中单击鼠标右键，弹出快捷菜单，可在其中进行指定当前样式、重命名或删除样式等操作。

③ 列出(L)下拉列表框：提供控制表样式显示的过滤条件。有2种过滤条件：显示所有样式和显示所有正在使用的样式。

④ 预览:窗口：显示“样式”列表中选定样式的预览图像。

⑤ 置为当前(U)按钮：单击该按钮，将“样式”列表框中选定的样式置为当前样式。

⑥ 修改(M)...按钮：单击后，打开“修改表样式”对话框，对当前表格样式进行修改，方式与新建表格样式相同。

⑦ 删除(D) 按钮：删除对应的表格样式。不能删除图形中正在使用的样式。

⑧ 新建(N)... 按钮：建立一个新的表样式。单击后，打开“创建新的表格样式”对话框，如图4.66所示。输入新的表格样式名后，单击“继续”按钮，系统打开“新建表格样式”对话框，如图4.67所示，从中可以定义新的表格样式。

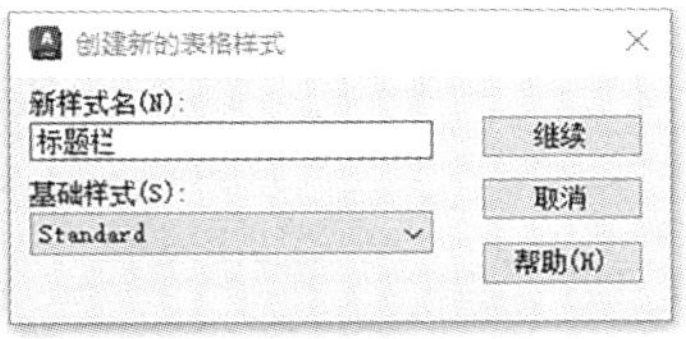

图4.66　“创建新的表格样式”对话框

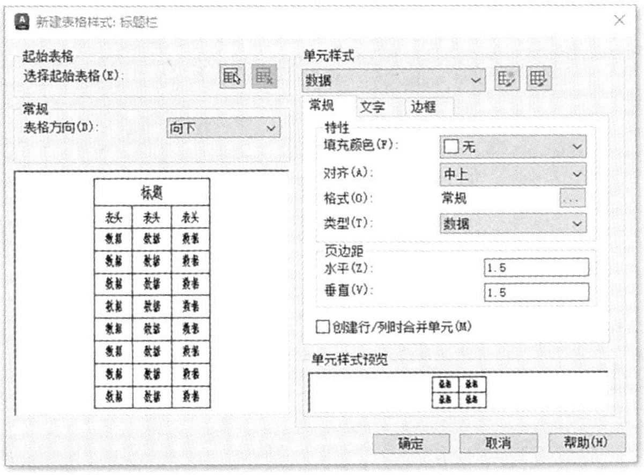

图4.67　“新建表格样式”对话框

“新建表格样式”对话框中有以下选项：

选择起始表格(E)：起始表格是图形中用作设置新表格样式格式的样例表格。一旦选定表格，用户即可指定要从此表格复制到表格样式的结构和内容。

表格方向(D)：列表框用于确定插入表格时的方向，有“下”和“上”2个选择，“下”表示创建由上而下读取的表，即标题行和列标题行位于表的顶部；“上”则表示将创建由下而上读取的表，即标题行和列标题行位于表的底部。

单元样式中有标题、表头、数据3个选项。也可单击按钮，创建新单元样式，或单击管理单元样式。

对话框右下方为常规、文字、边框3个选项卡，用于控制表格中标题、表头、数据的有关参数，如图4.68所示。下面以“数据”选项卡为例说明其中各个参数的功能。

a. “常规”选项组。

填充颜色(F)下拉列表框中可选择背景色。对齐(A)可列表框选择适合的对齐方式。

格式(O)下拉列表框中可使用常规格式，也可单击后面的 ... ，选择其他的数据类型。

类型(T)下拉列表框提供子数据和标签2种选项。

页边距 选项组用于确定单元边界与单元内容之间的距离。

b. “文字”选项组。

在 文字样式(S): 下拉列表框中可以选择已定义的文字样

标题		
表头	表头	表头
数据	数据	数据
数据	数据	数据
数据	数据	数据
数据	数据	数据
数据	数据	数据
数据	数据	数据
数据	数据	数据
数据	数据	数据

图4.68　表格样式

式，将其应用于数据文字，也可以单击后面的...按钮重新定义文字样式。在**文字高度(I):**文本框中可以设置文字高度，**文字颜色(C):**、**文字角度(G):**则分别设定文字的颜色和倾斜角度。

c.“边框特性”选项组。

表格单元样式的边框特性控制网格线的显示，这些网格线将表格分隔成单元。标题行、表头和数据行的边框具有不同的线宽设置和颜色，可以显示也可以不显示，边框可用单线或双线。选择边框选项时，会同时更新“表格样式”对话框右下角的单元样式预览图像。

2. 创建表格

(1) 命令的执行方式。

① 从“绘图”工具栏上单击“表格”图标，如图4.69所示。

② 打开“绘图”下拉菜单，选择“表格”选项。

③ 从命令行键入Table并按回车键。

④ 单击“默认”选项卡“注释”面板中的“表格”按钮。

图4.69　用“绘图”工具栏激活“表格”选项

命令执行后，将打开“插入表格”对话框，如图4.70所示。

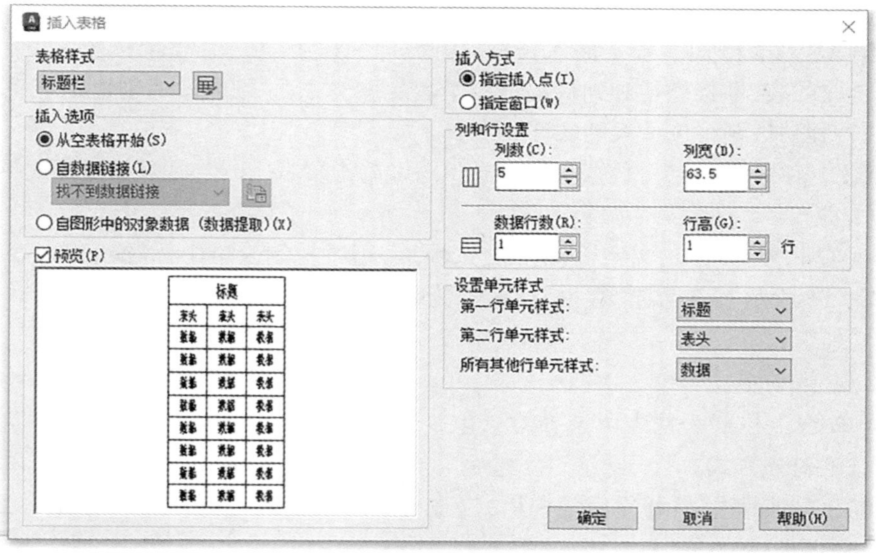

图4.70　“插入表格”对话框

(2)“插入表格”对话框。

①“表格样式”选项组。

可以在表格样式下拉列表框中选择一种表格样式，也可以单击后面的...按钮新建或修改表格样式。

② “插入选项”选项组。

可以从空表格开始，也可以连接外部文件的数据或者从图形的对象数据中提取。

③ “插入方式”选项组。

a. ⊙指定插入点(I)单选按钮。

指定表格左上角的位置。设置完成单击对话框的确定按钮后，可以用鼠标在做图区指定该位置，也可以在命令行直接输入坐标值。如果表样式将表的方向设置为由下而上读取，则插入点位于表的左下角。

b. ○指定窗口(W)单选按钮。

指定表格的大小和位置。可以用鼠标在做图区框出表格的范围，也可以在命令行直接输入坐标值。选定该选项时，行数、列数、列宽和行高取决于窗口的大小以及列和行的设置。

④ “列和行设置”选项组。

指定列和行的数目以及列宽与行高。其中行高是由单元的文字高度和单元边距决定的。如果在“插入方式”域中选择了○指定窗口(W)方式后，列和行设置的2个参数中只能指定一个，另外一个由指定的窗口大小自动等分指定。

(3) 生成数据表格。

在上面的“插入表格”对话框中进行相应的设置后，单击“确定”按钮，系统在指定的插入点或窗口自动插入一个空表格，并显示“文字编辑器”工具栏，并将表格中的第一个单元格醒目显示，此时就可以向表格输入文字或数据，如图4.71所示。

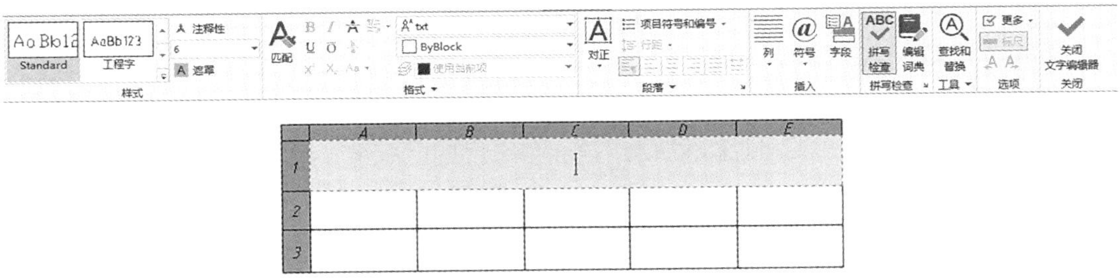

图4.71　向表格中输入文字

3. 编辑数据表格

编辑表格和表格的数据首先要选择表或表的单元格。鼠标单击表格的任一条栅格线可选中表格，鼠标在单元格内单击即可选中该单元格。

(1) 编辑表格。

① 使用快捷菜单编辑表格。

a. 选中表格，右击鼠标后弹出如图4.72所示的快捷菜单，通过该菜单可对表格进行移动、旋转、缩放等操作。

b. 选中单元格，右击鼠标后弹出如图4.73所示的快捷菜单，通过该菜单可设置单元格内文字的对齐方式、单元边框，可在单元格中插入点，可对单元格内的文字进行编辑或删除，可以插入新的行、列或删除原有的行、列等。

② 使用"特性"选项板编辑表格。

在选中表格或单元格后右击弹出的快捷菜单中选择"特性"选项，通过弹出的"特性"选项板中可对表格及单元格的特性进行编辑。

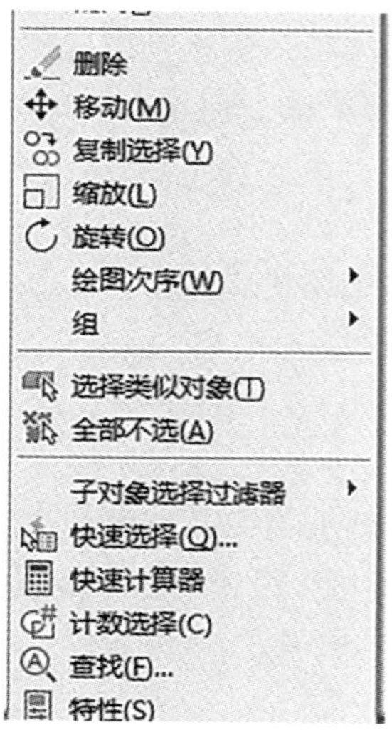

图4.72　选中表格右击鼠标弹出的快捷菜单

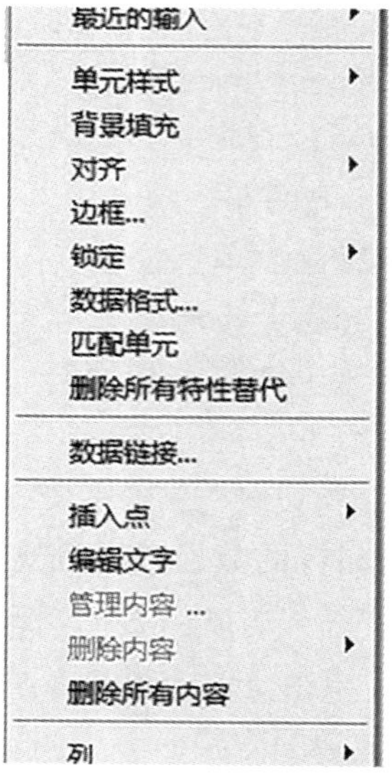

图4.73　选中单元格右击鼠标弹出的快捷菜单

(2) 编辑表格的数据。

可通过以下3种方式进行操作：

① 选中单元格后右击鼠标，选择如图4.73所示快捷菜单上的"编辑文字"命令。

② 鼠标在单元格内双击。

③ 在命令行键入Tabledit命令并按回车。

命令执行后，系统打开如图4.71所示的界面，用户可以对指定单元格的文字进行编辑。

4. 应用举例

创建如图4.74所示的标题栏及明细栏。

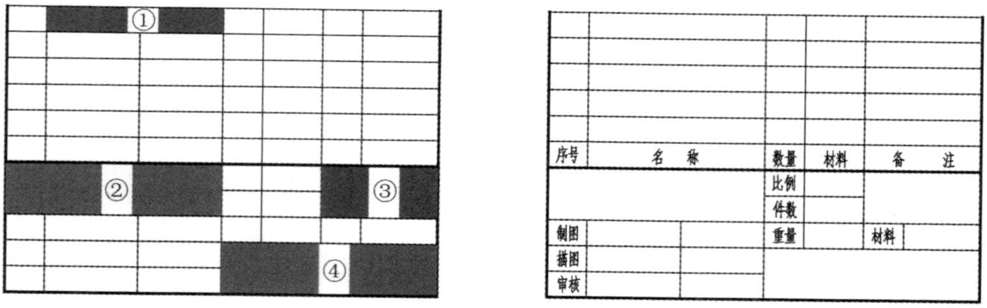

(a)　　(b)

图4.74　标题栏及明细栏

(1) 设置表格样式。

① 选择"表格样式"命令，打开"表格样式"对话框，如图4.65所示。单击"新建"按钮，系

统打开“创建新的表格样式”对话框，如图4.66所示。在“新样式名”文本框内输入“标题栏及明细栏”，单击“继续”按钮，打开“新建表格样式”对话框，如图4.67所示。

② 在“新建表格样式”对话框的“单元样式”选项卡中选择数据，并进行如下设置：

常规选项卡：“对齐方式”设为“正中”。在“页边距”选项组将“水平”和“垂直”文本框的值均设为“0”，其余为缺省设置。

文字选项卡：在“文字样式”下拉列表框选择“工程字”（设置方法见本书4.8.1节），“文字高度”设为“5”，其余为缺省设置。

(2) 创建表格。

选择“表格”命令，系统打开“插入表格”对话框，如图4.70所示。设置插入方式为“指定插入点”，行和列分别设置为9行和7列，列宽设为12，行高设为1行。在设置单元样式中，第一行单元样式及第二行单元样式选项均选为数据。

确定后，在做图区指定插入点，则插入如图4.75所示的空表格，并显示“文字格式”工具栏，不输入文字，直接单击“确定”按钮退出。

图4.75　创建表格

(3) 编辑空表格。

选中第二列中任一单元格，右击鼠标弹出如图4.76所示的快捷菜单，选择“特性”命令，打开如图4.77所示的“特性”选项板，在“特性”选项板中设置“单元宽度”为28，设置单元高度为“8”。按上述方法分别将第3、5、7列的“单元宽度”分别设为“25”“18”“22”，将每一行的“单元高度”均设为8。

设置完成后，将图4.74(a)所示的①、②、③、④4个区域的单元格合并。合并的方法是：框选需合并的单元格，右击鼠标弹出如图4.78所示的快捷菜单，选择“合并”命令，在二级菜单中选“全部”。

(4) 在单元格中输入文字。

双击需输入文字的单元格，打开图4.71所示界面，分别输入如图4.74(b)所示的文字。

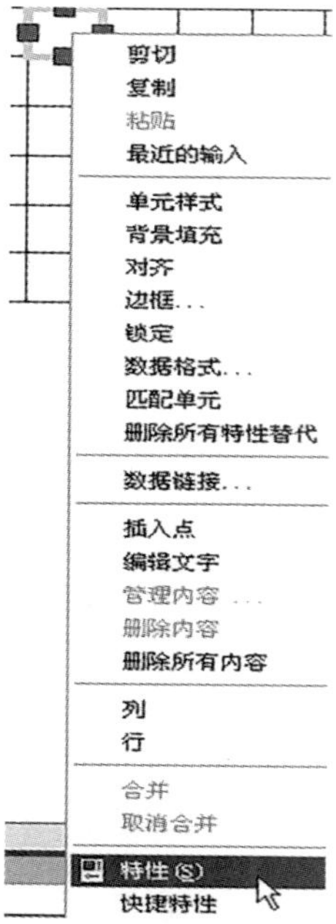

图 **4.76** 用快捷菜单激活“特性”选项板

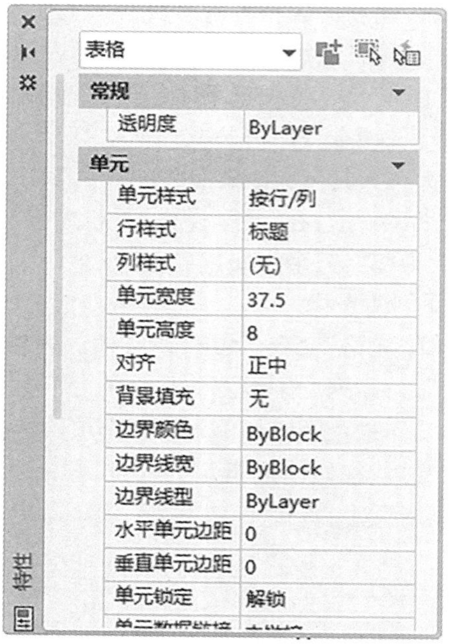

图 **4.77** 用“特性”选项板修改表格的行高和列宽

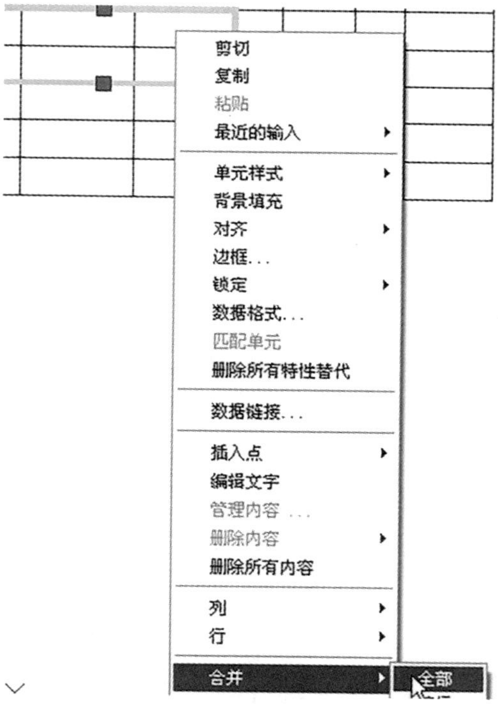

图 **4.78** 合并单元格

综 合 练 习

1. 练习标注下面所示的文字。

R3　M24−6H　2×45°　$\varnothing 20^{+0.010}_{-0.023}$

$\varnothing$20JS5(±0.003)　$\varnothing 9\frac{H7}{n6}$

78±0.1　$\varnothing$65H7　$90^{H7}/_{f6}$　$\frac{B-B}{2.5:1}$

2. 绘制如图4.79所示的两视图。

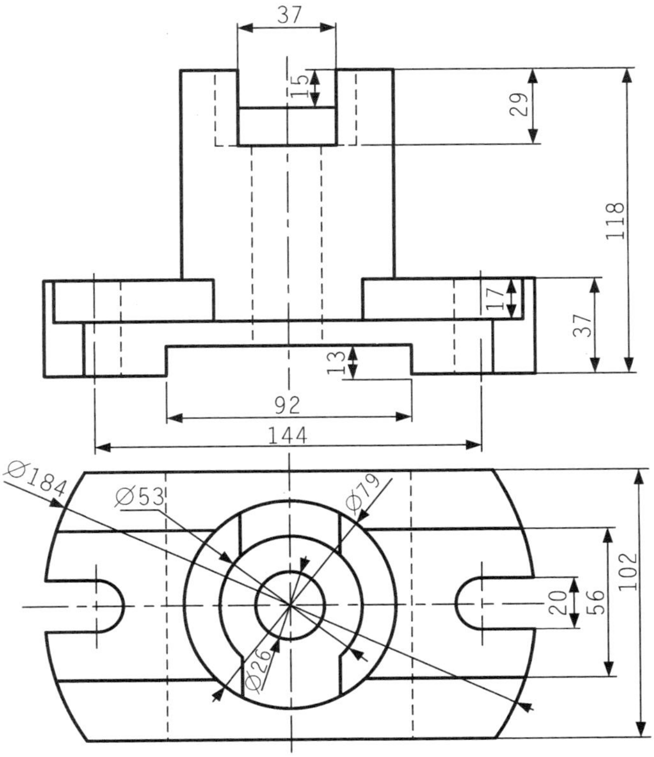

图4.79　两视图

第5章　图形的编辑

与手工绘图一样,使用AutoCAD绘图,也是一个由简单到复杂的过程,需要不断地修改和补充,这称为图形的编辑。在AutoCAD中,图形的编辑可以由一系列的修改命令来完成。AutoCAD的修改命令,列在“修改”下拉菜单、“默认”选项卡“修改”面板或“修改”工具栏中。图5.1所示即为AutoCAD的“修改”面板和工具栏,单击各图标按钮即执行相应的修改操作。

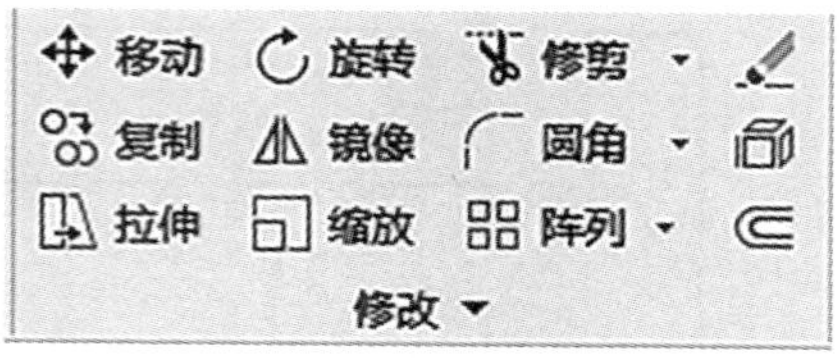

图5.1　“修改”面板

AutoCAD的图形编辑有2种方式:一是先激活一个修改命令,然后再选择要修改的对象进行修改;二是先选择好要修改的对象,然后再激活修改命令,对所选择的对象进行修改。2种方式的结果相同,无论何种编辑方式都必须要掌握AutoCAD的对象选择方法。

5.1　对象选择

执行修改命令时,AutoCAD首先显示“选择对象:”的提示,要求用户选择要编辑修改的图形。此时十字光标变为一个小方框(拾取框),用户用鼠标移动该拾取框来选择要修改的对象。每完成一次选择,“选择对象:”的提示便会重复出现,等待用户继续选择要修改的对象,直到按回车键,系统才结束对象的选择,显示下一步修改操作的提示。

对于选中的对象,AutoCAD亮显它们,这些对象也就构成了选择集。AutoCAD提供了多种对象选择的方法,下面分别予以简要介绍。

5.1.1　对象选择的方法

1. 直接拾取

这是一种默认的选择方式。选择过程为:在“选择对象:”提示下,用鼠标移动拾取框至要选择的对象上,单击左键,该对象即亮显,表示已被选中。该方式每一次只能选中一个图形对象。

2. 选择全部对象(ALL)

在“选择对象:”提示下,用户输入“ALL”并按回车键,会自动选中当前图形中的全部对象。

3. 默认窗口方式

在“选择对象:”提示下,移动鼠标在屏幕上某一位置单击左键,然后拖动鼠标到另一位置再单击左键,此时系统以拾取的两点的连线为对角线,确定一个矩形窗口。当把该矩形框从左向右拖动时,其边界以实线显示,矩形窗口为蓝色,此时全部位于矩形框内的对象才能被选中;当把矩形框由右向左拖动时,其边界以虚线显示,矩形窗口为绿色,此时位于矩形框内部及与矩形框边界相交的对象都被选中。

4. 窗口方式(W)

该方式通过对角线的两个端点确定一个矩形窗口,凡是位于窗口内的所有对象均可被选中。在“选择对象:”提示下输入“W”并回车,系统提示:

指定第一个角点:(指定对角点)

指定第一个角点:指定对角点(输入另一点)即完成窗口方式的对象选择,如图5.2(a)所示。

5. 窗交方式(C)

该方式不仅能选择位于拾取窗口内的对象,而且还能选择和窗口边界相交的对象。在“选择对象:”提示下输入“C”并按回车键,AutoCAD提示:

指定第一个角点:(输入一点)

指定第一个角点:指定对角点(输入另一点)即实现窗口方式的对象选择,如图5.2(b)所示。

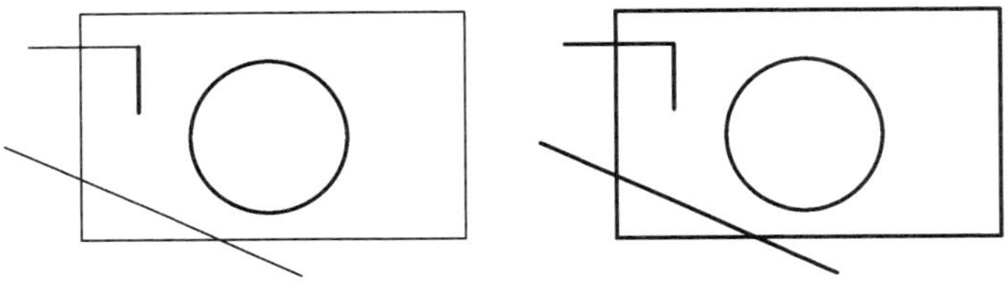

(a) (b)

图5.2 窗口与交叉窗口

6. 圈围方式(WP)

该选择方式与窗口方式的功能相似,但拾取窗口可以是任意多边形形状,位于多边形内的对象都能被选中。这种方式适用于复杂的图形对象。

选择对象:WP〈回车〉

第一圈围点或拾取/拖动光标:(输入一点)

指定直线的端点或[放弃(U)]:(输入一点)

指定直线的端点或[放弃(U)]:(输入一点)

在上述提示下,依次输入各顶点的位置,即确定一个多边形窗口。

7. 圈交方式(CP)

该选择方式与圈围方式相似,但选中的对象包括位于多边形内的对象和与多边形相交的对象。

在“选择对象:”的提示下输入“CP”并按回车键,后续操作和规则窗口方式相同。

8. 前一个方式(P)

在“选择对象:”的提示下输入“P”并回车,AutoCAD将把当前操作之前的操作中选择的对象再次选中。

9. 上一个方式(L)

在“选择对象:”的提示下输入“L”并回车,AutoCAD将选中最后绘制的对象。

10. 栏选方式(F)

选择所有与栏选线相交的对象,栏选线是一条多点折线。键如“F”并按回车键系统提示:

选择对象:F〈回车〉

指定第一栏选点或拾取/拖动光标:(输入一点)

指定下一个栏选点或[放弃(U)]:(输入一点)

指定下一个栏选点或[放弃(U)]:〈回车〉

在上述提示下依次确定选择线的各个点后按回车键,则与选择线相交的对象均被选中。

11. 编组方式(G)

使用预先定义的对象组做为编组。把若干个对象定义为编组,并给其命名保存,即定义了一个对象组。以后选择对象时,可以通过组名引用该对象组。执行“GROUP”命令定义对象组,系统提示:

GROUP 选择对象或[名称(N)/说明(D)]:(输入N)〈回车〉

输入编组名或[?]:(输入编组名称)〈回车〉

选择对象或[名称(N)/说明(D)]:(输入D)〈回车〉

输入组说明:(输入有关这组的说明)〈回车〉

选择对象或[名称(N)/说明(D)]:(选择若干要编为一组的对象)〈回车〉

即定义一个对象组。

(1) 向编组添加对象。

添加下一个对象到编组。在命令行输入“GROUPEDIT”,系统提示:

选择组或[名称(N)]:(选择要进行编辑的组或者组的名称)

输入选项[添加对象(A)/删除对象(R)/重命名(REN)]:(输入A)〈回车〉

选择对象:(选择要加入编组的对象)

选择对象:(若没有继续加入编组的对象)〈回车〉

在上述提示下选中的对象均被加入出编组。

(2) 从编组中删除对象。

从编组中删除对象。在命令行输入“GROUPEDIT”,系统提示:

选择组或[名称(N)]:(选择要进行编辑的组或者组的名称)

输入选项[添加对象(A)/删除对象(R)/重命名(REN)]:(输入R)〈回车〉

删除对象:(选择要从编组中删除的对象)

删除对象:(若没有继续删除的对象)〈回车〉

在上述提示下选中的对象均被排除出编组。

12. 选择循环

当在选择某一个对象时,如果该对象与其他一些对象相距很近,甚至部分或全部重合,那么就很难准确地拾取到此对象。解决办法之一是使用选择循环的方法。例如,有一条红色的粗实线和一条黑色的点划线重合在一起,要对其中的一条进行编辑。

(1) 单击AutoCAD状态栏上的(选择循环)按钮,使其变黑,则启用选择循环功能;或使用快捷键“Ctrl+W”启用或关闭选择循环功能。

(2) 光标移动到要选择的对象上,将看到一个图标,该图标表示有多个对象可供选择,如图5.3(a)所示。

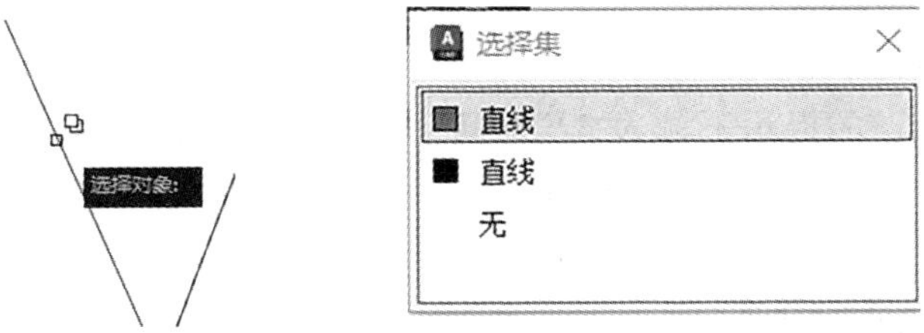

(a)　(b)

图5.3　选择循环示例1

(3) 单击鼠标左键选择对象,弹出“选择集”列表框(图5.3(b)),里面列出了鼠标点击的图形,然后在列表中选择所需的对象(如这里我们选择红色的直线),单击鼠标左键选择红色的直线,如图5.4(a)所示。

(4) 这时就可以准确地选中红色的直线了,这样就可以方便地对选中的图形进行操作,如这里我们删除选择的红色直线,如图5.4(b)所示。

(a)　(b)

图5.4　选择循环示例2

可以使用DSETTINGS命令打开“草图设置”对话框,如图5.5所示,选择“选择循环”选项卡进行设置。或在AutoCAD状态栏上的(选择循环)按钮处单击鼠标右键,从弹出的快捷菜单中选择“设置”,都可以打开AutoCAD“草图设置”中的“选择循环”选项卡。

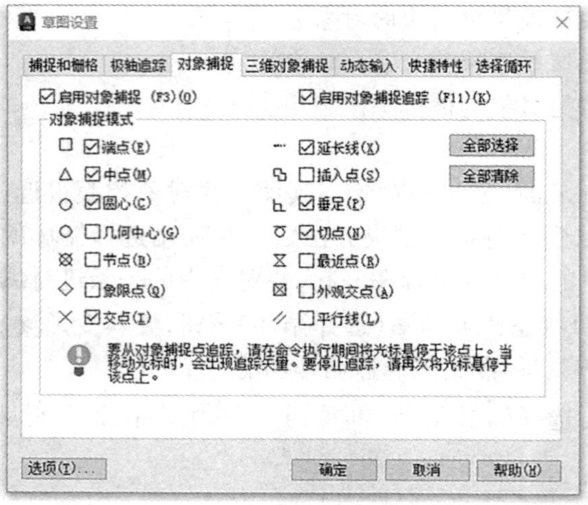

图 5.5 草图设置对话框

13. 取消选择(U)

在"选择对象:"的提示下输入"U"并回车,可取消最后进行的选择操作。取消操作可连续进行,依次取消上次进行的选择操作。

5.1.2 设置选择模式

AutoCAD提供了多种对象选择的模式来加强对象选择的功能。用户可以通过"选项"对话框中的"选择"选项卡来进行选择模式设置。

打开"工具"下拉菜单,单击"选项"命令,将打开"选项"对话框,在对话框中单击"选择集",即打开"选择集"选项卡如图5.6所示。

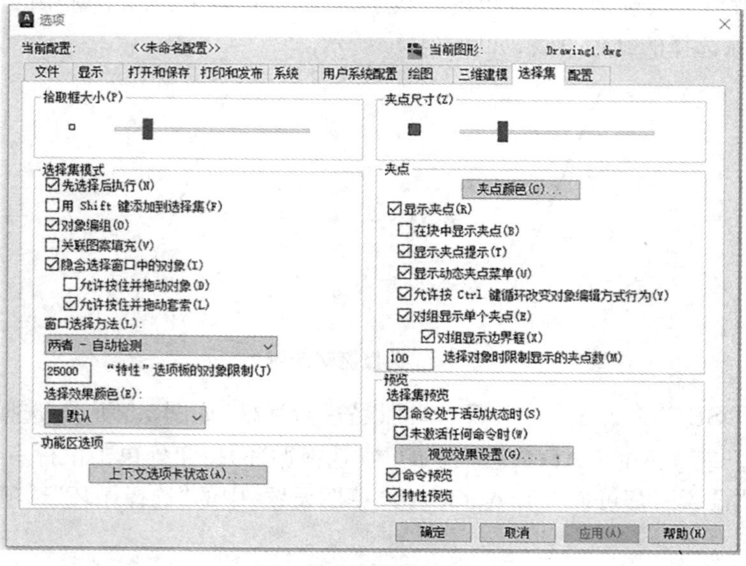

图 5.6 "选项"对话框

1. 选择集模式

该区域有7个复选框,用于设置对象选择的模式。

(1) 先选择后执行(N):用来确定是选用“先选择要编辑的对象,然后再执行命令的”选择方式,还是“先执行命令后选择要编辑的对象”的选择模式。

(2) 用SHIFT键添加到选择集(F):用于控制如何添加选择的对象到选择集中。选中该复选框,则在选择集中添加更多的对象时必须按住SHIFT键,否则选择的对象只是最后一种选择方式所选中的对象;不选择该复选框,则如对象被选择,自动添加到选择集中去,直到按回车键结束选择。默认设置为不选中。

(3) 对象编组(O):打开或关闭自动组选择。打开时,选中组中的任一对象就相当于选中整个组。

(4) 关联图案填充(V):确定当选择了相关的剖面线时是否同时也选择了边界对象。选中时,剖面线与其边界是相关联的;否则两者是不相关联的。

(5) 隐含选择窗口中的对象(I):用与SELECT命令中“自动”选项相同方法建立选择窗口。默认设置为选中,从左向右定义的窗口内的所有对象被选中;而从右向左定义的窗口内的对象以及与窗口相交的对象均可被选中。未选中时,必须用“W”或“C”选项生成选择窗口。

(6) 允许按住并拖动对象(D):控制如何建立一个选择窗口或交叉窗口。选中复选框时,在窗口的一个角点处按下鼠标左键并移动鼠标到与之对应的另一角点后释放,就在这两对角点之间建立了一个窗口;未选中(默认设置)时,用鼠标拾取窗口的两个对角点来建立窗口。

(7) 允许按住并拖动套索(L):用户可以通过按住鼠标左键并拖动来选择图形对象的一种功能。

2. 拾取框大小

用于设置拾取框的大小。向左或向右移动滑块,即可以使拾取框变小或变大。

3. 夹点

该选项组用于确定屏幕上夹点的显示形式。

(1) 显示夹点(R):确定是否打开夹点功能;

(2) 在块中使用夹点(B):确定是否显示块内对象的夹点。

(3) 显示夹点提示(T):确定是否打开显示夹点的提示。

(4) 显示动态夹点菜单(U):确定是否显示夹点的动态菜单。

(5) 允许按Ctrl键循环改变对象编辑方式行为(Y):确定是否允许按Ctrl键循环改变对象编辑方式。

(6) 对组显示单个夹点(E):确定是否显示对象组的单个夹点。

(7) 对组显示边界框(X):确定是否围绕编组对象的范围显示边界框。

5.2　复制COPY

该命令用于将选定的图形对象复制到指定的位置,原图形保留不受任何影响。

1. 命令的执行方法：

(1) 下拉菜单："修改"→"复制"。

(2) "修改"面板：复制。

(3) "修改"工具栏：复制按钮。

(4) 命令行：COPY。

2. 命令提示和选项

"COPY"命令的提示及执行方式与"移动"命令类似，所不同的是"COPY"命令完成后原来图形仍然存在原来位置。

命令：COPY〈回车〉

选择对象：要求用户选择要复制的对象。

选择对象：若没有要复制的对象，回车。

当前设置：复制模式＝多个

指定基点或[位移(D)/模式(O)]〈位移〉：

提示中各个选项的含义说明如下：

(1) 指定基点：要求用户指定要复制图形的基准点。用户指定后，AutoCAD会提示：

指定第二个点或[阵列(A)]〈使用第一个点作为位移〉：

① 指定第二个点：要求用户再指定第二个点，系统根据这两点所确定的位移矢量将选定对象复制到第二点处。接着AutoCAD会提示：

指定第二个点或[阵列(A)/退出(E)/放弃(U)]〈退出〉：这时可以不断指定第二点实现图形的多重复制。如果仅复制一个图形对象，在提示"指定第二个点或[阵列(A)/退出(E)/放弃(U)]〈退出〉："时直接按回车键即可。

② 阵列：指定在线性阵列中排列的副本数量。选择该选项后，依次显示如下提示：

输入要进行阵列的项目数：指定阵列中排列的选择集的项目数量，包含原始选择集。系统继续提示：

指定第二个点或[布满(F)]：要求用户再指定第二个点，系统根据这两点所确定的位移矢量将选定对象复制到第二点处。

若选择"布满(F)"，则在阵列中指定的位移放置最终副本。其他副本则布满原始选择集和最终副本之间的线性阵列。

(2) 位移(D)：如果输入D，在系统提示"指定位移"下直接给出位移量，系统按给定的位移量移动对象。

(3) 模式(O)：如果输入O，系统会提示：

输入复制模式选项[单个(S)/多个(M)]〈多个〉：即选择是进行多次复制，还是只复制一次后结束命令。

【例5.1】 用"COPY"命令，绘制如图5.7(a)所示的图形。

(1) 单击"图层"命令，设置如下图层：

粗实线层：线型实线、线宽0.5，其余属性默认；单击状态栏上的"线宽"，打开线宽显示。

(2) 单击"多边形"命令绘制外接圆直径为100的正三角形，单击"圆"命令，并以A点为圆心,画直径为16的圆,如图5.7(b)所示。

(3) 单击“复制”命令。

命令:COPY〈回车〉

选择对象:(选择∅16的圆)

选择对象:〈回车〉

指定基点或[位移(D)/模式(O)]〈位移〉:(捕捉∅16的圆心)

指定第二个点或[阵列(A)]〈使用第一个点作为位移〉:A〈回车〉

输入要进行阵列的项目数:4〈回车〉

指定第二个点或[布满(F)]:F〈回车〉

指定第二个点或[阵列(A)]:(选择B点)

指定第二个点或[阵列(A)/退出(E)/放弃(U)]〈退出〉:A〈回车〉

输入要进行阵列的项目数或[4]:〈回车〉

指定第二个点或[布满(F)]:F〈回车〉

指定第二个点或[阵列(A)]:(选择C点)

指定第二个点或[阵列(A)/退出(E)/放弃(U)]〈退出〉:(选择BC中点)

指定第二个点或[阵列(A)/退出(E)/放弃(U)]〈退出〉:〈回车〉

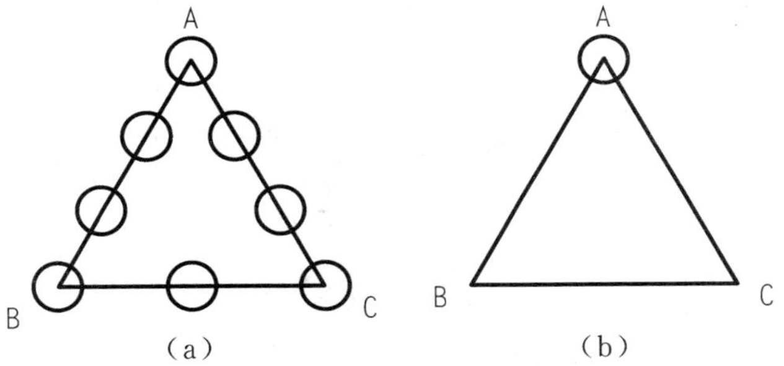

图5.7　示例

5.3　镜像MIRROR

镜像命令用于将所选的图形对象以指定的对称线做对称复制。复制后原来图形根据用户要求可以保留或删除。

1. 命令的执行方法

(1) 下拉菜单:“修改”→“镜像”。

(2) “修改”面板:镜像按钮 镜像 。

(3) “修改”工具栏:镜像按钮。

(4) 命令行:MIRROR。

2. 命令提示和选项

命令:MIRROR〈回车〉

选择对象:选择要镜像复制的对象。

选择对象:继续选择要复制的对象,如果没有要复制的对象,直接回车。

指定镜像线的第一点:选择作为镜像线的第一个点。

指定镜像线的第二点:需要用户指定两个点以确定对称线。

要删除源对象?[是(Y)/否(N)]〈N〉:默认项是保留原图形对象(N),直接回车,如果输入"Y",系统在镜像复制出对象的同时,将原对象删除。

【例5.2】 用"MIRROR"命令,绘制如图5.8(b)所示的图形。

(1) 用"多边形"命令和"圆"命令绘制如图5.8(a)所示的图形。

(2) 单击"镜像"命令⚠:

命令:MIRROR〈回车〉

选择对象:(选择所有圆形对象)

选择对象:〈回车〉

指定镜像线的第一点:(捕捉AB的中点)

指定镜像线的第二点:(捕捉CD的中点)

是否删除源对象?[是(Y)/否(N)]〈N〉:〈回车〉绘制出如图5.8(b)所示的图形。

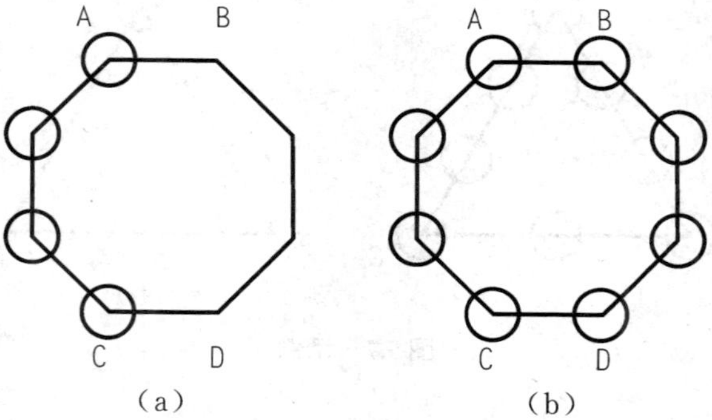

图5.8 图形视图

5.4 偏移OFFSET

该命令用于从指定的对象或者通过指定的点来复制出等距偏移的对象,在绘图时常用该命令画基准线。

1. 命令的执行方法

(1) 下拉菜单:"修改"→"偏移"。

(2) "修改"面板:⊆。

(3)“修改”工具栏:偏移按钮⊆。

(4) 命令行:OFFSET。

2. 命令提示和选项

命令:OFFSET〈回车〉

当前设置:删除源=否　图层=源　OFFSETGAPTYPE=0

指定偏移距离或[通过(T)/删除(E)/图层(L)]〈通过〉:系统提供2种方法复制新对象:

(1) 指定偏移距离:指定偏移距离来复制对象。在提示下输入偏移数值后,系统接着依次提示:

选择要偏移的对象或[退出(E)/放弃(U)]〈退出〉:要求用户选择要偏移复制的对象。

指定要偏移那一侧上的点,或[退出(E)/多个(M)/放弃(U)]:要求指定偏移方向。用户可以用鼠标在需要复制的位置方向上任意拾取一点,即复制出相应图形。系统接着继续提示:

选择要偏移的对象或[退出(E)/放弃(U)]〈退出〉:用户可以继续选择其他对象,以相同的距离来偏移对象;或按回车键退出偏移复制。

其中“多个(M)”,可以将选择的对象以相同的距离多次偏移复制。

(2) 通过(T):根据用户指定的通过点来复制对象。键入“T”并按回车键后系统提示:

选择要偏移的对象或[退出(E)/放弃(U)]〈退出〉:要求用户选择要偏移复制的对象。

指定通过点或[退出(E)/多个(M)/放弃(U)]:要求用户指定复制的对象要通过的点。输入后即可复制出相应对象,系统接着继续提示:

选择要偏移的对象或[退出(E)/放弃(U)]〈退出〉:用户可以继续选择其他对象,以相同方法来复制出多个对象,直到按回车键方可结束偏移复制。

(3) 删除(E):要用户选择偏移复制后是否删除源对象。

(4) 图层(L):选择偏移对象的图层,有当前层(C)和源(S)2种选项。

【例5.3】 用“偏移”命令,绘制如图5.9(a)所示的图形。

(1) 用“图层”命令设置如下图层:

粗实线层:线型实线、线宽0.5,其余属性默认。单击状态栏上的“线宽”,打开线宽显示。

(2) 将当前图层转换为“粗实线”层,用“矩形”命令绘出长100,宽60的矩形,如图5.9(b)所示。

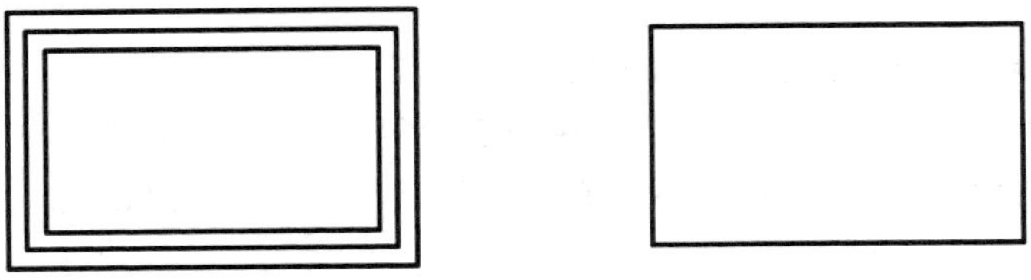

(a)　　(b)

图5.9　图形视图

(3) 单击“偏移”命令。

命令:OFFSET〈回车〉

指定偏移距离或[通过(T)/删除(E)/图层(L)]〈通过〉:5〈回车〉

选择要偏移的对象或[退出(E)/放弃(U)]〈退出〉:(选择矩形)
指定要偏移那一侧上的点,或[退出(E)/多个(M)/放弃(U)]:(向上拾取一点)
选择要偏移的对象或[退出(E)/放弃(U)]〈退出〉:(选择矩形)
指定要偏移那一侧上的点,或[退出(E)/多个(M)/放弃(U)]:(选择矩形外任意一点)
选择要偏移的对象,或[退出(E)/放弃(U)]〈退出〉:(选择最内部的矩形)
指定要偏移那一侧上的点,或[退出(E)/多个(M)/放弃(U)]:(选择矩形内部一点)
选择要偏移的对象或[退出(E)/放弃(U)]〈退出〉:〈回车〉

提示:

(1) 偏移是一个单对象编辑命令,在使用过程中,只能以直接拾取的方式选择对象。

(2) 以给定偏移距离的方式来复制对象时,距离值必须大于零。

(3) 对不同的对象执行OFFSET命令后有不同的结果。

5.5 阵列ARRAY

该命令可以将选择的图形对象按照矩形、环形(极轴)和路径的方式进行多重复制。

5.5.1 矩形阵列

矩形阵列是以控制行数、列数以及行和列之间的距离,或添加角度的方式,使选取的阵列对象成矩形方式进行阵列复制,从而创建出源对象的多个副本。

1. 命令的执行方法

(1) 下拉菜单:“修改”→“阵列”→“矩形阵列”。

(2) “修改”面板:阵列 ▾。

(3) “修改”工具栏:矩形阵列按钮。

(4) 命令行:ARRAYRECT。

2. 命令提示和选项

命令:ARRAYRECT〈回车〉

选择对象:选择要进行阵列复制的对象。

选择对象:继续选择要复制的对象,如果没有要复制的对象,直接回车。

选择夹点以编辑阵列或[关联(AS)/基点(B)/计数(COU)/间距(S)/列数(COL)/行数(R)/层数(L)/退出(X)]〈退出〉:

提示中各个选项的含义说明如下:

① 关联(AS):是否在阵列中将创建的项目作为关联阵列对象,即为一个整体,或作为独立对象。

② 基点(B):指定阵列的基点。

③ 计数(COU):分别指定行和列的值。系统接着提示:

输入行数或[表达式(E)]:指定行的数值。

输入列数或[表达式(E)]:指定列的数值。

其中“表达式(E)”为使用数学公式或方程式获取值。

④ 间距(S):制定行和列之间的距离。

⑤ 列数(COL):指定列的数值。

⑥ 行数(R):指定行的数值。

⑦ 层数(L):指定阵列中的层数和层间距。

⑧ 退出(X):按Enter键表示接受阵列设置,并退出命令。也可以直接在“创建阵列”面板里进行设置,如图5.10所示。

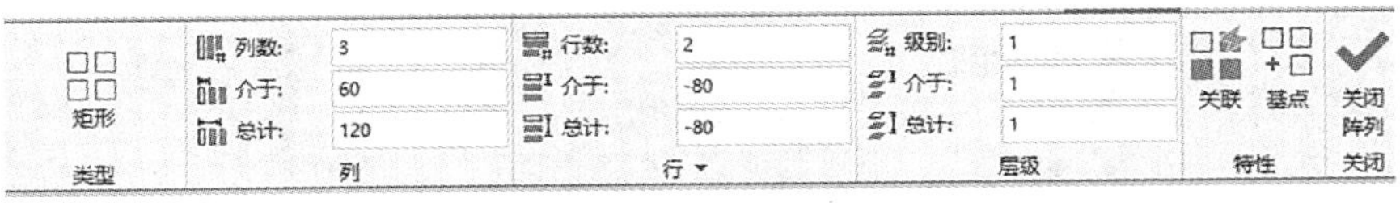

图5.10　创建面板

【例5.4】 用“ARRAYRECT”命令,绘制图5.11(b)所示的图形。

(1) 用“图层”命令设置如下图层:

粗实线层:线型实线、线宽0.5,其余属性默认;单击状态栏上的“线宽”,打开线宽显示。

(2) 置“粗实线”层为当前层,绘制如图5.11(a)所示,长120、宽80的矩形和直径为20的圆。

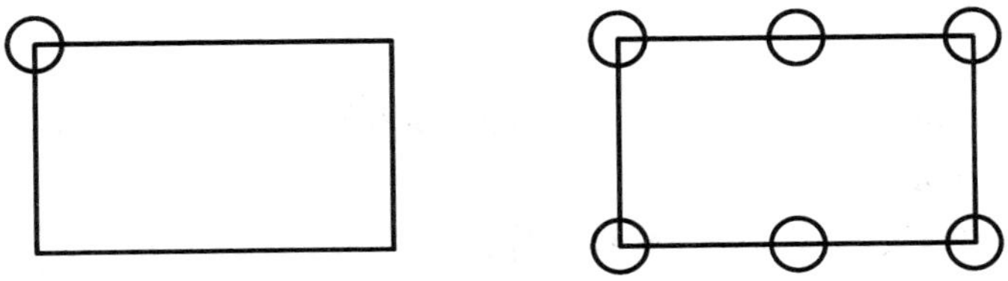

(a)　(b)

图5.11　矩形阵列

(3) 单击“矩形阵列”命令 ⊞ 。

命令:ARRAYRECT〈回车〉

选择对象:(选择小圆)

选择对象:〈回车〉

选择夹点以编辑阵列或[关联(AS)/基点(B)/计数(COU)/间距(S)/列数(COL)/行数(R)/层数(L)/退出(X)]〈退出〉:B〈回车〉

指定基点或[关键点(K)]〈质心〉:捕捉小圆的圆心为基点。

选择夹点以编辑阵列或[关联(AS)/基点(B)/计数(COU)/间距(S)/列数(COL)/行数(R)/层数(L)/退出(X)]〈退出〉:COU〈回车〉

输入列数或[表达式(E)]:3〈回车〉

输入行数或[表达式(E)]:2〈回车〉

选择夹点以编辑阵列或[关联(AS)/基点(B)/计数(COU)/间距(S)/列数(COL)/行数

(R)/层数(L)/退出(X)]〈退出〉:S〈回车〉

指定列数之间的距离或[单位单元(U)]:60

指定行数之间的距离或[单位单元(U)]:-80

选择夹点以编辑阵列或[关联(AS)/基点(B)/计数(COU)/间距(S)/列数(COL)/行数(R)/层数(L)/退出(X)]〈退出〉:或直接在"创建阵列"面板中进行设置,如图5.10所示。

从以上操作可以看出,AutoCAD的阵列方式更加智能、直观和灵活,用户可以边操作边调整阵列效果,从而大大降低操作的难度。

双击图形,弹出"阵列(矩形)"对话框,如图5.12所示,可在对话框中进行图层、列数、列间距、行数、行间距的编辑。

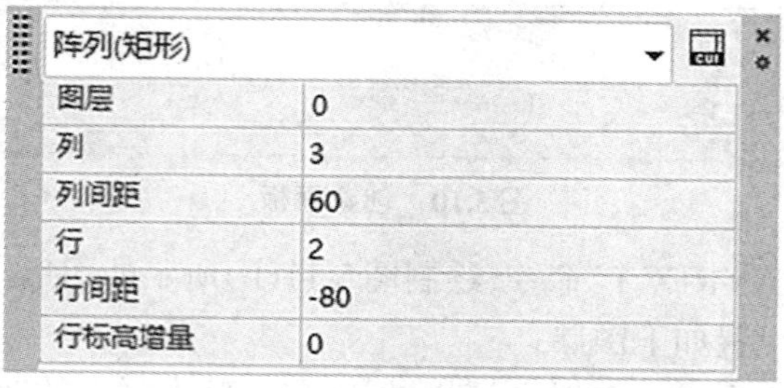

图5.12 "矩形(阵列)"对话框

5.5.2 环形阵列

环形阵列是通过围绕指定的中心点或者旋转轴来复制选定对象从而创建阵列。

1. 命令的执行方法

(1) 下拉菜单:"修改"→"阵列"→"环形阵列"。

(2) "修改"面板:单击阵列按钮右边的小箭头,选择环形阵列按钮。

(3) "修改"工具栏:单击"修改"工具栏上的(矩形阵列)按钮右下的小箭头,从中选择环形阵列按钮。

(4) 命令行:ARRAYPOLAR。

2. 命令提示和选项

命令:ARRAYPOLAR〈回车〉

选择对象:选择要进行阵列复制的对象。

选择对象:继续选择要复制的对象,如果没有要复制的对象,直接回车。

指定阵列的中心点或[基点(B)/旋转轴(A)]:(在绘图区合适位置,单击)

提示中各个选项的含义说明如下:

(1) 指定阵列的中心点:指定分布阵列项目所围绕的点。系统接着提示:

选择夹点以编辑阵列或[关联(AS)/基点(B)/项目(I)/项目间角度(A)/填充角度(F)/行(ROW)/层(L)/旋转项目(ROT)/退出(X)]〈退出〉:

提示中各个选项的含义说明如下:

① 关联(AS):是否在阵列中将创建的项目作为关联阵列对象,即为一个整体,或作为独立对象。

② 基点(B):指定阵列的基点。

③ 项目(I):指定阵列中的项目数。系统接着提示:

输入阵列中的项目数或[表达式(E)]:指定阵列项目的数量。

输入列数或[表达式(E)]:指定列的数值。

其中"表达式(E)"为使用数学公式或方程式获取值。

④ 项目间角度(A):制定阵列项目之间的夹角。

⑤ 填充角度(F):指定阵列中第一个和最后一个项目的基点之间的角度。逆时针旋转为正,顺时针旋转为负。默认值为360,不允许为0。

⑥ 行(ROW):指定行的数值。

⑦ 层(L):指定阵列中的层数和层间距。

⑧ 旋转项目(ROT):阵列项目是否相对于中心点旋转。

⑨ 退出(X):按Enter键表示接受阵列设置,并退出命令。

(2) 基点(B):指定阵列的基点。

(3) 旋转轴(A):指定由2个指定点定义的自定义旋转轴。选择该选项后,系统提示:

指定旋转轴上的第一个点:指定旋转轴上的第一个点。

指定旋转轴上的第二个点:指定旋转轴上的第二个点。

【例5.5】 用"ARRAYPOLAR"命令,绘制图5.13(a)所示的图形。

(1) 用"图层"命令设置如下图层:

粗实线层:线型实线、线宽0.5,其余属性默认;中心线层:线型CENTER、线宽0.25,其余默认。单击状态栏上的"线宽",打开线宽显示。

(2) 置"中心线"层为当前层,用"直线"命令绘制中心线,用"圆"命令绘出点画线圆直径70。将当前图层转换为"粗实线"层,用"圆"命令绘出最外侧的大圆直径100,用"多边形"命令绘制正六边形,外接圆直径20,如图5.13(b)所示。

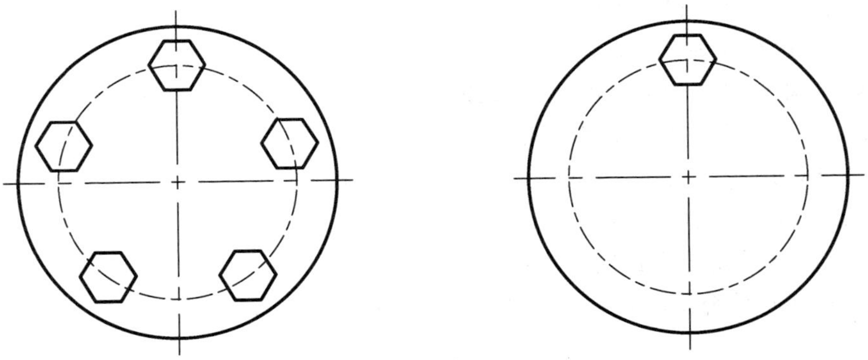

(a)　　(b)

图5.13　环形(阵列)示例图

(3) 单击"修改"工具栏上的 阵列 ·(矩形阵列)按钮右边的小箭头,选择环形阵列按钮。

命令:ARRAYPOLAR〈回车〉

选择对象:(选择正六边形)

选择对象:〈回车〉

指定阵列的中心点或[基点(B)/旋转轴(A)]:(选择大圆的圆心)

选择夹点以编辑阵列或[关联(AS)/基点(B)/项目(I)/项目间角度(A)/填充角度(F)/行(ROW)/层(L)/旋转项目(ROT)/退出(X)]〈退出〉:I〈回车〉

输入阵列中的项目数或[表达式(E)]:5〈回车〉

选择夹点以编辑阵列或[关联(AS)/基点(B)/项目(I)/项目间角度(A)/填充角度(F)/行(ROW)/层(L)/旋转项目(ROT)/退出(X)]〈退出〉:ROT〈回车〉

是否旋转阵列项目?[是(Y)/否(N)]〈是〉:n〈回车〉

选择夹点以编辑阵列或[关联(AS)/基点(B)/项目(I)/项目间角度(A)/填充角度(F)/行(ROW)/层(L)/旋转项目(ROT)/退出(X)]〈退出〉:〈回车〉

5.5.3 路径阵列

路径阵列是沿路径或部分路径均匀分布对象副本,其中路径可以是直线、多段线、三维多段线、样条曲线、螺旋、圆弧、圆或椭圆。

1. 命令的执行方法

(1) 下拉菜单:“修改”→“阵列”→“路径阵列”。

(2)“修改”面板:单击阵列按钮右边的小箭头,选择路径阵列按钮路径阵列。

(3)“修改”工具栏:单击“修改”工具栏上的(矩形阵列)按钮右下的小箭头,从中选择路径阵列按钮。

(4) 命令行:ARRAYPATH。

2. 命令提示和选项

命令:ARRAYRPATH〈回车〉。

选择对象:选择要进行阵列复制的对象。

选择对象:继续选择要复制的对象,如果没有要复制的对象,直接回车。

选择路径曲线:选择作为路径的曲线。

选择夹点以编辑阵列或[关联(AS)/方法(M)/基点(B)/切向(T)/项目(I)/行(R)/层(L)/对齐项目(A)/方向(Z)/退出(X)]〈退出〉:

提示中各个选项的含义说明如下:

① 关联(AS):是否在阵列中将创建的项目作为关联阵列对象,即为一个整体,或作为独立对象。

② 方法(M):指定路径项目之间的间距,是定数等分还是定距等分。

③ 基点(B):指定阵列的基点。

④ 切向(T):指定项目如何与路径的起始方向对齐。

⑤ 项目(I):根据“方法”选项的设置,指定项目数或项目之间的距离。系统接着提示:

指定沿路径的项目之间的距离或[表达式(E)]:指定阵列项目的之间的距离。

其中“表达式(E)”为使用数学公式或方程式获取值。

⑥ 行(R):编辑阵列中的行数和行间距,以及它们之间的增量标高。其中“总计(T)”:设置第一行和最后一行之间的总距离。

⑦ 层(L):指定阵列中的层数和层间距。

⑧ 对齐项目(A):指定是否以与路径的方向相切对齐每个对象。对齐相对于第一个对象的方向。

⑨ 方向(Z):控制是否保持对象的原始Z方向或沿三维路径自然倾斜对象。

【试一试】 用“ARRAYPATH”命令,绘制如图5.14所示的图形。

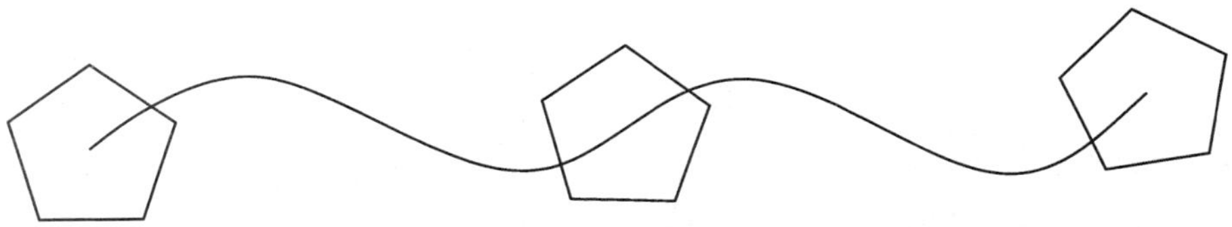

图5.14　路径阵列练习图

5.6　移动MOVE

该命令用于在指定的方向上按照指定距离移动图形对象。

1. 命令的执行方法

(1) 下拉菜单:“修改”→“移动”。

(2) “修改”面板:✥ 移动 。

(3) “修改”工具栏:移动按钮✥。

(4) 命令行:MOVE。

2. 命令提示和选项

命令:MOVE〈回车〉

选择对象:需要用户选择要移动的对象,按空格键退出选择对象模式。

指定基点或[位移(D)]〈位移〉:如果在此提示下指定一点,系统即把该点作为移动图形的基准点并接着提示:

指定第二点或〈使用第一个点作位移〉:在此提示下再指定一点为移至点,系统按两点间的位移矢量移动对象。如图5.15要把小圆A平移到大圆B处且使两圆同心,命令序列可以为:

命令:MOVE〈回车〉

选择对象:(拾取小圆A)如图5.15(a)所示。

选择对象:〈回车〉

指定基点或[位移(D)]〈位移〉:(捕捉圆心A)

指定第二个点或〈使用第一个点作位移〉:(捕捉圆心B)如图5.15(b)所示。

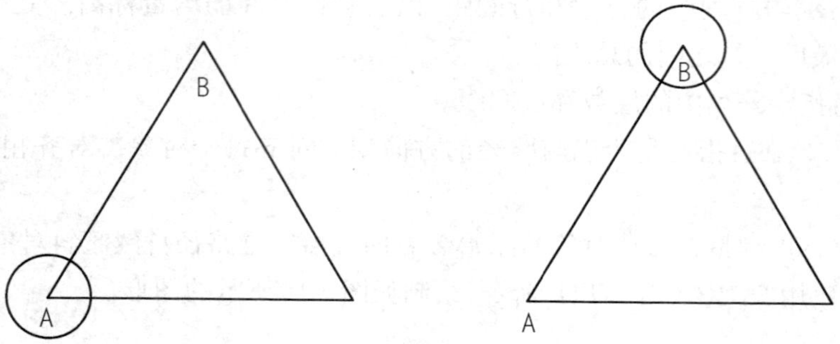

(a)　　(b)

图5.15　示例图形

如果在"指定基点或[位移(D)]〈位移〉:"提示下直接给出位移量,在"指定第二个点或〈使用第一个点作位移〉:"提示下回车,系统按给定的位移量移动对象。

5.7　旋转ROTATE

该命令可将选择的对象绕指定的中心点旋转指定的角度。

1. 命令的执行方法

(1) 下拉菜单:"修改"→"旋转"。

(2) "修改"面板:旋转。

(3) "修改"工具栏:旋转按钮。

(4) 命令行:ROTATE。

2. 命令提示和选项

命令:ROTATE

UCS当前的正角方向:ANGDIR=逆时针　ANGBASE=0

提示中的第一行说明当前的正角度方向为逆时针方向,零角度方向与X轴正方向的夹角为0°。

选择对象:要求用户选择要旋转的对象,按空格键选择结束后AutoCAD继续提示:

指定基点:要求用户指定旋转对象的基准点。

指定旋转角度,或[复制(C)/参照(R)]〈0〉:

各选项的含义如下:

(1) 指定旋转角度:默认选项,直接在该提示下输入一个角度值,AutoCAD将对象绕基点转动该角度,角度为正时逆时针旋转,角度为负时顺时针旋转。可以用拖动的方式确定旋转角度,方法是在提示下拖动鼠标,AutoCAD会从旋转基点向光标处引出一条橡皮筋线。该橡皮筋线方向与零角度方向的夹角即为要转动的角度,同时所选对象会按此角度动态地转动。拖动鼠标使对象转到所需位置后,按空格键或回车键,即可实现旋转。

(2) 参照:选择该选项,将以参考方式旋转对象。AutoCAD接着提示:

指定参考角〈0〉:

指定新角度或[点(P)]〈0〉:

需要依次指定参考方向的角度和相对于参考方向的角度。这种旋转方式的执行过程可以理解为系统将对象先假想绕基点旋转参考角,然后再旋转新角度。这种旋转方式的实际旋转角度等于新角度减去参考角度。

(3) 复制:选择该选项,被旋转对象旋转到新位置后,原来的对象仍然保留。

【例5.6】 绘制如图5.16(b)所示的图形。

(1) 单击"图层"命令,设置如下图层:

粗实线层:线型实线、线宽0.5,其余属性默认;中心线层:线型CENTER、线宽0.25,其余默认。单击状态栏上的"显示/隐藏线宽",打开线宽显示。

(2) 置中心线层为当前层,绘制相互垂直的两条点画线。置粗实线为当前层,绘制直径为80的圆,再绘制内接正五边形,如图5.16(a)所示。

(3) 启动"旋转"命令,绘制右上方图形,如图5.16(b)所示。

命令:ROTATE〈回车〉

UCS当前的正角方向:ANGDIR=逆时针　ANGBASE=0

选择对象:(选中正五边形)

选择对象:〈回车〉

指定基点:(捕捉圆心)

指定旋转角度或[复制(C)/参照(R)]:C〈回车〉

指定旋转角度或[复制(C)/参照(R)]:30〈回车〉

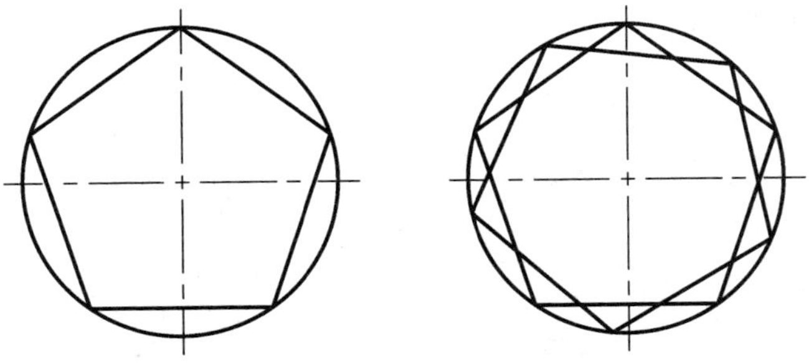

(a)　(b)

图5.16　示例图形

5.8　缩放SCALE

该命令可将对象按照指定的比例因子相对于指定基点进行放大或缩小。

1. 命令的执行方法

(1) 下拉菜单:“修改”→“缩放”。

(2)“修改”面板:缩放。

(3)“修改”工具栏:缩放按钮。

(4) 命令行:SCALE。

2. 命令提示和选项

命令:SCALE〈回车〉

选择对象:选择要缩放的对象。

指定基点:指定缩放的基准点。

指定比例因子或[复制(C)/参照(R)]:

2个可选项,其含义分别说明如下:

(1) 指定比例因子:默认选项,直接输入比例因子。系统根据该比例因子将对象相对于基准点进行缩放。

(2) 参照:将对象按参考的方式缩放。键入“R”后回车AutoCAD依次提示:

指定参考长度〈1〉:

指定新长度:需要用户依次输入参考长度的值和新的长度值。系统根据参考长度与新长度的值自动计算比例因子(比例因子等于新长度值除以参考长度值),然后进行相应的缩放。

(3) 复制(C):选择该选项,对象被放大后,原来的对象仍然保留。

【试一试】 绘制如图5.17(a)所示的图案。

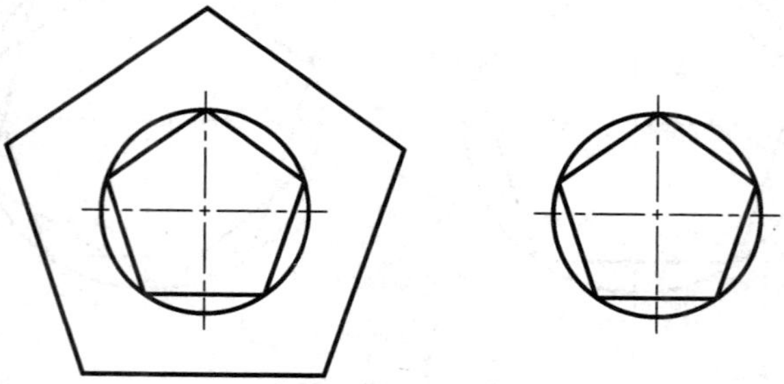

(a)　　　　(b)

图5.17　示例图形

(1) 用“圆”和“正多边形”命令,先绘制图案如图5.17(b)所示。

(2) 单击“缩放”命令。

命令:SCALE〈回车〉

选择对象:(选中小五边形图案)

选择对象:〈回车〉

指定基点:(捕捉圆心)

指定比例因子或[复制(C)/参照(R)]:C〈回车〉

指定比例因子或[复制(C)/参照(R)]:2〈回车〉

5.9　拉伸STRETCH

该命令用于拉伸或者压缩图形对象。用STRETCH命令拉伸图形时,图形的形状发生改变。图形的选定部分被移动,但仍保持与原图形中不动部分的连接。

1. 命令的执行方法

(1) 下拉菜单:"修改"→"拉伸"。

(2) "修改"面板: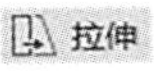

。

(3) "修改"工具栏:拉伸按钮。

(4) 命令行:STRETCH。

2. 命令提示和选项

命令:STRETCH

以交叉窗口或交叉多边形选择要拉伸的对象...:

选择对象:用提示中的一种方式选择对象后,系统提示:

选择对象:若没有需要选择的对象,按回车。

指定基点或[位移(D)]〈位移〉:要用户指定拉伸移动的基点或位移值。执行后系统提示:

指定第二个点或〈使用第一个点作位移〉:指定第二点后,系统将全部位于选择窗口之内的对象移动,而将与选择窗口边界相交的对象按规则拉伸或压缩。

提示:

在"选择对象:"提示下选择对象时,对于由直线、圆弧和多段线等命令绘制的对象,若其所有部分均在选择窗口内,那么它们将被移动。如果它们只有一部分在选择窗口内,则有以下拉伸:

(1) 直线:位于窗口外的端点不动,位于窗口内的端点移动。

(2) 圆弧:与直线类似,但在圆弧改变的过程中,圆弧的弦高保持不变,同时由此来调整圆心的位置和圆弧起始角、终止角的值。

(3) 区域填充:位于窗口外的端点不动,位于窗口内的端点移动。

(4) 多段线:与直线或圆弧相似,但多段线两端的宽度、切线方向以及曲线拟合信息均不改变。

(5) 其他对象:如果其定义点位于选择窗口内,对象发生移动,否则不动。

【例5.7】 用"拉伸"命令做拉伸练习。

(1) 用"圆"命令和"直线"命令绘制出如图5.18(a)所示的图形。

(2) 单击"拉伸"命令:

以交叉窗口或交叉多边形选择要拉伸的对象...

选择对象:(在A点按下鼠标的左键,并向左上方拖动到点B后单击,如图5.18(b)所示,)〈回车〉

指定基点或位移:(捕捉圆心)

指定位移的第二个点或〈用第一个点做位移〉:(用鼠标拖动到适当位置单击左键)

拉伸结果如图5.18(c)所示。

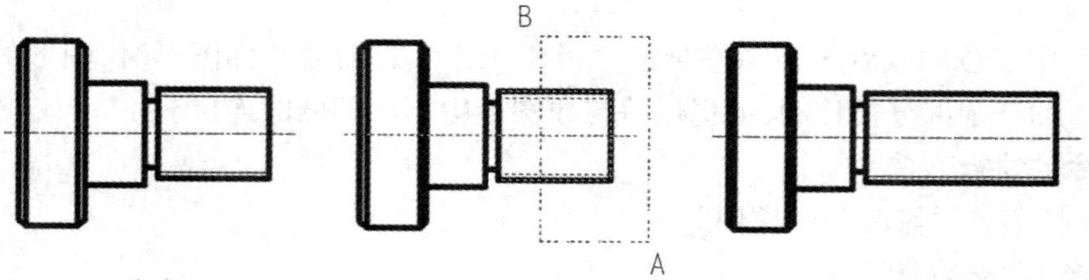

(a) (b) (c)

图5.18 示例图形

5.10 拉长LENGTHEN

该命令用于改变非封闭图形对象如线段、圆弧等的长度。

1. 命令的执行方法

(1) 下拉菜单:"修改"→"拉长"。

(2) "修改"面板:单击 修改 → 。

(3) 命令行:LENGTHEN。

2. 命令提示和选项

命令:LENGTHEN〈回车〉

选择要测量的对象或[增量(DE)/百分数(P)/全部(T)/动态(DY)]:

提示中各个选项的含义说明如下:

(1) 选择要测量的对象:默认选项,直接选择直线或圆弧。用户选择后,AutoCAD会显示出直线段的当前长度;圆弧则提示它的当前长度及包含角,并继续如下提示:

选择对象或[增量(DE)/百分数(P)/全部(T)/动态(DY)]:

(2) 增量(DE):以增量方式修改对象的长度。选择该选项,系统接着提示:

输入长度增量或[角度(A)]:

① 输入长度增量:直接输入增量值。正值表示加长,负值表示缩短。增量是从离选择

对象拾取点近的那一端的端点度量的。输入后并按回车键后显示如下提示：

选择要修改的对象或[放弃(U)]:要用户选择要修改的直线或圆弧,或者放弃操作。

② 角度(A):根据圆弧的包含角增量来修改圆弧的长度。键如“A”并按回车键后,系统提示如下：

输入角度增量:要用户输入圆弧的角度增量。

选择要修改的对象或[放弃(U)]:在该提示下选择圆弧,该圆弧会按指定的角度增量在离拾取点近的一端变长或变短。增量为正时圆弧变长;增量为负时圆弧变短。

(3) 百分数(P):以相对原对象长度的百分比来设置增量。选择该选项后,显示如下提示：

输入长度百分数:输入拉长或者缩短的百分比。

选择要修改的对象或[放弃(U)]:要用户选择要修改的对象,选中的对象在离拾取点近的一端按指定的变长或变短。如果百分比大于100,则拉长对象;大于0但小于100则缩短对象。百分比不能是0和负数。

(4) 全部(T):以给定直线总长度或者圆弧的新包含角来改变长度。选择该选项并按回车键,系统提示：

指定总长度或[角度(A)]:

① 指定总长度:要求输入对象的总长度。

选择要修改的对象或[放弃(U)]:选择直线或圆弧,所选对象的长度即变为输入的长度值。

② 角度:指定圆弧的新包含角度,选择该选项后,依次显示如下提示：

指定总角度:(输入角度)

选择要修改的对象或[放弃(U)]:需要用户依次指定要修改的圆弧对象。

(5) 动态(DY):动态地改变圆弧或者直线的长度。选择该选项后,系统提示如下：

选择要修改的对象或[放弃(U)]:需要用户选择要修改的对象,选择以后,屏幕出现一橡皮筋,动态显示对象的长短变化,系统同时提示：

指定新端点:确定新端点后,圆弧或直线长度发生相应改变。

5.11　延伸EXTEND

该命令用于将指定的直线、圆弧和多段线延伸到指定的边界上。有效的边界线可以是直线、圆、圆弧、多段线和样条曲线等。所选择的对象既可以作为边界线,又可以作为被延伸的对象。在被延伸的对象上拾取点的位置,决定了对象要延伸的部分。用延伸命令可以使2个未相交的对象相交。

1. 命令的执行方法

(1) 下拉菜单:“修改”→“延伸”。

(2)“修改”面板:单击修剪选中下方的延伸按钮。

(3)“修改”工具栏:延伸按钮。

(4)命令行:EXTEND。

2. 命令提示和选项

命令:EXTEND〈回车〉

当前设置:投影=UCS　边=无　模式=快速

选择要延伸的对象,或按住Shift键选择要修剪的对象或[边界边(B)/窗交(C)/模式(P)/投影(P)]:

各选项的含义与修剪中的相同选项的含义一致。修剪命令和延伸命令已实质上融为一体了,从上面对修剪命令的介绍可以看出,修剪命令能够完成延伸操作;同样延伸命令,也能完成修剪操作。而且两者的操作过程基本相似。要注意的是,使用延伸命令时,如果按下Shift键的同时选择对象,执行修剪命令;使用修剪命令时,如果按下Shift键的同时选择对象,则执行的是延伸命令。

例如对图5.19(a),练习延伸命令的使用:

命令:EXTEND〈回车〉

当前设置:投影=UCS　边=无　模式=快速

择要延伸的对象,或按住Shift键选择要修剪的对象或[边界边(B)/窗交(C)/模式(P)/投影(P)]:(分别拾取正六边形内部直线的两端。)

择要延伸的对象,或按住Shift键选择要修剪的对象或[边界边(B)/窗交(C)/模式(P)/投影(P)]:〈回车〉

(a)　(b)

图5.19　示例图形

5.12　打断于点BREAKPOINT

该命令用于在选择的对象上选定一点,把对象在此点分解为2部分。

1. 命令的执行方法

(1)“修改”面板:。

(2)“修改”工具栏:点打断于点按钮。

2. 命令提示和选项

选择对象:选择要打断的对象。选择后系统接着提示:

指定打断点:系统要求用户确定一个断点。

5.13　打断BREAK

该命令可部分删除对象或把对象分解为2部分:与打断于点命令不同的是,它可在选定对象上的不同2点间进行打断。

1. 命令的执行方法

(1) 下拉菜单:"修改"→"打断"。

(2) "修改"面板:。

(3) "修改"工具栏:打断按钮。

(4) 命令行:BREAK。

2. 命令提示和选项

选择对象:选择要打断的对象。选择后系统提示:

指定第二个打断点或[第一点(F)]:

(1) 指定第二个打断点:系统默认把选择对象时的拾取点作为第一断点,需要用户指定第二个断点。如果直接点取对象上的另一点或者在对象的一端之外拾取一点,则系统将对象上位于2个拾取点之间的那部分对象删除。

(2) 第一点(F):重新确定第一断点。键入"F"并按回车键,系统提示:

指定第一个打断点:(输入一点)〈回车〉

指定第二个打断点:(输入另一点)〈回车〉

系统将对象上位于2个断点之间的那部分对象删除。如果第一断点和第二断点重合,对象将被一分为二。

提示:

(1) 用户也可以在"指定第二个打断点:"和"指定第二个打断点或[第一点(F)]:"提示下输入"@",使得第一、第二断点重合。

(2) 对圆进行打断操作后,AutoCAD沿逆时针方向将圆上从第一断点到第二断点之间的那段圆弧删除掉。

例如对图5.20(a),练习打断命令的使用:

命令:BTEAK〈回车〉

选择对象:(拾取圆。)

指定第二个打断点或[第一点(F)]:F〈回车〉

指定第一个打断点:(拾取点1。)

指定第二个打断点:(拾取点2。)

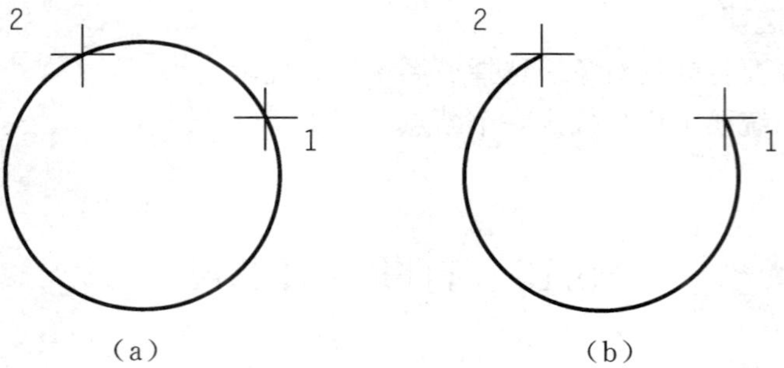

图5.20　示例图形

5.14　合并JOIN

合并命令可将直线或圆弧合并成一个对象,但这些直线必须共线,圆弧必须同心。

1. 命令的执行方法

(1) 下拉菜单:“修改”→“合并”。

(2) “修改”面板:→←。

(3) “修改”工具栏:合并按钮→←。

(4) 命令行:JOIN。

2. 命令提示和选项

命令:JOIN

选择源对象或要一次合并的多个对象:选择作为源对象或者要一次合并的多个对象。

选择要合并的对象:选择要合并到源的对象,然后回车,即可按照源对象的属性合并,如图5.21所示。

图5.21　合并

5.15　倒角CHAMFER

该命令可在对象上绘制倒角,常用以绘制机械零件图上的倒角。

1. 命令的执行方法

(1) 下拉菜单:“修改”→“倒角”。

(2) “修改”面板:倒角。

(3)“修改”工具栏:倒角按钮。

(4) 命令行:CHAMFER。

2. 命令提示和选项

命令:CHAMFER〈回车〉

(“修剪”模式)当前倒角距离1=0.0000　距离2=0.0000

选择第一条直线或[放弃(U)/多段线(P)/距离(D)/角度(A)/修剪(T)/方式(E)/多个(M)]:

提示中的第一行说明当前的倒角模式。第二行提示的各个选项含义如下:

(1) 选择第一条直线:要求用户选择进行倒角的第一条直线。选择后接着提示:

选择第二条直线,或按住Shift键选择直线以应用角点或[距离(D)/角度(A)/方法(M)]:要求选择相邻的另一条直线,系统以当前倒角模式在两对象相交处进行倒角,或者按住Shift键选择以其他方式进行倒角。

(2) 多段线(P):对整条多段线的交角进行倒角。选择该项后,显示如下提示:

选择二维多段线或[距离(D)/角度(A)/方法(M)]:选择多段线后,系统对该多段线的各顶点以当前倒角模式倒角,或选择其他的倒角模式。

(3) 距离(D):设置倒角距离尺寸。选择该选项,系统依次提示:

指定第一个倒角距离:输入距离。

指定第二个倒角距离:输入距离。

选择第一条直线或[放弃(U)/多段线(P)/距离(D)/角度(A)/修剪(T)/方式(E)/多个(M)]:在该提示下继续倒角操作。

(4) 角度(A):指定倒角距离和角度。选择该选项,系统依次提示:

指定第一条直线的倒角长度:输入长度。

指定第一条直线的倒角角度:输入角度。

选择第一条直线或[放弃(U)/多段线(P)/距离(D)/角度(A)/修剪(T)/方式(E)/多个(M)]:在该提示下继续进行倒角操作。

(5) 修剪(T):是否将相应的倒角边进行修剪。选择该选项,系统接着提示:

输入修剪模式选项[修剪(T)/不修剪(N)]〈修剪〉:

其中“修剪(T)”:倒角后对倒角进行修剪。

不修剪(N):倒角后对倒角不进行修剪。

(6) 方式(E):选择设置倒角的方法。选择该选项,系统接着提示:

输入修剪方法[距离(D)/角度(A)]:

距离(D):设置以两条边的倒角距离的方法来倒角。

角度(A):设置以一条边的距离以及相应的角度的方法来倒角。

(7) 多个(M):同时对多个对象倒角。选择该选项,系统提示:

选择第一条直线或[放弃(U)/多段线(P)/距离(D)/角度(A)/修剪(T)/方式(E)/多个(M)]:在提示下连续选择多条相交对象进行倒角操作。

5.16 圆角FILLET

该命令可以用指定半径的圆弧连接2个图形对象。

1. 命令的执行方法

(1) 下拉菜单:“修改”→“圆角”。

(2)“修改”面板:圆角。

(3)“修改”工具栏:圆角按钮。

(4) 命令行:FILIET。

2. 命令提示和选项

命令:FILLET〈回车〉

当前设置:模式=修剪　半径=0.0000

选择第一个对象或[放弃(U)/多段线(P)半径(R)/修剪(T)/多个(M)]:

上面提示中的第一行说明当前为修剪模式,半径为0,第二行提示各个选项含义如下:

(1) 选择第一个对象:默认项。用户直接选择倒圆角的第一个对象后,系统提示:

选择第二个对象,或按住Shift键选择对象以应用角点或[半径(R)]:选择第二个对象后,系统按当前设置在选定的图形间绘出圆角。

(2) 选择二维多段线或[半径(R)]:对整条多段线的交角处进行倒圆角。选择该项,AutoCAD接着提示:

选择二维多段线:选择多段线后,AutoCAD对该多段线的各顶点以当前模式圆角。

(3) 半径(R):设置圆角半径。选择该选项,系统接着依次提示:

指定圆角半径:输入半径。

选择第一条对象或[放弃(U)/多段线(P)/距离(D)/角度(A)/修剪(T)/多个(M)]:在该提示下继续完成圆角操作。

(4) 修剪(T):设置圆角的修剪模式,决定圆弧切点外的部分是否修剪掉。

输入修剪模式选项[修剪(T)/不修剪(N)]〈修剪〉:

其中,“修剪(T)”:修剪圆弧切点外的边。

不修剪(N):不进行修剪。

(5) 多个(M):同时对多个对象倒圆角。

【试一试】 绘制如图5.22(a)所示的图案。

(1) 用“矩形”和“修剪”命令,先绘制图案如图5.22(b)所示。

(2) 单击“倒角”命令。

命令:CHAMFER〈回车〉

(“修剪”模式)当前倒角距离1=0.0000　距离2=0.0000

选择第一条直线或[放弃(U)/多段线(P)/距离(D)/角度(A)/修剪(T)/方式(E)/ 多个

(M)]:D〈回车〉

指定第一个倒角距离:5〈回车〉

指定第二个倒角距离:5〈回车〉

选择第一条直线或[放弃(U)/多段线(P)/距离(D)/角度(A)/修剪(T)/方式(E)/多个(M)]:P〈回车〉

选择二维多段线或[距离(D)/角度(A)/方法(M)]:(拾取图中最大的矩形)如图5.22(c)所示。

FILLET〈回车〉

当前设置:模式=修剪　半径=0.0000

选择第一个对象或[放弃(U)/多段线(P)半径(R)/修剪(T)/多个(M)]:R〈回车〉

指定圆角半径:5〈回车〉

选择第一个对象或[放弃(U)/多段线(P)半径(R)/修剪(T)/多个(M)]:P〈回车〉

选择二维多段线:(拾取图中边框内的小矩形。)

重复以上命令,将图内的直角倒为圆角,如图5.22(a)所示。

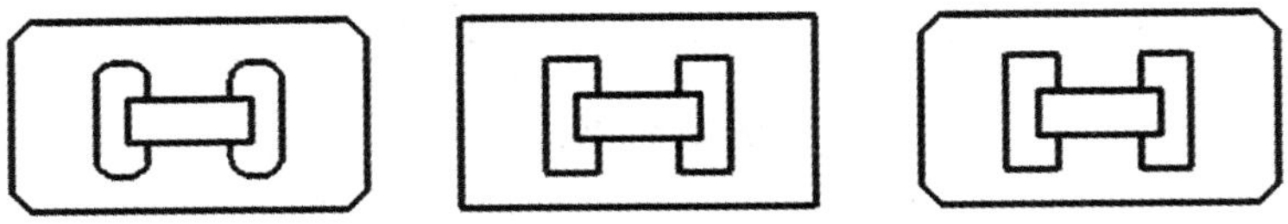

(a)　(b)　(c)

图5.22　示例图形

5.17　分解EXPLODE

EXPLODE命令用于分解一个复杂的图形对象,它可以使图块、填充图案、尺寸标注等关联对象分解为独立的单一对象。

1. 命令的执行方法

(1) 下拉菜单:“修改”→“分解”。

(2) “修改”面板:。

(3) “修改”工具栏:分解按钮。

(4) 命令行:EXPLODE。

2. 命令提示和选项

命令:EXPLODE

选择对象:要求用户选择待分解的对象。

注意:被分解的对象必须适合于分解,否则将出现错误的信息。

5.18 使用夹点编辑图形

用户可以使用夹点对选中的对象进行移动、拉伸、旋转、复制等修改,不必激活相应的修改命令。

5.18.1 夹点

当用户使用先选择对象后编辑的修改方式时,所选对象亮显,并在所选对象上出现若干蓝色小方框,这些小方框所确定的点为对象的特征点,在AutoCAD中称为夹点,如图5.23所示。

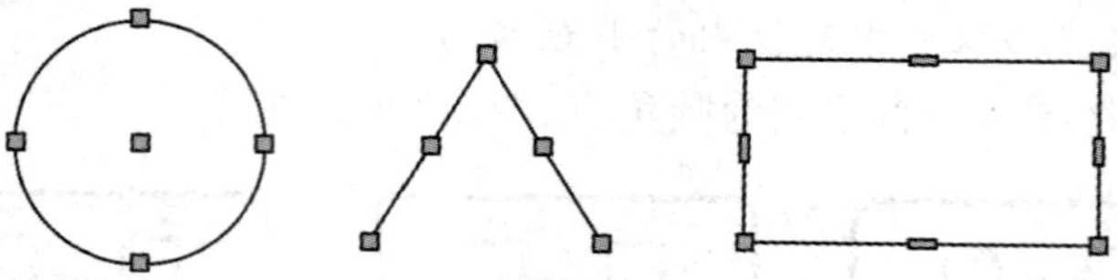

图5.23 夹点

5.18.2 设置夹点

使用夹点编辑图形必须先打开钳夹功能,方法是:打开"工具"下拉菜单,选择"选项",在打开的"选择集"选项卡中的"夹点"选项组中,选中"显示夹点"前的复选框,如图5.24所示。在该选项卡中还可以对代表特征点的小方框的颜色、大小进行设置。

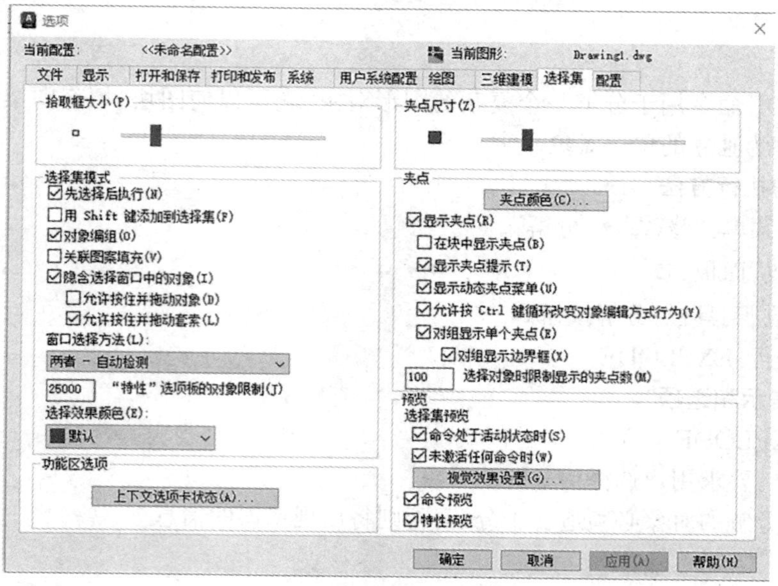

图5.24 设置夹点

5.18.3　使用夹点编辑图形

使用夹点编辑图形需选择一个夹点作为基准点，然后再选择一种修改方式。在所选对象的一个夹点上单击鼠标左键，该夹点变为红色填充状态，然后单击右键弹出快捷菜单如图5.25所示。选择要修改的命令后，依提示完成图形的修改。

【例5.9】 利用夹点编辑，绘制如图5.25(a)所示的图形。

(1) 用“画圆”“直线”命令绘制图形如图5.25(b)所示。

(2) 拾取小圆出现夹点如图5.25(b)所示。

(3) 拾取小圆心处夹点后单击鼠标右键，在弹出的快捷菜单中选择“复制”，如图5.25(c)系统提示：

拉伸(多重)

指定拉伸点：[基点(B)/复制(C)/放弃(U)/退出(X)]：(连续捕捉中心线圆与基准线的交点。)〈回车〉

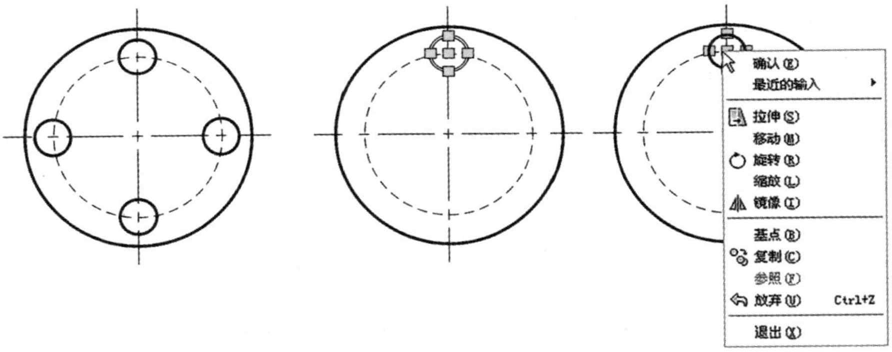

(a)　　(b)　　(c)

图5.25　使用夹点编辑图形

综 合 练 习

1. 用阵列命令绘制如图5.26所示的图形。

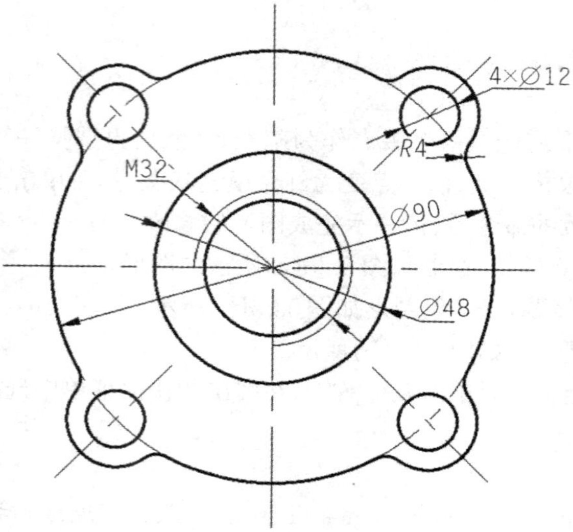

图 5.26　示例图形

2. 绘制如图 5.27 所示的两面视图。

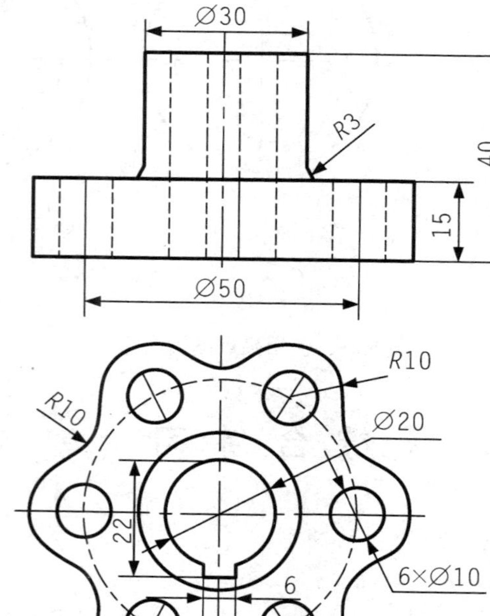

图 5.27　两面视图

3. 绘制如图5.28所示的主视图和俯视图，补画其左视图。

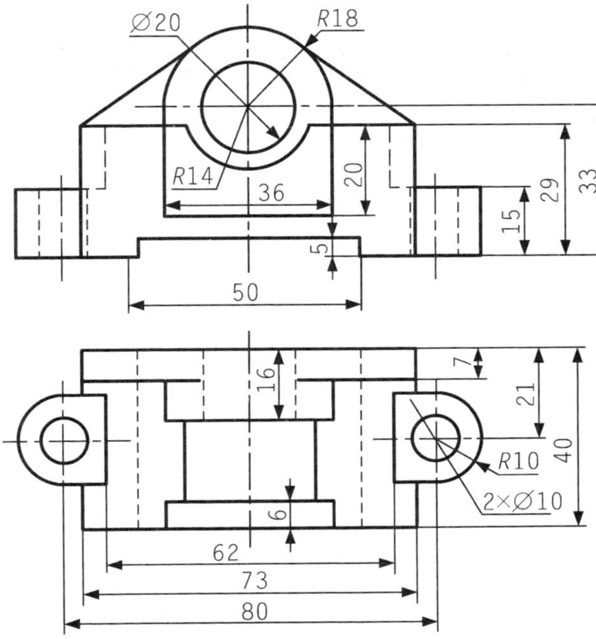

图5.28　主视图和俯视图

4. 根据图5.29所示的轴测图，绘制其三视图。

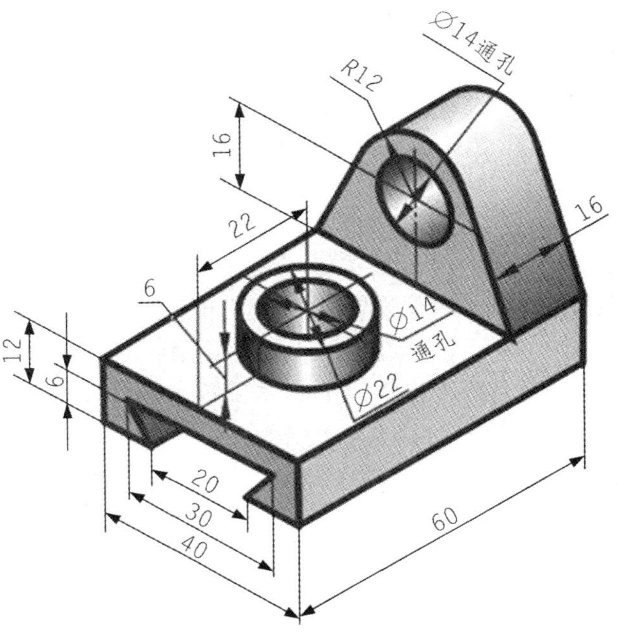

图5.29　轴测图

第6章　其他常用绘图命令

6.1　点POINT

6.1.1　显示模式的设置

POINT命令用于在屏幕上画一个点。点在绘图中主要作为辅助点或者标记使用。点的显示形式和大小可依据需要预先进行设置。

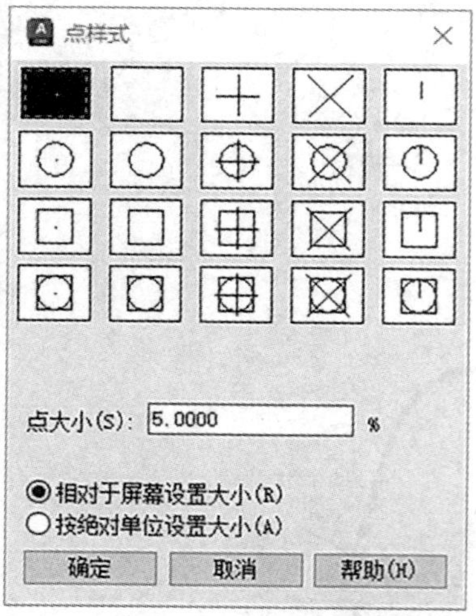

图6.1　“点样式”对话框

设置点的显示模式可操作如下：

(1) 下拉菜单：“格式”→“点式样”。

(2) 命令行输入：DDPTYPE。

命令激活后，将显示一个如图6.1所示的点样式对话框，对话框中的前四行为点的20种不同显示方式，对应的模式值分别为(自左至右)0、1、2、3、4；32、33、34、35、36；64、65、66、67、68；97、98、99、100。

对话框中的第五行“点大小(S)”：用于设置点形状的大小。点的大小可以按照图形屏幕的百分比值或者直接以绘图单位来设置。采用第一种设置方式时请单击“相对屏幕设置尺寸”复选框；采用后一种设置方式时则单击“用绝对单位设置尺寸”复选框；然后在点大小框中键入相应的值。

在绘图中如果要用到点做标记，应尽量选用醒目的方式；而在绘图输出时请设置为默认的显示方式(方式值为0)。如果不想输出点，则可将其设置为空点(方式值为1)。改变方式后，点将以新的方式和大小重新显示。

此外，要准确捕捉到点，还需要在“对象捕捉”选项卡，选中“节点”。

6.1.2　点的命令

1. 命令的执行方法

(1) 下拉菜单：“绘图”→“点”→“单点/多点”。

(2) 命令行输入:POINT。

2. 命令的提示与选项

命令:POINT〈回车〉

当前点的模式:PDMODE=0　PDSIZE=2

指定点:(输入点的位置)〈回车〉在指定的位置画出一个点。

如果要绘制多个点则可执行如下操作:

(1) 下拉菜单:"绘图"→"点"→"多点"。

(2) "绘图"工具栏:点按钮·。

当前点的模式:PDMODE=0　PDSIZE=2

指定点:(输入点的位置)〈回车〉

指定点:(输入点的位置)〈回车〉在指定的位置画出一点后,系统继续提示:

指定点:(输入点的位置)〈回车〉输入位置后即画出一点并继续提示:

指定点:用户可继续画点或按回车键结束命令。

利用画点的"定数等分"命令可在选定的对象上绘制出等分点,用于绘图作业时的分段。

① 下拉菜单:"绘图"→"点"→"定数等分"。

② 命令行输入:DIVIDE。

【例6.1】 如图6.2所示,把一段圆弧等分为6等分。

(1) 用画圆弧命令绘制一段弧。

(2) 下拉菜单:"绘图"→"格式"→"点式样",在"点样式"对话框中,设置点显示形式为⊗。

(3) 单击"点"命令·。

命令:DIVIDE〈回车〉

选择要定数等分的对象:(选择圆弧)〈回车〉

输入线段数目或[块(B)]:6〈回车〉绘出如图6.2所示的图形。

图6.2　圆弧等分

【例6.2】 绘制如图6.3(a)所示的棘轮视图。

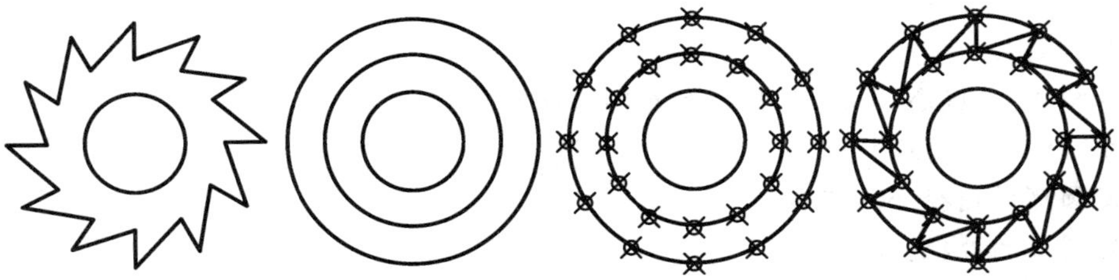

(a)　(b)　(c)　(d)

图6.3　棘轮视图

(1) 用“圆”命令绘制3个半径不等的同心圆,如图6.3(b)所示。

(2) 将外圈的2个圆12等分,如图6.3(c)所示。

① 下拉菜单:“绘图”→“格式”→“点式样”,在“点样式”对话框中,设置点显示形式为⊠。

② 命令:DIVIDE〈回车〉。

选择要定数等分的对象:(选择最外圈圆)

输入线段数目或[块(B)]:12〈回车〉

命令:DIVIDE〈回车〉

选择要定数等分的对象:(中间的圆)

输入线段数目或[块(B)]:12〈回车〉

(3) 打开“草图设置”对话框中的“对象捕捉”选项卡,选中“节点”。并用“直线”命令依次连接2圆上的12个等分点。

(4) 删除外圈的两圆。

6.2 填充圆环的命令DONUT

DONUT命令用于绘制填充圆环。圆环可以有任意的内径和外径。内径为0的圆环是一个实心圆;如果内径与外径相等,则填充圆环就是一个普通圆。圆环填充与否,可以通过FILL命令来控制。

1. 命令的执行方法

(1) 下拉菜单:“绘图”→“圆环”。

(2) 命令行输入:DONUT。

2. 命令的提示与选项

命令:DONUT〈回车〉

指定圆环的内径:60〈回车〉

指定圆环的外径:90〈回车〉

指定圆环的中心点:(输入一点)〈回车〉画出如图6.4(a)所示的填充圆环。

指定圆环的中心点:〈回车〉在提示下可继续输入中心点绘制圆环,或按回车键结束命令。能否填充由命令“FILL”控制:

命令:FILL

输入模式[开(ON)/关(OFF)]开:OFF〈回车〉

命令:DONUT〈回车〉

指定圆环的内径:60〈回车〉

指定圆环的外径:90〈回车〉

指定圆环的中心点:(输入一点)〈回车〉

指定圆环的中心点:〈回车〉画出如图6.4(b)所示的未填充的圆环。

命令:DONUT〈回车〉

指定圆环的内径:0〈回车〉

指定圆环的外径:90〈回车〉

指定圆环的中心点:(输入一点)〈回车〉

指定圆环的中心点:〈回车〉画出如图6.4(c)所示的实心圆。

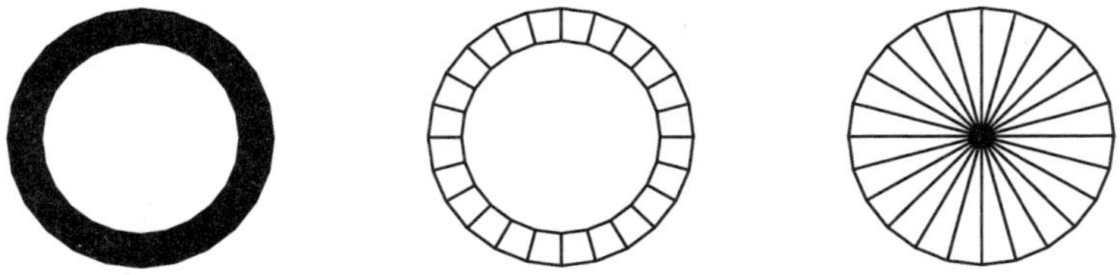

(a)　(b)　(c)

图6.4　填充圆形的绘制

6.3　多线段MLINE

MLINE命令用于绘制多线段。多线段是由数目和间距可以调整的多条平行线组成的图形对象,常用于绘制建筑物的墙体、电子线路等平行线对象。

1. 命令的执行方法

(1) 下拉菜单:"绘图"→"多线"。

(2) 命令行输入:MLINE。

2. 命令的提示与选项

命令:MLINE

当前设置:对正=上　比例=20.0000　样式=STANDARD

指定起点或[对正(J)/比例(S)/样式(ST)]:

(1) 指定起点:默认选项,指定多线的起点。输入起点后系统继续提示:

指定下一点:(输入一点)〈回车〉画出第一条当前样式的多线。

指定下一点或[放弃(U)]:(输入一点)〈回车〉画出第二条两条多线。

指定下一点或[闭合(C)/放弃(U)]:选择"闭合(C)",将使下一段多线与起点相连,并对所有多线段之间的接头进行圆弧过渡,然后结束该命令。选择"放弃(U)",将删除最后画的一条多线,然后提示:指定下一点:

(2) 对正(J):指定多线元素与指定点之间的对齐方式。选择该选项系统提示如下:

输入对正类型[上(T)/无(Z)/下(B)]〈上〉:

① 上(T):使多线元素相对选定点所确定的基线以最大偏移画出。从每条线段的起点向终点看,该多线的其他元素均在该基线右侧,如图6.5(a)所示。

② 无(Z):使选定点所确定的基线为多线的中线,多线的中线将随光标移动,如图6.5(b)所示。

③ 下(B):表示从左向右绘制多线时,多线的其他元素均在该基线左侧,如图6.5(c)所示。

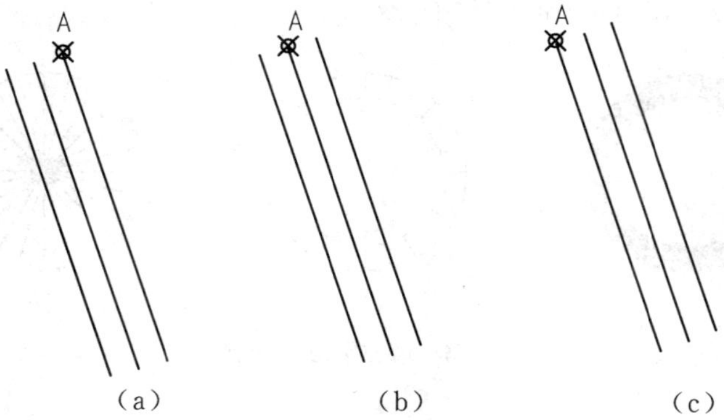

图6.5　绘制多线图

(3) 比例(S):用于确定多线元素偏移量的放大系数。最终在屏幕上画出的多线元素之间的距离,决定于在多线样式库中设置的偏移量和该放大系数的积。

(4) 样式(ST):此选项用于在多线库中选择多线的样式。系统提示:

输入多线样式名称(?):要求用户输入已有的样式名,也可输入"?"显示所有多线的样式。

多线的样式可由用户根据需要进行定义。打开"格式"下拉菜单,选择"多线样式",将弹出如图6.6所示的"多线样式"对话框。该对话框中显示了当前多线的样式。通过"新建"按

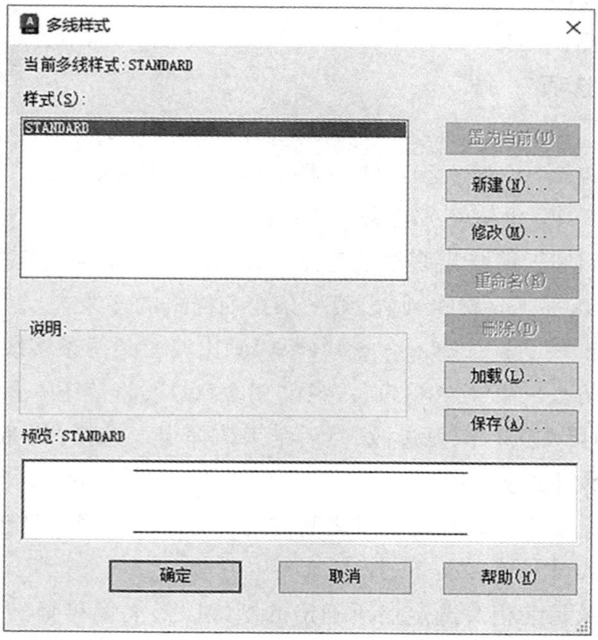

图6.6　多线样式对话框

钮可定义新的样式,“修改”用于对当前多线样式进行修改。单击“新建”按钮,弹出的对话框如图6.7所示,输入新样式名后单击“继续”,弹出如图6.8所示的“新建多线样式”对话框。利用该对话框可以进行添加、减少多线;设置多线间的偏移距离;改变多线的颜色线型及封口形式等操作。

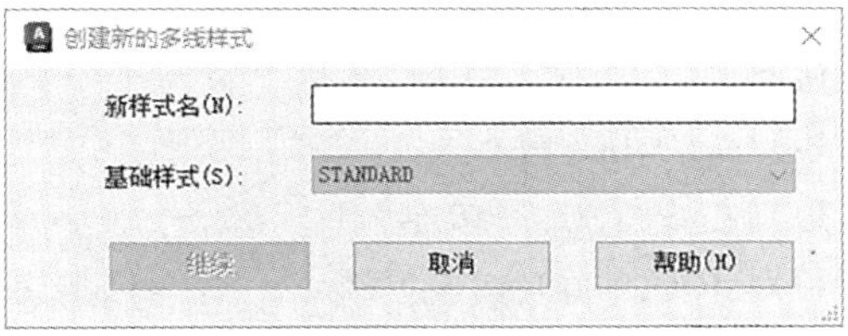

图6.7 “创建新的多线样式”对话框

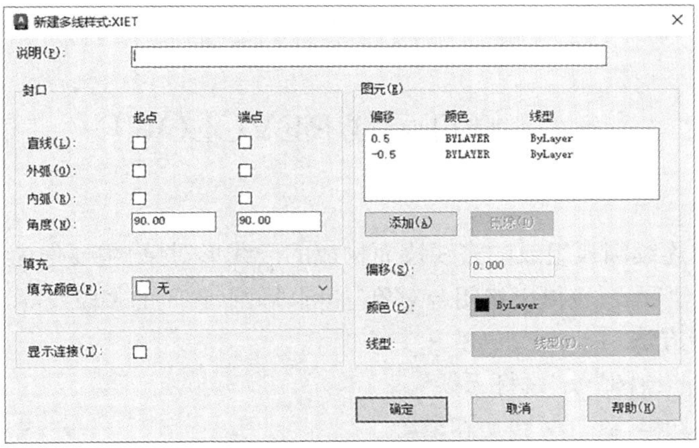

图6.8 “新建多线样式”设置对话框

【例6.3】 绘制如图6.9所示的房屋平面图,墙体厚为240。

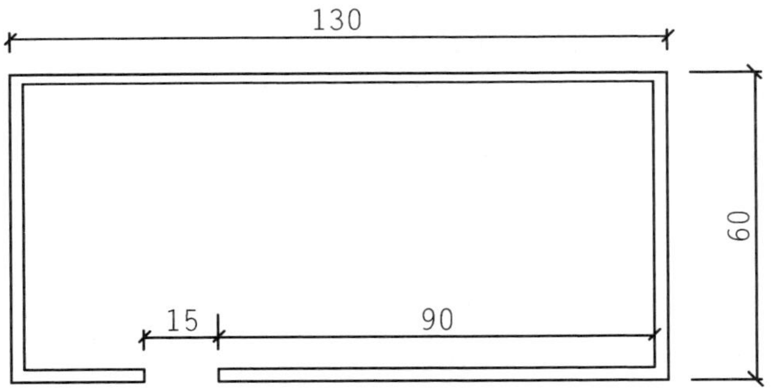

图6.9 房屋平面图

(1) 先定义多线样式。

打开“格式”下拉菜单,选择“多线样式”;在打开的“多线样式”对话框中单击“新建”,输入新样式名后单击继续。在打开的“新建多线样式”对话框中(图6.8),设置图元偏移量为120和−120,封口的起点和终点均选直线,确认后退出。

(2) 下拉菜单:“绘图”→“多线”,画墙体轮廓。

命令:MLINE〈回车〉
当前设置:对正=上　比例=20.0000　样式=STANDARD
指定起点或[对正(J)/比例(S)/样式(ST)]:S〈回车〉
指定多线比例:0.01〈回车〉
指定起点或[对正(J)/比例(S)/样式(ST)]:(在屏幕上拾取一点为门洞右前点)
指定下一点:@90,0〈回车〉
指定下一点或[放弃(U)]:@0,60〈回车〉
指定下一点或[放弃(U)]:@－130,0〈回车〉
指定下一点或[放弃(U)]:@0,－60〈回车〉
指定下一点或[放弃(U)]:@25,0〈回车〉
指定下一点或[放弃(U)]:〈回车〉

6.4　修订云线REVCLOUD

修订云线是由连续圆弧组成的多线段而构成的云线形对象,主要作为对象标记使用。用户可以从头开始创建云线,也可以将闭合对象(如圆、椭圆、封闭的多段线等)转换为修订云线。

1. 命令的执行方法

(1) 下拉菜单:“绘图”→“修订云线”。

(2) “绘图”工具栏:修订云线按钮。

2. 命令的提示与选项

命令:REVCLOUD〈回车〉
最小弧长2.0000　最大弧长2.0000　样式　普通
指定起点或[弧长(A)/对象(O)/样式(S)]:〈对象〉

(1) 指定起点:指定起点,并拖动鼠标指定云线路径。

(2) 弧长(A):指定组成云线的圆弧的弧长范围,选择该项,系统继续提示:
指定最小弧长〈2.0000〉:
指定最大弧长〈2.0000〉:

(3) 对象(O):将封闭对象转换为云线,封闭对象包括圆、椭圆、矩形和多边形等。

【例6.4】　绘制如图6.10所示的云海图案。

图6.10　云海图案

该图案由3条云线组成。

命令:REVCLOUD〈回车〉

最小弧长15　最大弧长15　样式　普通

指定起点或[弧长(A)/对象(O)/样式(S)]〈对象〉:(移动鼠标在适当位置拾取一点)

沿云线方向移动十字光标…(移动光标画出合适的云线)〈回车〉

反转方向[是(Y)/否(N)]〈否〉:〈回车〉画出第一条云线。

同样方法画另外2条云线。

【例6.5】 修订云线操作:绘制如图6.11所示的图案。

(1) 先画2个同心圆如图6.11(a)所示。

(2) 单击“修订云线”命令。

命令:REVCLOUD〈回车〉

最小弧长2.0000　最大弧长2.0000　样式　普通

指定起点或[弧长(A)/对象(O)/样式(S)]:O〈回车〉

选择对象:(选择外圆)〈回车〉

反转方向[是(Y)/否(N)]〈否〉:〈回车〉外圆变为如图6.11(b)所示的形状。

(3) 按回车键再次启动“修订云线”命令。

命令:REVCLOUD〈回车〉

最小弧长2.0000　最大弧长2.0000　样式　普通

指定起点或[弧长(A)/对象(O)/样式(S)]:O〈回车〉

选择对象:(选择内圆)〈回车〉

反转方向[是(Y)/否(N)]〈否〉:Y〈回车〉内圆变为如图6.11(b)所示的形状。

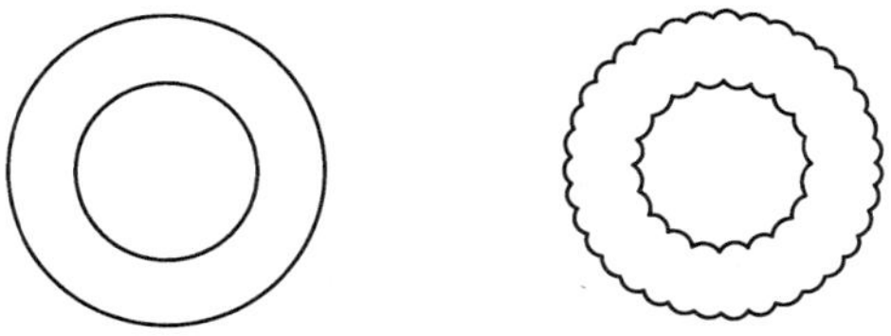

(a)　(b)

图6.11　云线修订

6.5　射线RAY

射线是从指定点向一个方向无限延伸的直线。

1. 命令的执行方法

(1) 下拉菜单:“绘图”→“射线”。

(2) 命令行输入:RAY。

2. 命令的提示与选项

RAY命令执行时,命令行显示如下提示:

命令:RAY〈回车〉

指定起点:要求确定射线的起点。

指定通过点:要求确定射线的通过点。

指定通过点:用户可连续指定射线通过点,画出不同方向的射线。直到按回车键结束命令。

6.6 图 案 填 充

进行平面艺术设计,图案填充是为了增强图形的表面效果;工程制图中,进行图案填充主要是为了表达物体的材料类别。比如在机械制图、建筑制图中,因为表达的需要,常常假想把机器零部件或建筑物剖切开,剖切后断面(假想的剖切面和形体的接触面)的投影按国标规定应画出剖面符号,以帮助区分剖面区域与非剖面区域,或区分形体中的不同组成部分,表示构成一个物体的材料类别。工程制图中绘制剖面符号就是图案填充。

1. 命令的执行方式

(1) 工具栏:“绘图”→“图案填充”。

(2) 下拉菜单:“绘图”→“图案填充…”。

(3) 命令行:Bhatch。

2. 操作说明

命令执行后,系统弹出“图案填充创建”选项卡,如图6.12所示。

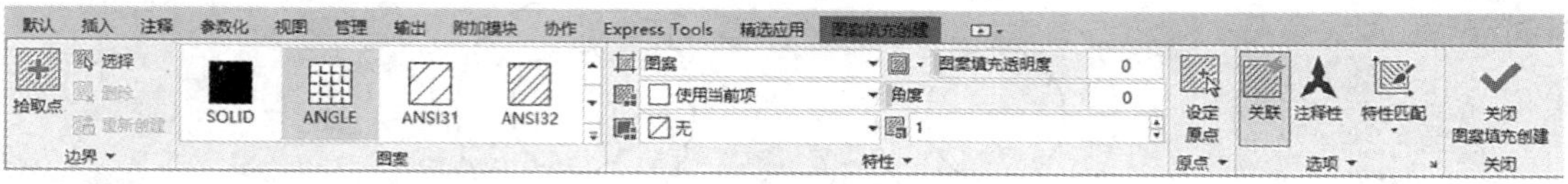

图6.12 图案填充创建选项卡

下面介绍选项卡中主要项的功能。

(1) 边界选项组。

填充区域边界的定义要注意以下几点:

➢ 边界只能是直线、圆、圆弧和二维多义线等组成。

➢ 边界必须在当前屏幕上全部可见。

➢ 填充边界如果不封闭,则边界轮廓的间隙必须在允许的范围内。

➢ 位于填充区域内的封闭区域称为“岛”,如图6.13所示。岛内是否填充可以根据需要确定。

① 添加:拾取点:根据围绕指定点所构成封闭区域的现有对象来确定边界。单击该按钮,AutoCAD临时切换到绘图屏幕,并提示:

拾取内部点或[选择对象(S)/设置(T)]:

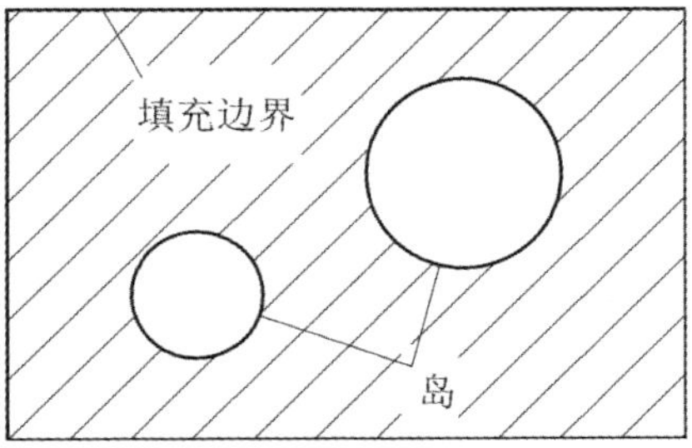

图6.13　填充边界与岛

此时在希望填充的封闭区域内任意拾取一点，AutoCAD会自动确定出包围该点的封闭填充边界，同时以虚线形式显示这些边界（如果设置了允许间隙，实际的填充边界则可以不封闭，见后面的介绍）。指定了填充边界后按回车键，AutoCAD返回到“图案填充和渐变色”对话框。图6.14列出拾取点的操作过程。

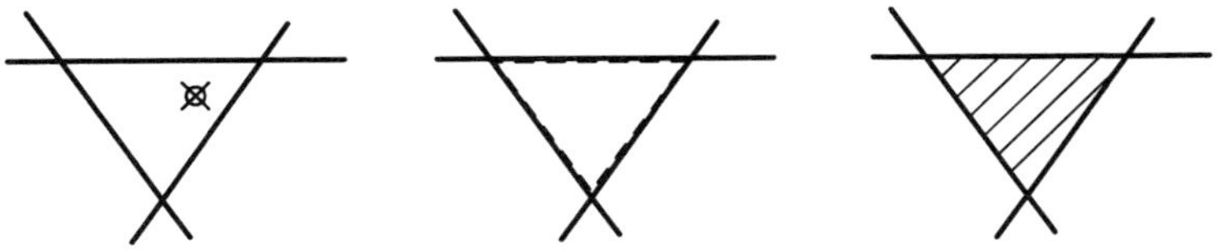

（a）　　（b）　　（c）

图6.14　拾取点的操作过程

还可以通过“选择对象(S)”选项来选择作为填充边界的对象；通过“设置(T)”弹出“图案填充”和“渐变色”设置选项卡，如图6.15所示。习惯经典操作界面的，可以通过此选项卡

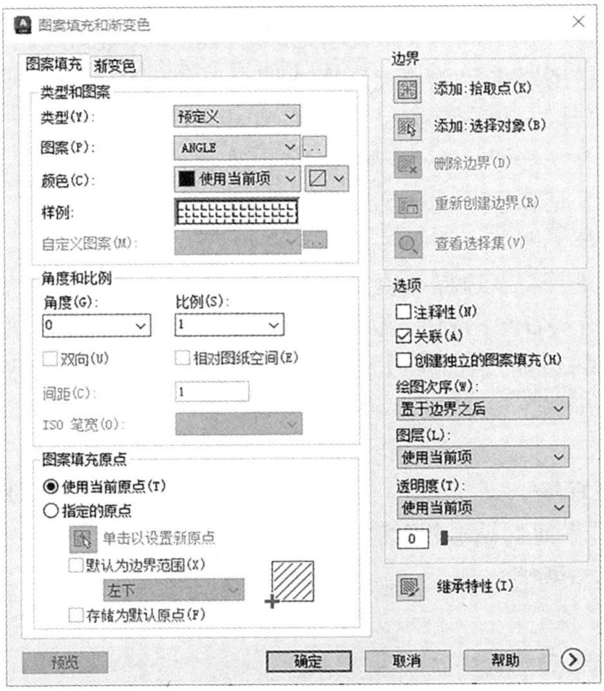

图6.15　“图案填充和渐变色”设置选项卡

设置图案特性。

② 选择边界对象 选择 根据构成封闭区域的选定对象来确定边界。单击该按钮，AutoCAD提示：

选择对象或[拾取内部点(K)/设置(T)]:

此时可以直接选择作为填充边界的对象，还可以通过"拾取内部点(K)"选项以拾取点的方式确定对象，通过"设置(T)"弹出"图案填充"和"渐变色"设置选项卡。确定了填充边界后按回车键，AutoCAD完成图案填充，并关闭"图案填充创建"选项卡。

注意所拾取的对象必须首尾相连形成一个封闭的图形，如果所选择的对象有部分重叠或交叉，填充后将出现意想不到的效果，如图6.16所示。因此，建议用户优先选用"添加拾取点"的方式。

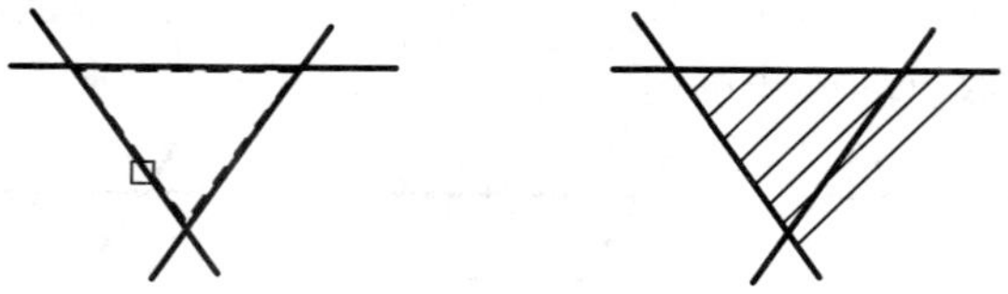

(a)　　(b)

图6.16　拾取对象不是首尾相连时的填充效果

③ 删除 删除 :从已确定的填充边界中废除某些边界对象。单击该按钮，AutoCAD临时切换到绘图屏幕，并提示：

选择对象或[添加边界(A)]:

此时可选择要删除的对象，也可以通过"添加边界(A)"选项确定新边界。删除或添加填充边界后按回车键，AutoCAD完成图案填充，并关闭"图案填充创建"选项卡。

④ 重新创建边界：围绕选定的填充图案或填充对象创建多段线或面域，并使其与填充的图案对象相关联(可选)。单击该按钮，AutoCAD提示：

输入边界对象的类型[面域(R)/多段线(P)]〈多段线〉:

从提示中执行某一选项后，AutoCAD继续提示：

要重新关联图案填充与新边界吗?[是(Y)/否(N)]〈N〉:

此提示询问用户是否将新边界与填充的图案建立关联，从中选择即可。

(2) 图案。点击图案右侧按钮，查看系统预定义的全部图案。

机械制图中，金属材料的剖面符号是间隔相等且与水平方向成45°角的一组平行线，可选择名为"ANSI31"的图案。

(3) 特性选项组。

① 图案填充类型 图案 :有实体、渐变色、图案和用户自定义4个选项，切换不同的选项，"图案"界面上显示相对应的图案。

② 图案填充颜色 使用当前项 :更改图案的颜色。

③ 背景色 无 :更改图案背景色。

④ 图案填充透明度 图案填充透明度 0 :

⑤ 角度(G) 角度 0 :下拉列表框。可以指定所选图案相对于当前用户坐

标系X轴的旋转角度。用户可以文本框中输入角度，该框对所有类型图案都有效。

对于“ANSI 31”图案来说，系统已经预定义平行线和X轴正向成45°角，所以在图6.17所示的装配体中填充剖面线时，零件2的剖面线的旋转角应在角度下拉列表框中输入“90”，而不是“135”。

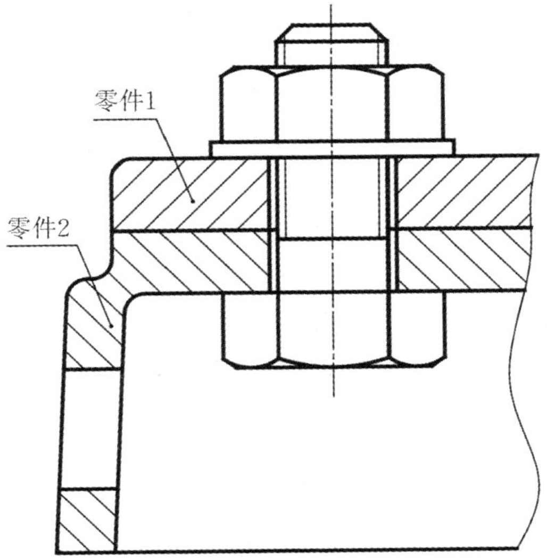

图6.17　填充图案角度设置示例

⑥ 比例(S) 1 :下拉列表框。设置图案填充时的缩放比例系数，选择“用户定义”图案类型时无效。每种图案定义时的初始比例为1，用户可以根据需要放大或缩小，从而使图案在整个图形中显得比较协调。图6.18中，(b)图显然比较协调。

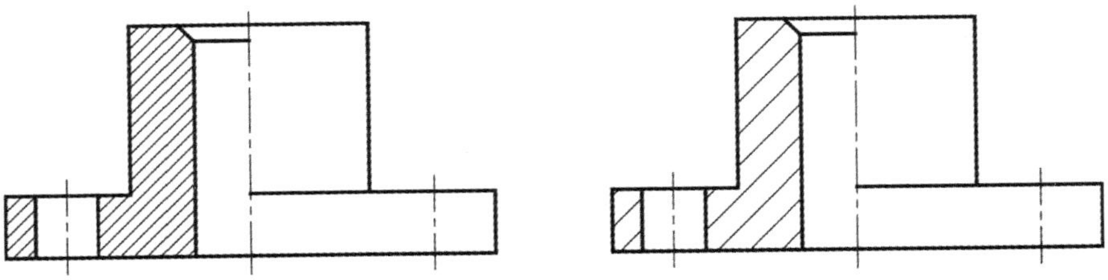

(a) 比例为1　　(b) 比例为3

图6.18　同一图案以不同比例填充时的效果

(4) 原点选项组。用于确定生成填充图案时的起始位置。因为某些图案填充(例如砖块图案)需要与图案填充边界上的一点对齐。在默认情况下，所有图案填充的原点都对应于当前的UCS原点。

(5) “选项”选项组。用于控制几个常用的图案填充设置。

① 关联(A):复选框。控制所填充的图案与填充边界是否建立关联关系。一旦建立了关联，当通过编辑命令修改填充边界后，对应的填充图案会给予更新，以与边界相适应。图6.19列出了关联填充和不关联填充2种设置的效果。

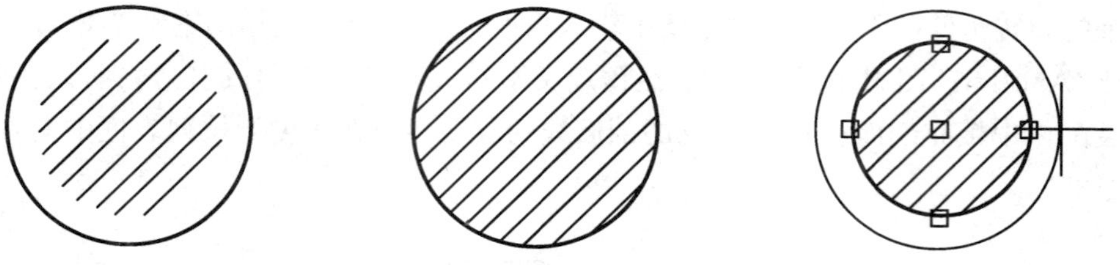

(a) 编辑填充边界　　(b) 关联填充编辑后的效果　　(c) 不关联填充编辑后的效果

图6.19　关联填充与不关联填充

② 特性匹配：控制图案填充原点的位置，下拉有使用当前原点和用源图案填充原点2个选项。

使用当前原点：表示将使用当前的图案填充原点设置进行填充。

用源图案填充原点：表示将使用源图案填充的图案填充原点进行填充。

③ 外部孤岛监测：AutoCAD对孤岛的填充方式有“普通”“外部”“忽略”“无”4种选择，位于“外部孤岛检测”下拉菜单的4个图像框形象地说明了它们的填充效果。填充图案时，将位于填充区域内的封闭区域称为孤岛。当以拾取点的方式确定填充边界后，AutoCAD会自动确定出包围该点的封闭填充边界，同时还会自动确定出对应的孤岛边界。

3. 渐变色

通过图案填充命令按钮的下拉菜单可以切换为渐变色命令按钮。单击“渐变色”命令，弹出的图案填充创建选项卡如图6.20所示。

图6.20　渐变色的“图案填充创建”选项卡

通过特性设置生成渐变色的2种颜色，选择图案设置渐变色效果，“居中”按钮用于指定是否采用对称形式的渐变配置，其他设置与图案填充选项卡执行方法相同。

【例6.6】 综合举例：对图6.21所示的图形进行图案填充。

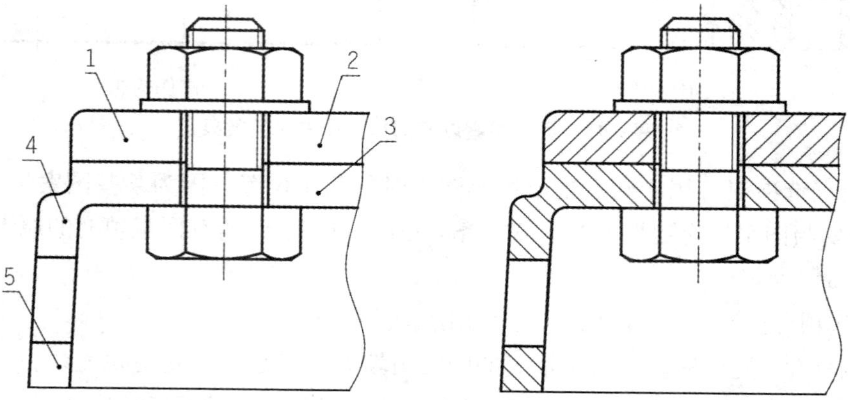

(a) 填充前的图形　　(b) 填充后的图形

图6.21　综合举例

(1) 单击“绘图”工具栏“图案填充”图标，打开“图案填充创建”选项卡。

(2) 在“图案填充”选项卡的“图案”中定义填充图案为“ANSI 31”。

(3) 单击“添加:拾取点”按钮，在做图屏幕上拾取图6.21中的1点和2点，按回车或空格键，结束填充。

(4) 再次单击“图案填充”按钮，重复前两个步骤，并将“角度”定义为90。

(5) 单击“添加:拾取点”按钮，在做图屏幕上拾取图6.21中的3点、4点和5点，按回车或空格键，结束填充。图6.21(b)为填充后的效果。

6.7　面　　域

圆、椭圆、多边形都是封闭图形，也可以由圆弧、直线、二维多段线、椭圆弧及样条曲线等对象构成封闭图形。但是，所有这些都只包含边的信息而没有面，因此它们又被称为线框模型。面域是二维实体模型，它不但包含边的信息，还有边界内的信息，如孔、槽等。AutoCAD能把上述封闭图形创建成面域。面域创建后，可以计算其工程属性，如面积、重心和转动惯量等，也可以利用面域生成三维实体模型。

在AutoCAD中绘制完成封闭图形后，可选择Region和Boundary命令创建面域。在这里只介绍用Region命令创建面域。

1. 命令的执行方式

(1) 工具栏:“绘图”→“面域”。

(2) 下拉菜单:“绘图”→“面域”。

(3) 命令行:Region。

2. 操作说明

命令执行后，系统提示:

选择对象:选择一个或多个用于转换为面域的封闭图形，选择完成后按回车键确认。

如选取有效，系统将该有效选取转换为面域，并在命令行提示检测到了多少个环以及创建了多少个面域。

在创建面域时应注意以下几点:

(1) 自相交或端点不连接的对象不能转换为面域，如图6.22所示。

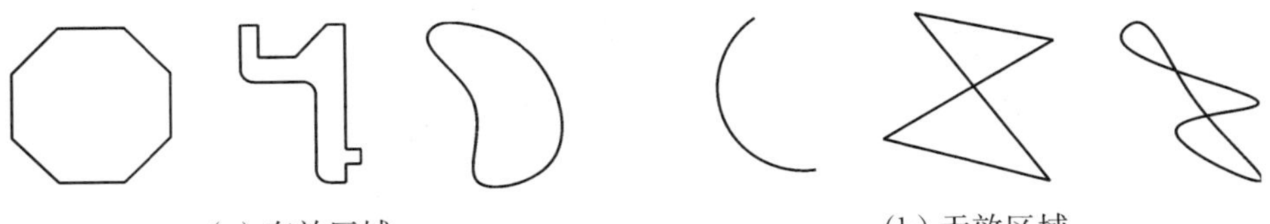

(a) 有效区域　　(b) 无效区域

图6.22　有效和无效的面域选取示例

(2) 面域通常以线框的形式显示，可以对面域进行着色或渲染操作。

(3) 可以对面域进行诸如复制、移动等编辑操作，也可以对面域进行分解操作，将面域的各个环转换成相应的线、圆等对象。

(4) 如果系统变量DELOBJ值为1(缺省值)，AutoCAD在定义了面域后将删除原始对象；如果系统变量DELOBJ值为0，则不删除原始对象。

综 合 练 习

1. 绘制如图6.23所示压盖的两面视图。

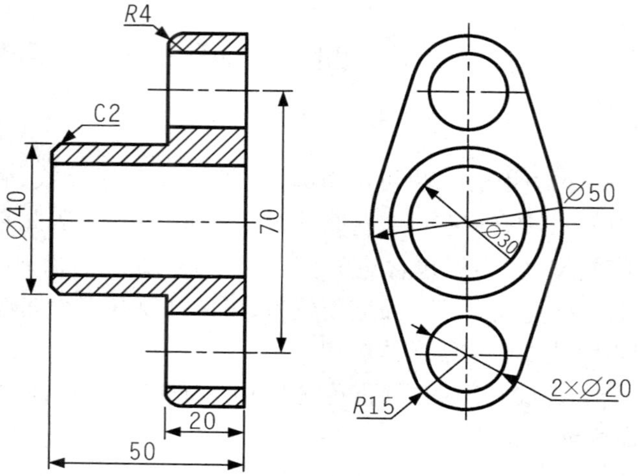

图6.23 压盖的两面视图

2. 绘制如图6.24所示的主视图、左视图。

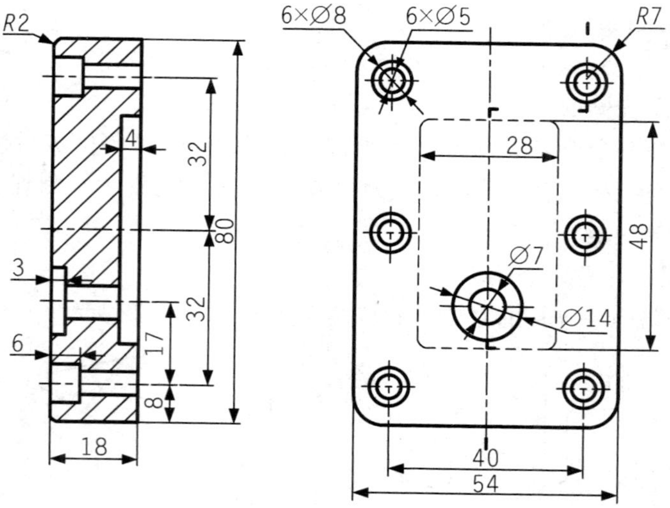

图6.24 主视图和左视图

3. 绘制如图6.25所示轴的零件图。

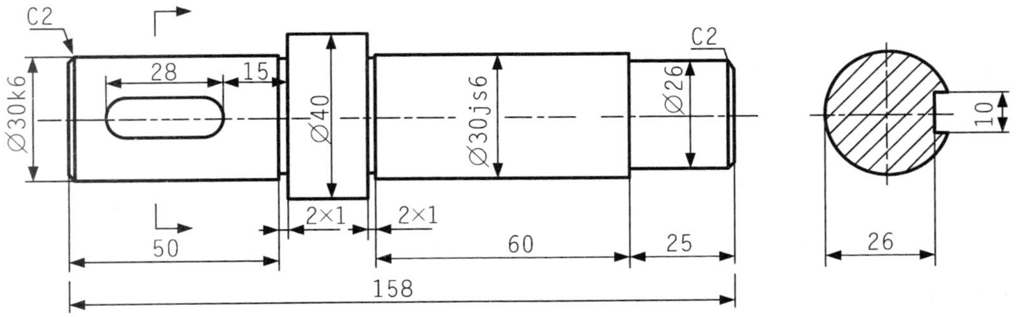

图6.25　轴的零件图

第7章　尺 寸 标 注

尺寸标注是工程制图必不可少的工作。工程图纸中图形的作用是表达物体的形状，物体各部分的真实大小和它们之间的相对位置只能通过尺寸确定。

对于机械行业来说，零件在加工过程中，尺寸的误差以及零件表面的形状和表面间的相对位置的误差，是由尺寸公差以及形状公差和位置公差来限制的。尺寸和公差是制造零件、装配、安装及检验的重要依据。因此，一张完整的机械图样不仅要标注尺寸，还要标注公差。AutoCAD 提供了完整的尺寸和公差标注功能，同时还可以对其进行编辑和修改。

7.1　尺寸标注的基本知识

1. 尺寸的组成

一个完整的尺寸包括尺寸线、尺寸界线、尺寸线和尺寸文本4个要素。通常，AutoCAD将构成一个尺寸的4要素以块的形式存放在图形文件中，因此，一个尺寸是一个对象。图7.1列出一个典型尺寸各要素的名称。

(1) 尺寸线：表示尺寸标注的方向和长度的线段。除角度型尺寸标注的尺寸线是弧线段外，如图7.2所示，其他类型尺寸标注的尺寸线均是直线段。

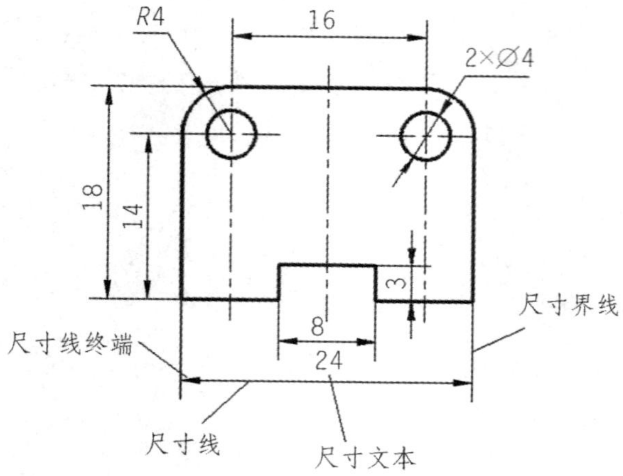

图7.1　尺寸的组成

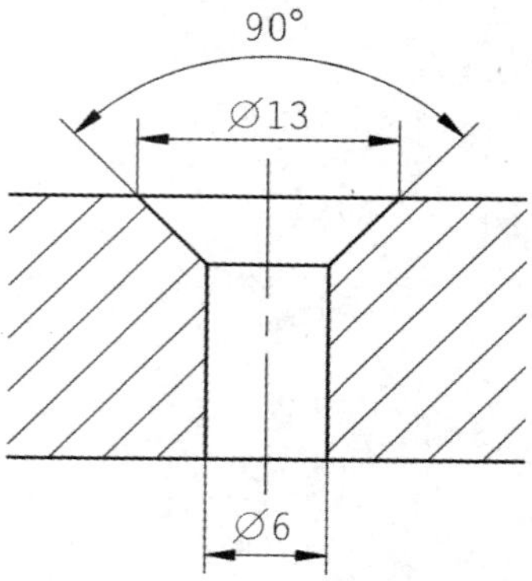

图7.2　角度尺寸的标注

(2) 尺寸界线：是从被标注对象边界到尺寸线的直线，它界定了尺寸线的起始与终了范围。圆弧型尺寸的标注通常不使用尺寸界线，而是将尺寸线直接标注在弧上。

(3) 尺寸线终端：添加在尺寸线两端的终结符号。在我国的国家标准中，规定可以用箭头、细斜线和圆点等。机械图样中一般用箭头，而在建筑图样中一般用短斜线。AutoCAD对尺寸线终端提供了多种形式。

(4) 尺寸文本：一个字符串，用于表示被标注对象的长度或者角度。尺寸文本中除了包含基本尺寸数字外，还可以含有前缀（如直径符号）、后缀（如尺寸公差）等，如图7.3所示。

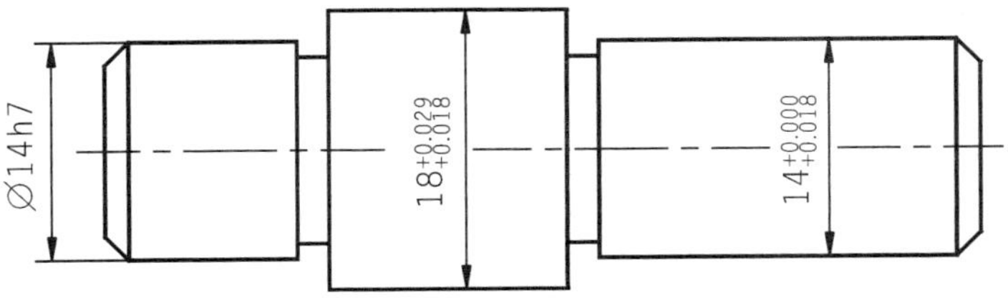

图7.3　尺寸文本含有前缀和后缀

2. 尺寸的类型

AutoCAD提供3种基本的尺寸类型：长度型、圆弧型和角度型。

(1) 长度型尺寸。长度型尺寸用来表示直线的长度或者被测对象的距离。按尺寸线方向的不同，长度型尺寸标注又可分为水平型、垂直型、对齐型、旋转型、坐标型、基线型和连续型。

(2) 圆弧型尺寸。圆弧型尺寸分为半径型和直径型2种，分别用于标注圆和圆弧的半径和直径。

(3) 角度型尺寸。角度型尺寸用于标注两条直线之间的夹角。此时，尺寸线为弧线。

图7.4所示列举了几种主要类型尺寸的注法。

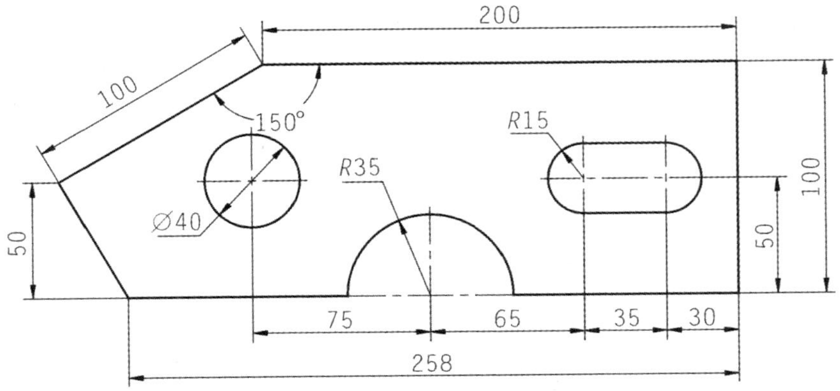

图7.4　不同类型尺寸的标注

3. 尺寸标注命令的执行方式

执行尺寸标注命令的方式主要有2种：

(1) 使用“标注”工具栏标注尺寸,如图7.5所示。

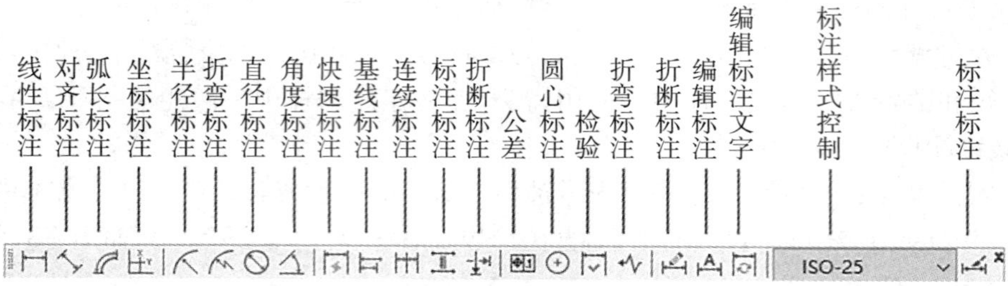

图7.5 使用工具栏标注尺寸

(2) 利用“标注”下拉菜单标注尺寸。

(3) 使用“标注”面板,如图7.6所示。

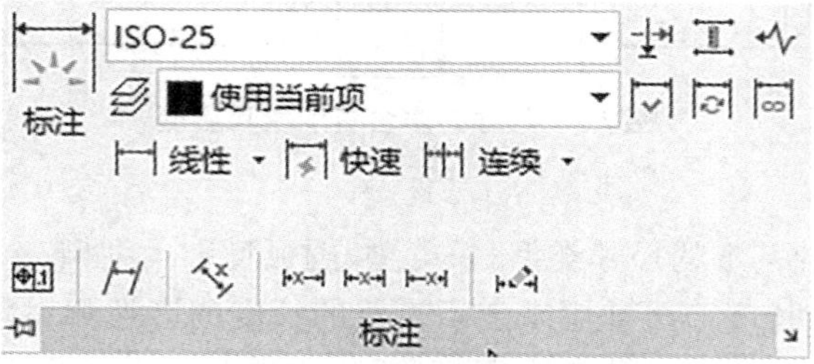

图7.6 使用菜单标注尺寸

4. 尺寸标注的步骤

一般来说,在对所绘制的图形进行尺寸标注之前,应做下面一些工作:

(1) 为尺寸标注创建一个独立的图层,使之与图形的其他信息分开。

(2) 为尺寸文本建立专门的文本类型。按照我国对机械制图中尺寸数字的要求,字体文件可以选取“Gbenor.shx”(斜体)。

(3) 为各种类型的尺寸创建正确的尺寸样式。

(4) 标注尺寸时,应先设置好对象捕捉模式,以便利用对象捕捉快速、准确地拾取定义点。

7.2 设置尺寸标注的样式

由于AutoCAD尺寸标注的缺省设置通常不能满足用户的需要,因此,在标注尺寸时,首先要针对不同的尺寸类型设置多种标注样式。AutoCAD提供了“标注样式管理器”这一工具,可创建新的尺寸标注样式及管理、修改已有的尺寸标注样式。这样,通过对“标注样式管理器”的操作,就可以直观地实现对尺寸标注样式的设置和修改。

所有的尺寸标注都是在当前的标注样式下进行的。如果在进行尺寸标注之前没有设置或者应用样式,则系统将采用默认样式。

7.2.1　管理尺寸标注样式

1. 命令的执行方式

(1) 从“标注”或“样式”工具栏上单击“标注样式...”图标。

(2) 打开“格式”下拉菜单,选择“标注样式...”选项。

(3) 从命令行键入Dimstyle并按回车键。

(4) 在“注释”面板上单击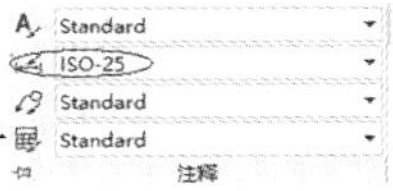

。

命令执行后,弹出如图7.7所示的“标注样式管理器”对话框。利用该对话框可以完成对尺寸标注样式的设置工作。

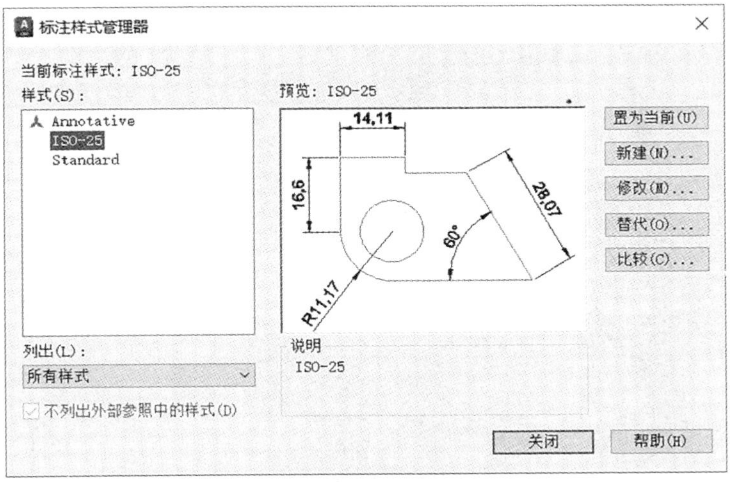

图7.7　“标注样式管理器”对话框

2. “标注样式管理器”对话框

“标注样式管理器”对话框是创建新的标注样式及管理已有标注样式的工具。对话框包括以下一些说明区和命令按钮。

(1) **当前标注样式**:显示当前尺寸标注样式名。系统将把该标注样式用于当前的尺寸标注中,直到用户改变当前的标注样式。

(2) **样式(S)**:列表框。显示当前已建立的尺寸标注样式。当前样式的名字以高亮显示。在该列表框中单击鼠标右键,弹出快捷菜单,可在其中进行指定当前样式、重命名或删除样式等操作。

(3) **预览**:窗口。显示在列表框中选中样式标注的图形效果,“说明”区中内容为选中样式的说明。

(4) **列出(L)**:下位列表框。提供了控制标注样式显示的过滤条件。有2种过滤条件:显示所有样式和显示所有正在使用的样式。

(5) 不列出外部参照中的样式(D) 复选框。控制是否显示在外部参照图形中的标注样式。仅在图形中引入了外部参照时才有效。

(6) 置为当前(U) 按钮。单击该按钮,将“样式”列表框中选定的样式置为当前样式。

(7) 新建(N)... 按钮。建立一个新的尺寸标注样式,具体操作详见7.2.2节。

(8) 修改(M)... 按钮。修改已定义尺寸标注样式。单击后,弹出“修改标注样式”对话框,该对话框中各选项的功能和7.2.2节“新建标注样式”对话框相同。

(9) 替代(O)... 按钮。设置临时的尺寸标注样式,用来替代当前尺寸标注样式中的相应设置,这些临时设置不能存储,不会改变当前尺寸标注样式中的设置。单击后,弹出“替代当前样式”对话框,该对话框中各选项的功能和7.2.2节“新建标注样式”对话框相同。

(10) 比较(C)... 按钮。单击后,弹出“比较标注样式”对话框,如图7.8所示,用以比较2个标注样式之间的差别或查看一个样式的特性。

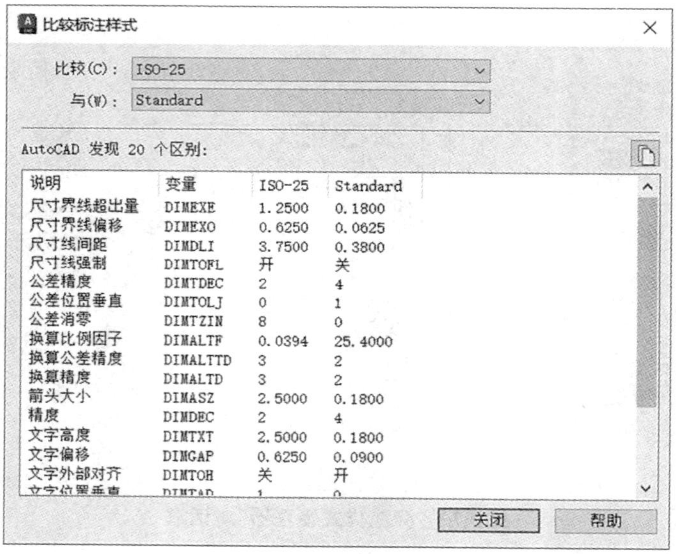

图7.8 “比较标注样式”对话框

7.2.2 创建新的标注样式

在图7.7所示的“标注样式管理器”对话框中单击 新建(N)... 按钮,弹出“创建新标注样式”对话框,如图7.9所示,用以设置新的标注样式。对话框中的选项包括:

(1) “新样式名”编辑框。输入新创建的尺寸标注样式的名称。

(2) “基础样式”下拉列表框。选择新创建的标注样式将以哪个已有的样式为样板,即新样式以哪个已有样式为基础进行修改。

(3) “注释性”复选框。勾选“注释性”复选框,这样在基础样式的基础上创建了具有注释性的标注样式。

(4) “用于”下拉列表框。指定新创建的标注样式将应用于哪些类型的尺寸标注,也就是说，用户可以为不同类型的尺寸标注创建该类型专用的样式。在下拉列表中有7个选项可供选择：所有标注、线性标注、角度标注、半径标注、直径标注、坐标标注、引线与公差。

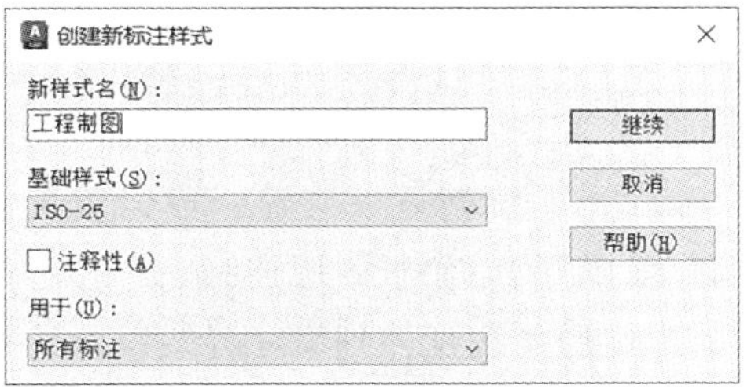

图7.9 “创建新标注样式”对话框

利用该下拉列表框，可选择是创建全局尺寸标注样式还是特定尺寸标注子样式。若选择了所有标注，将创建全局尺寸标注样式，该样式涵盖了所有类型尺寸标注样式。选择了列表框中的其他选项，将创建特定尺寸标注子样式。子样式仅适用于某一种类型的尺寸，是从属于全局尺寸标注样式的，即在全局尺寸标注样式的基础上对部分参数做了修改。例如当标注直径尺寸时，如果当前样式是全局尺寸标注样式，那么系统将搜索在该全局样式下是否有直径标注子样式。如果有，将按照该子样式中设置的模式来标注尺寸；如果没有，将按全局尺寸标注样式所设置的模式来标注尺寸。

(5) “继续”按钮。单击后关闭“创建新标注样式”对话框并显示“新建标注样式”对话框，如图7.10所示。

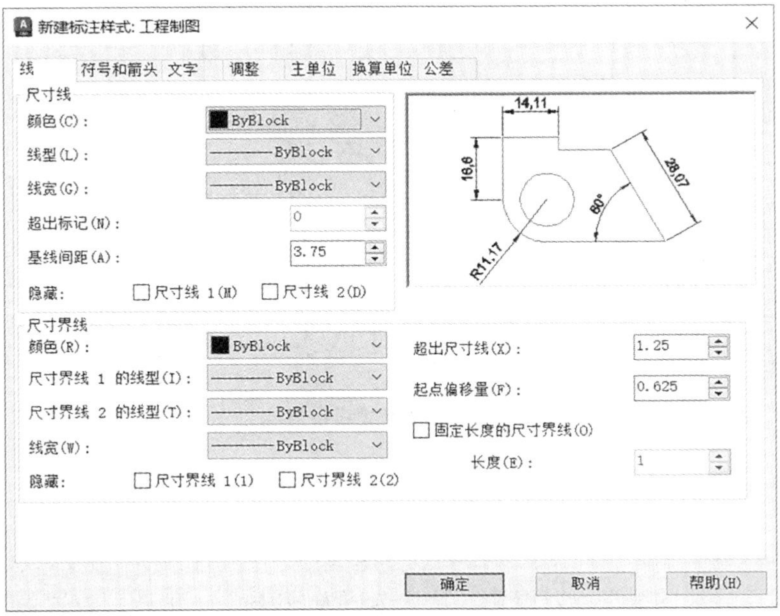

图7.10 “新建标注样式”对话框：“线”选项卡

“新建标注样式”对话框包括“线”“符号与箭头”“文字”“调整”“主单位”“换算单位”“公差”7个选项卡，下面分别介绍这些选项卡的作用。

1.“线”选项卡

该选项卡用于设置尺寸线和尺寸界线的格式和属性。图7.10所示为与“线”选项卡对应的对话框。“直线”选项卡包括“尺寸线”“尺寸界线”选项组和预览窗口,其中:

(1)“尺寸线”选项组。

用于设置尺寸线的样式。

① 颜色(C):、线型(L):和线宽(G):下拉列表框。显示或设置尺寸线的颜色、线型和线宽。默认选项为“随块”,建议设置为“随层”以便于图层控制。

② 超出标记(N):文本框。指定尺寸线延伸到尺寸界线以外的长度,如图7.11所示。只有尺寸线终端选用斜线或建筑用斜线时,该选项才有效。

③ 基线间距(A):文本框。当选择基线型尺寸标注时,该选项用于控制相邻两个尺寸线间的距离,如图7.11所示。基线型尺寸各尺寸线的间距要均匀,间隔应大于5 mm,一般设为8 mm,以便注写尺寸文本。

④ 与隐藏:项对应的2个复选框。设置是否显示第一尺寸线和第二尺寸线。选中□尺寸线 1(M)复选框,不显示第一尺寸线;选中□尺寸线 2复选框,不显示第二尺寸线,一般不选。其标注效果如图7.11所示。

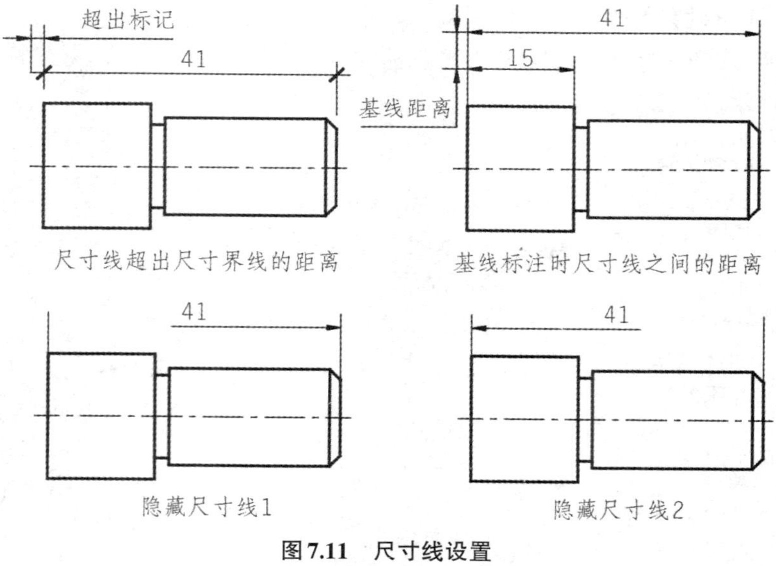

图7.11 尺寸线设置

(2)“尺寸界线”选项组。

用于设置尺寸界线的样式。

① 颜色(R):、尺寸界线 1(I):、尺寸界线 2(T):和线宽(W):下拉列表框。显示或设置尺寸界线的颜色、2条尺寸界线的线型以及线宽。默认选项为“随块”,一般建议设置为“随层”以便于图层控制。

② 超出尺寸线(X):文本框。控制尺寸界线超出尺寸线的长度,如图7.12所示。可设置为2~3 mm。

③ **起点偏移量(F)**:文本框。设置尺寸界线的起点到用户指定尺寸界线起点之间的距离。机械制图中这个偏移量设为0,建筑制图设为2 mm。其标注效果如图7.12所示。

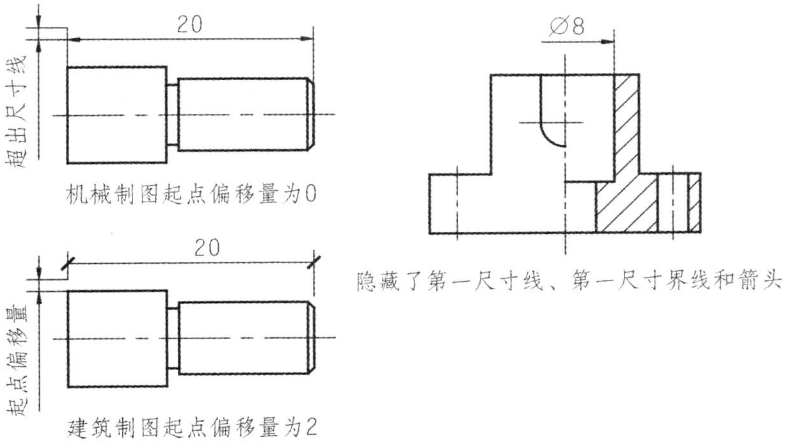

图7.12　尺寸界线设置

④ ☑**固定长度的尺寸界线(O)** 复选框。使所标注的尺寸采用相同长度的尺寸界线。如果采用这种标注方式,可通过**长度(E)**:文本框指定尺寸界线的长度。

⑤ 与**隐藏(S)**:项对应的2个复选框。选择是否显示第一尺寸界线和第二尺寸界线。选中□**尺寸界线 1(1)**复选框,表示不显示第一尺寸界线;选中□**尺寸界线 2(2)**复选框,表示不显示第二尺寸界线,如图7.12所示。

2. "符号和箭头"选项卡

该选项卡用于设置尺寸线终端的形状及尺寸、圆心标记、弧长符号、半径标注折弯方面的格式。图7.13为对应的对话框。

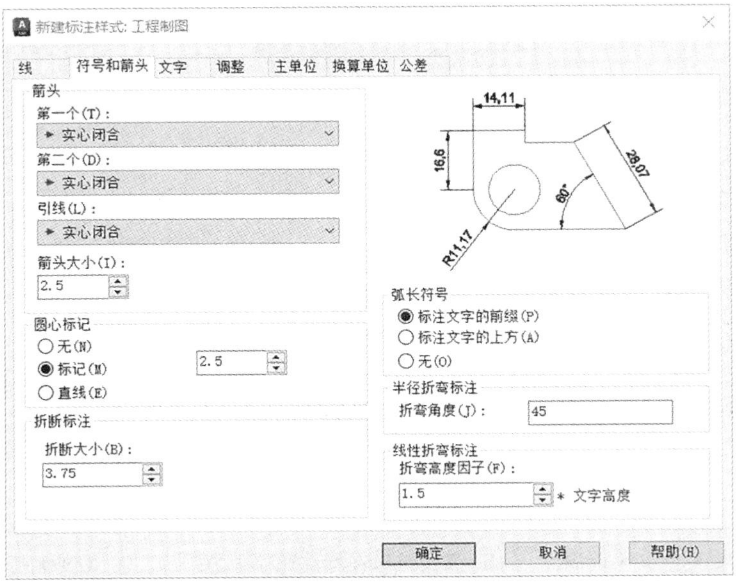

图7.13　"新建标注样式"对话框:"符号和箭头"选项卡

下面介绍选项卡中主要项的功能。

(1)“箭头”选项组。

用于确定尺寸线两端的箭头样式。其中:

① 第一个(T):下拉列表框。设置尺寸线第一端点的终端形式。下拉列表中列出了各种形式,如箭头、斜线、点等,可以满足各种工程制图的需要。机械制图用实心箭头,建筑制图用斜线。如果在表中找不到所需要的形式,可以自定义。

② 第二个(D):下拉列表框。设置尺寸线第二端点的终端形式。AutoCAD允许尺寸线两端的终端形式不同,但工程制图中这种情况很少见。第一端点的终端形式选择后,系统默认第二端点与之相同。

③ 引线(L):下拉列表框。引线标注时,设置指引线的终端形式。一般选择“无”,如图7.14所示。

④ 箭头大小(I):文本框。设置尺寸线终端的大小。建议设为3。

(2)“圆心标记”选项组。

用于确定当对圆或圆弧执行圆心标记操作时,圆心标记的类型和大小。

① ○无(N)、⊙标记(M)、○直线(E)单选按扭。设置圆心标记的形式,有“无”“标记”“直线”3种方式供用户选择。图7.15列出了圆心标记的设置效果。

② 大小(S):文本框。设置圆心标记的大小。

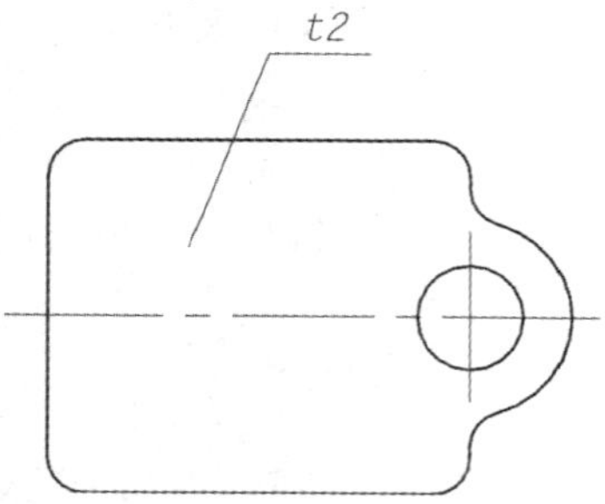

图7.14 引线设置

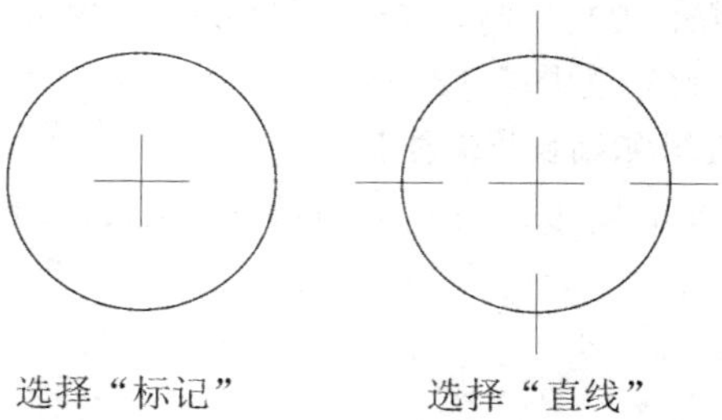

图7.15 圆心标记设置

(3)“折断大小”选项:用于控制折断标注的宽度。

(4)“弧长符号”选项组。

用于为圆弧标注长度时,控制圆弧符号的显示。其中,⊙标注文字的前缀(P)表示将弧长符号放在标注文字前面;○标注文字的上方(A)表示将弧长符号放在标注文字上方;○无(O)表示不显示弧长符号。如图7.16所示。

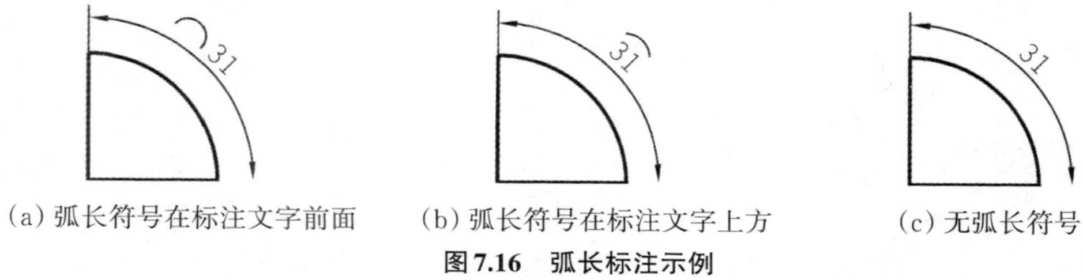

(a) 弧长符号在标注文字前面 (b) 弧长符号在标注文字上方 (c) 无弧长符号

图7.16 弧长标注示例

(5)“半径标注折弯”选项组。

折弯半径标注通常用在所标注圆弧的中心点位于较远位置时。**折弯角度(J)**:文本框确定连接半径标注的尺寸界线与尺寸线之间的横向直线的角度。如图7.17所示。

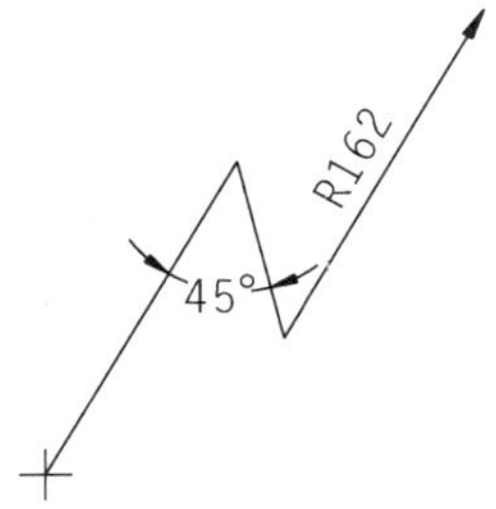

图7.17　折弯半径标注示例

3.“文字”选项卡

该选项卡用于设置尺寸文字的外观、位置以及对齐方式。图7.18(b)所示为对应的对话框。

下面介绍选项卡中主要选项的功能。

(1)“文字外观”选项组。

① **文字样式(Y)**:下拉列表框。显示和设置尺寸文字的当前字体样式。如果当前图形文件中已定义的字体样式均不适合于尺寸文字,可在不退出本选项卡的情况下,单击右边的“文字样式”按钮[...],打开“文字样式”对话框,如图7.18(a)所示,新建一个字体样式,或对已定义的字体样式做适当的修改。

② **文字颜色(C)**:下拉列表框。设置尺寸文字的颜色。

③ **填充颜色(L)**:下拉列表框。设置尺寸文字底纹的颜色。

④ **文字高度(T)**:文本框。设置尺寸文字的字高,一般设置为3.5。只有在“文字样式”对话框的“高度”框设置为0,这里的设置才起作用。

⑤ **分数高度比例(H)**:文本框。设置尺寸文字中的分数相对于其他尺寸文字的缩放比例,AutoCAD将该比例值与尺寸文字高度的乘积作为所标记分数的高度(只有在“主单位”选项卡中选择了“分数”作为单位格式时,此选项才有效)。

⑥ □**绘制文字边框(F)**复选框。选中该复选框,即在尺寸文本四周加一矩形框。

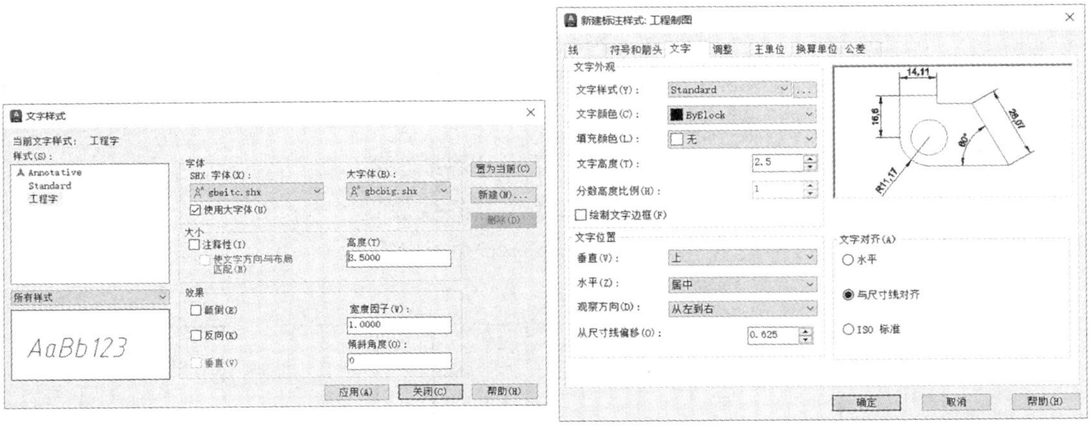

(a)“文字样式”对话框　　(b)“新建标注样式”对话框:“文字”选项卡

图7.18

(2)“文字位置”选项卡。

① **垂直(V)**:下拉列表框。设置尺寸文字相对于尺寸线在垂直方向的位置。下拉列表中共有5个选项:

· 居中:尺寸文字位于尺寸线(中断处)的正中位置。

· 上:尺寸文字位于尺寸线的上方。

· 外部:尺寸文字位于尺寸线的外侧,即远离标注对象的一侧。

· JIS:符合JIS(Japanese Industrial Standards)标准,JIS是日本国的标准。

· 下:尺寸文字位于尺寸线的下方。

图7.19列出了上述4种设置的效果。一般选择“上方”选项。

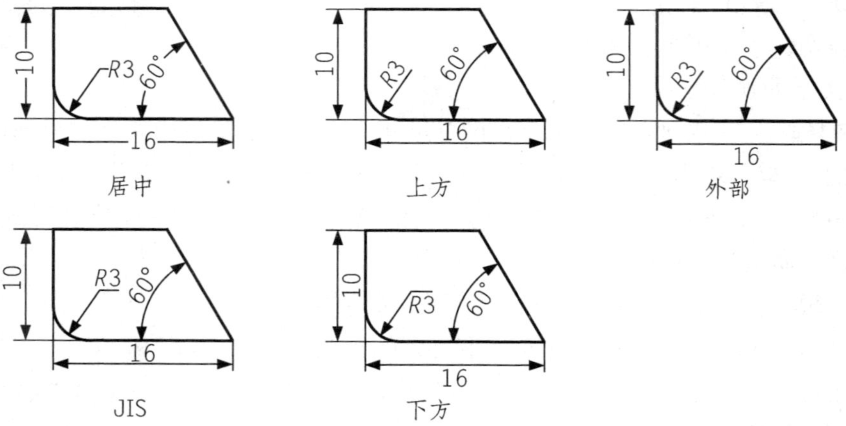

图7.19 “垂直”下拉列表框各选项的设置效果

② 水平(Z): 下拉列表框。设置尺寸文字相对于尺寸线在水平方向的位置。下拉列表中共有5个选项:

· 居中:尺寸文字位于尺寸线的正中位置。

· 第一条尺寸界线:尺寸文字靠近第一条尺寸界线,文字与尺寸界线的距离是2倍的箭头大小。

· 第二条尺寸界线:尺寸文字靠近第二条尺寸界线,文字与尺寸界线的距离是2倍的箭头大小。

· 第一条尺寸界线上方:尺寸文字沿第一条尺寸界线放置。

· 第二条尺寸界线上方:尺寸文字沿第二条尺寸界线放置。

图7.20列出了上述5种设置的效果。一般选择“居中”选项。

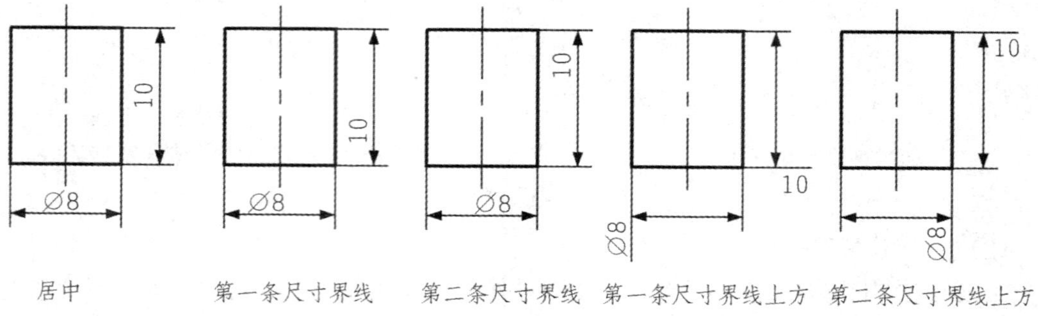

图7.20 “水平”下拉列表框各选项的设置效果

③ 观察方向(D):包括“从左到右”和“从右到左”2个选项。

④ 从尺寸线偏移(O):文本框。设置尺寸文字到尺寸线的距离。如图7.21所示,通常设为1。

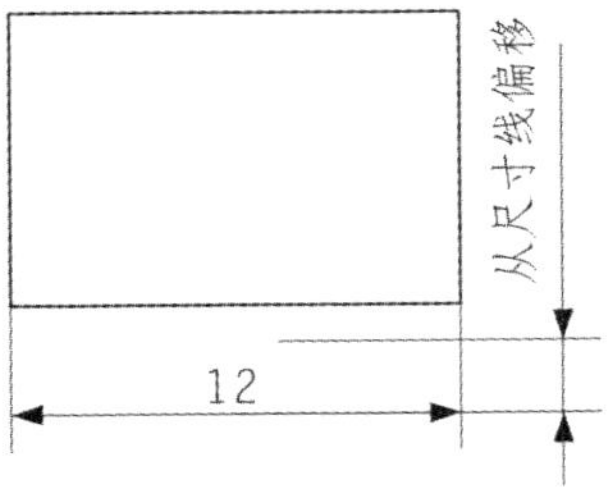

图7.21　尺寸文字与尺寸线的距离

(3)“文字对齐”选项组。

设置位于尺寸界线之内或位于尺寸界线之外的尺寸文字的标注方向。

① ○水平 单选按钮。选择该按钮,文字无论是位于尺寸界线之内还是位于尺寸界线之外,都将沿水平方向标注。一般角度型尺寸标注选择此选项。

② ⊙与尺寸线对齐 单选按钮。选择该按钮,文字无论是位于尺寸界线之内还是位于尺寸界线之外,都将沿尺寸线方向标注,即和尺寸线相平行。一般长度型尺寸标注选择此选项。

③ ○ISO 标准 单选按钮。选择该按钮,位于尺寸界线之内文字将沿尺寸线方向标注,位于尺寸界线之外的文字将沿水平方向标注。一般圆弧型尺寸标注选择此选项。

图7.22列出了上述3种设置的效果。

图7.22　尺寸文本不同放置方向的效果

4.“调整”选项卡

该选项卡用于设置尺寸文字、尺寸线、尺寸线终端、指引线等的相对排列位置及其他一些特征。图7.23所示为对应的对话框。

下面介绍选项卡中主要项的功能。

(1)“调整选项”选项组。

如果尺寸界线间的距离足够大,系统始终将尺寸文字和箭头放在尺寸界线间。如果尺寸界线距离较近,系统将根据在“调整选项”区的设置来确定尺寸文字和箭头是放置在尺寸界线内部还是外部。

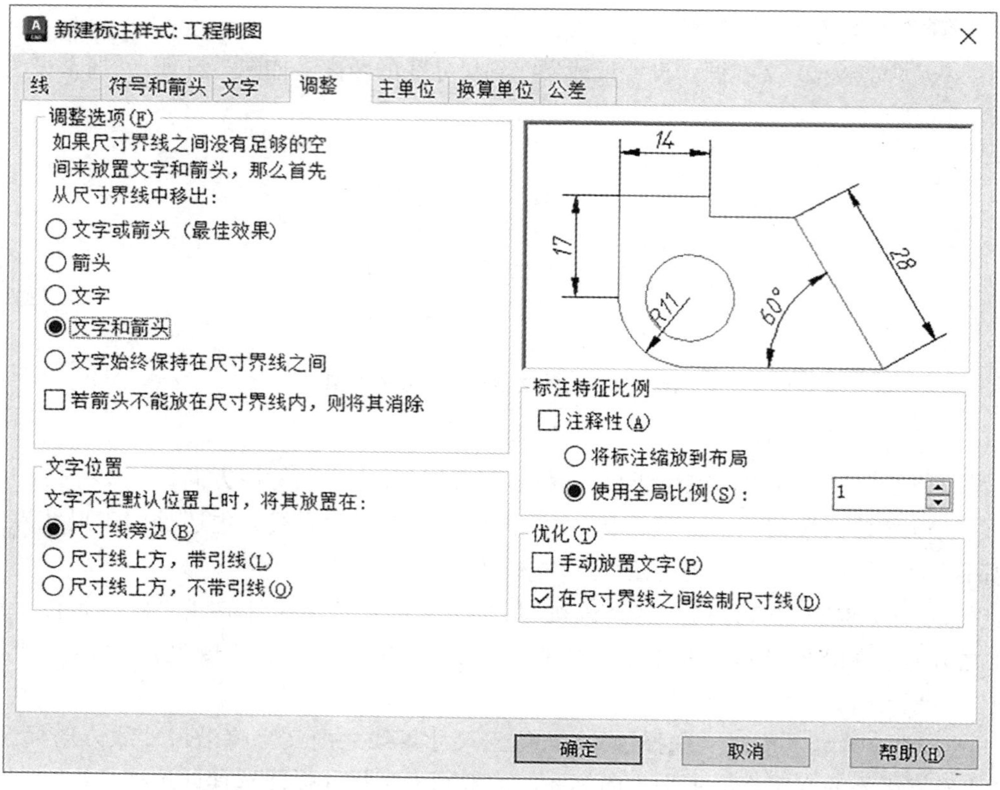

图7.23 "新建标注样式"对话框:"调整"选项卡

① ◉文字或箭头 (最佳效果)单选按钮。选择该按钮,系统将自动以最合适的方式在尺寸文字和箭头之间选择其一放置在尺寸界线之内。如果两者中间一个也放不下,则将它们都放在尺寸界线之外。

② ○箭头 单选按钮。选择该按钮,将优先将箭头从尺寸界线移出。

③ ○文字 单选按钮。选择该按钮,将优先将尺寸文字从尺寸界线移出。

④ ◉文字和箭头 单选按钮。选择该按钮,将尺寸文字与箭头捆绑在一起放置。即当空间不允许同时放下文字和箭头时,则将箭头和文字都放置在两尺寸界线之外。

⑤ ○文字始终保持在尺寸界线之间 单选按钮。选择该按钮,将始终将尺寸文字放置在尺寸界线之间。

⑥ □若不能放在尺寸界线内，则消除箭头 复选框。选择该复选框,当空间不够时,将隐藏箭头。

说明:在图7.24所示的直径尺寸中,将标注文字写在轮廓外侧,会有比较清晰的读图效果,而箭头方向最好是指向测量的表面。对于轴径标注,希望箭头在圆轮廓的外侧,因此,"文字和箭头"都要移出;对于孔径标注,希望箭头在圆轮廓的内侧,因此仅移出"文字"。

(2)"文字位置"选项组。

设置当尺寸文字从默认位置移动后,它放置的位置。

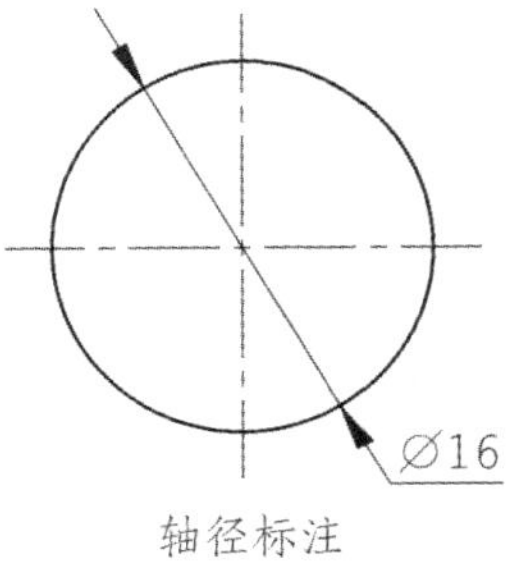

图7.24 直径标注实例

① ⊙尺寸线旁边(B) 单选框。选中该单选框,尺寸文字标注在尺寸界线之外时标注在尺寸线旁边,如图7.25(a)所示。

② ○尺寸线上方，加引线(L) 单选框。选中该单选框,尺寸文字标注在尺寸界线之外时标注在尺寸线之上,并带有引线,如图7.25(b)所示。

③ ○尺寸线上方，不加引线(O) 单选框。选中该单选框,尺寸文字标注在尺寸界线之外时标注在尺寸线之上,但不带引线,如图7.25(c)所示。

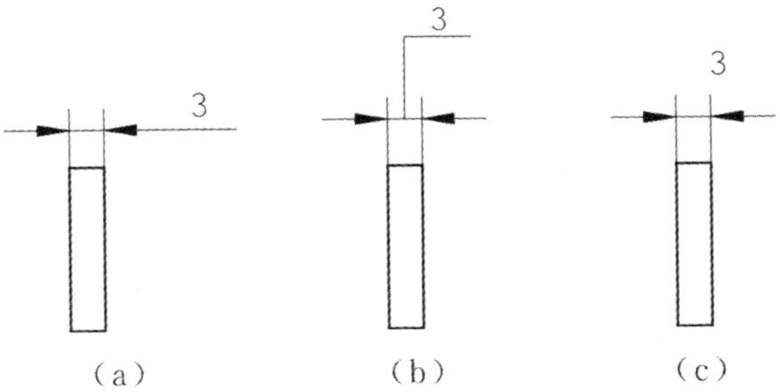

图7.25 尺寸文本的3种位置

(3)"标注特征比例"选项组。

设置尺寸标注的缩放系数。

① ○将标注缩放到布局 单选框。选中该按钮,在上述微调框中显示的是当前模型空间和图纸空间的比例。该比例只在图纸空间有效。

② ⊙使用全局比例(S): 单选框。设置所有尺寸标注的比例系数,该缩放系数不会影响尺寸标注的测量值。选中该按钮,可根据需要在其右侧的微调框设置比例值。为了保证输出的图形与尺寸大小相匹配,可将该比例值设置为图形输出比例的倒数。

(4)"优化"选项组。

① □手动放置文字(P) 复选框。选中该框,标注时手工确定尺寸文字的放置位置。一般标注圆弧型尺寸选中该框。

② ☑在尺寸界线之间绘制尺寸线(D) 复选框。选中该框,当尺寸箭头放在尺寸界线外时,也会在尺寸界线之间绘制尺寸线。

5."主单位"选项卡

该选项卡用于设置主单位的格式、精度以及尺寸文字的前缀和后缀。图7.26所示为对应的对话框。

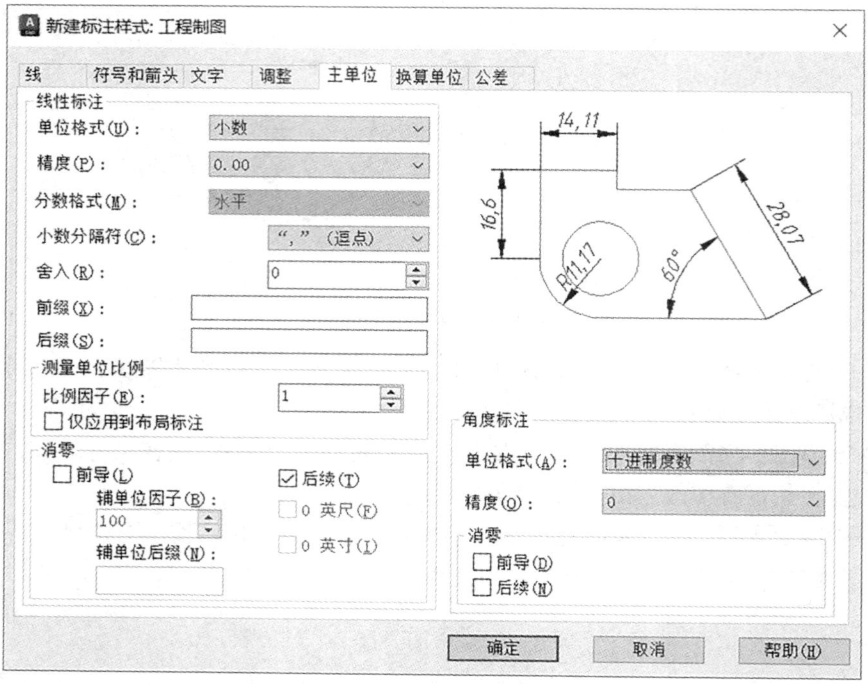

图7.26 "新建标注样式"对话框:"主单位"选项卡

下面介绍选项卡中主要项的功能。

(1)"线性标注"选项组。

用于设置线性标注单位的格式和精度。

① **单位格式(U)**:下拉列表框。设置尺寸单位的格式,下拉列表中有6个选项供用户选择:

· 科学:表示科学计数法。

· 小数:表示十进制计数,公制单位,该项为默认选项,一般选择此项。

· 工程:表示使用工程单位,数值单位为英尺、英寸,英寸用小数表示。

· 建筑:表示使用建筑单位,数值单位为英尺、英寸,英寸用分数表示。

· 分数:表示使用分数单位,小数部分用分数表示。

· Windows桌面:十进制格式,使用控制面板"区域设置"选项卡中小数分隔符和数字分组符的设置。

② **精度(P)**:下拉列表框。设置尺寸单位的精度。比如采用十进制计数时,利用该框确定保留多少位小数,此时下拉列表中有1~8位小数供选择。

③ **分数格式(M)**:下拉列表框。设置分数的格式。只有在"单位格式"中选择"分数"时该框才有效。下拉列表中有"水平""对角""非堆叠"3个选项供选择。

④ **小数分隔符(C)**:下拉列表框。设置小数分隔符。只有在"单位格式"中选择"小数"时该框才有效。下拉列表中有圆点(.)、分号(;)、空格( )3个选项供选择。

⑤ **舍入(R)**:文本框。设置舍入精度。比如,尺寸测量值为5.0549,设置舍入值为0.0010,则尺寸文本标注为5.0550。

⑥ **前缀(X)**：文本框。设置标注尺寸的前缀，如直径符号或半径符号。此框中输入的前缀符号将替换任何默认的前缀符号。

⑦ **后缀(S)**：文本框。设置标注尺寸的后缀，如公差。

⑧ “测量单位比例”子选项组。

· **比例因子(E)**：文本框。设置尺寸测量时的比例系数。

· ☐ **仅应用到布局标注** 复选框。选中该框，“比例因子”框中的比例只用在布局尺寸中。

⑨ “消零”子选项组：

· ☑ **前导(L)** 复选框。选中后，忽略小数点前的0，如将以“.500”替代“0.500”。

· ☑ **后续(T)** 复选框。选中后，忽略小数点后的0，如将以“0.5”替代“0.500”。

· ☑ **0 英尺(F)** 复选框。选中后忽略英尺位置的0，如以1/2"替代0'1/2"。

· ☑ **0 英寸(I)** 复选框。选中后忽略英寸位置的0，如以1'替代1'0"。

(2)“角度标注”选项组。

设置角度尺寸的格式和精度。

① **单位格式(A)**：下拉列表框。设置角度尺寸的单位格式。下拉列表中有十进制、度/分/秒制、百分度制、弧度制供选择，一般选择十进制。

② **精度(O)**：下拉列表框。设置角度尺寸的精度。

③ “消零”子选项组。

操作和“线性标注”选项组相同。

6.“换算单位”选项卡

该选项卡用于确定是否使用换算单位以及换算单位的格式，图7.27所示为对应的对话

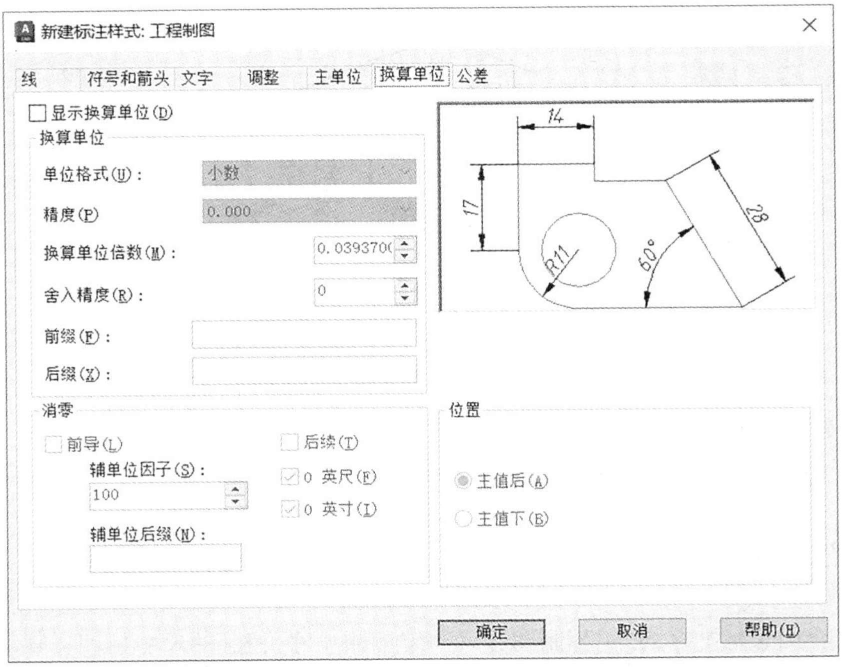

图7.27　“新建标注样式”对话框：“换算单位”选项卡

框。工程设计中,包括我国在内的大部分国家采用公制单位,也有一些国家采用英制单位。为了便于技术交流与合作,可以在设置了主单位后再设置换算单位。"换算单位"的通常用法是:在公制单位尺寸各添加英制尺寸标注。在尺寸文本中,换算单位显示在方括号[ ]中。角度型尺寸标注不能应用换算单位。

在"换算单位"选项卡中,有一部分选项与"主单位"选项卡中的选取项完全相同,对这部分内容不再重复介绍。其他选项有:

(1) ☑显示换算单位(D) 复选框。

如果选择了该复选框,则在进行尺寸标注时,将同时标注出按替代单位测量的相应值。并且只有选择了该复选框,此选项卡其他选项的内容才能进行设置。

(2)"换算单位"选项组。

该区中的大部分选项内容与"主单位"选项卡中的选项完全相同。其中 换算单位乘数(M): 文本框用于设置尺寸标注主单位与替代单位之间的换算关系。例如,主单位采用公制,换算单位采用英制,因为1英寸=25.4毫米,则换算关系式为1毫米/1英寸≈0.039370。

(3)"位置"选项组。

该区2个按钮用于设置替代值在标注时的位置。如果选择 ◉主值后(A) 单选按钮,将替代换算值放置在主单位值之后;如果选择 ◯主值下(B) 单选按钮,将替代值放置在主单位值之下。

图7.28给出换算单位的应用实例。

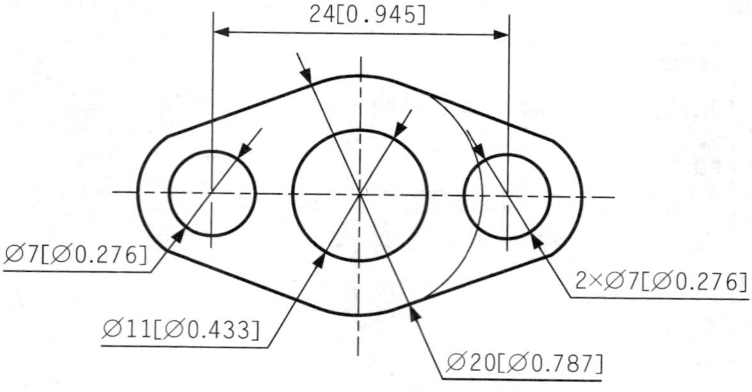

图7.28 换算单位应用实例

7."公差"选项卡

"公差"选项卡用于公差标注时的格式及显示。这一部分内容将在7.3.10节详细介绍。

7.2.3 尺寸标注样式设置实例

创建符合国家标准名为"工程制图样式"和"标注尺寸公差"的尺寸标注样式。

前面介绍了设置尺寸标注样式的主要内容,这里通过举例,使读者能综合运用所介绍的

内容,设置出符合工程制图要求的尺寸标注样式。操作步骤如下:

1. 创建全局尺寸标注样式

全局样式涵盖了长度型、圆弧型、角度型等所有尺寸类型,设置一些对所有尺寸类型都通用的公共尺寸变量。

(1) 单击“标注”工具栏上的“标注样式”图标,弹出图7.7所示的“标注样式管理器”对话框。

(2) 单击“新建”按钮,弹出如图7.9所示的“创建新标注样式”对话框。在“新样式名”文本框中输入所建尺寸标注样式名称“工程制图”,其余使用缺省项。单击“继续”按钮,弹出“新建标注样式:工程制图”对话框。

(3) 在该对话框的“线”选项卡做如图7.29所示的设置:

· “尺寸线”选项组:**基线间距(A)**:设为“8”。

· “尺寸界线”选项组:**超出尺寸线(X)**:设为“2”,**起点偏移量(F)**:设为“0”。

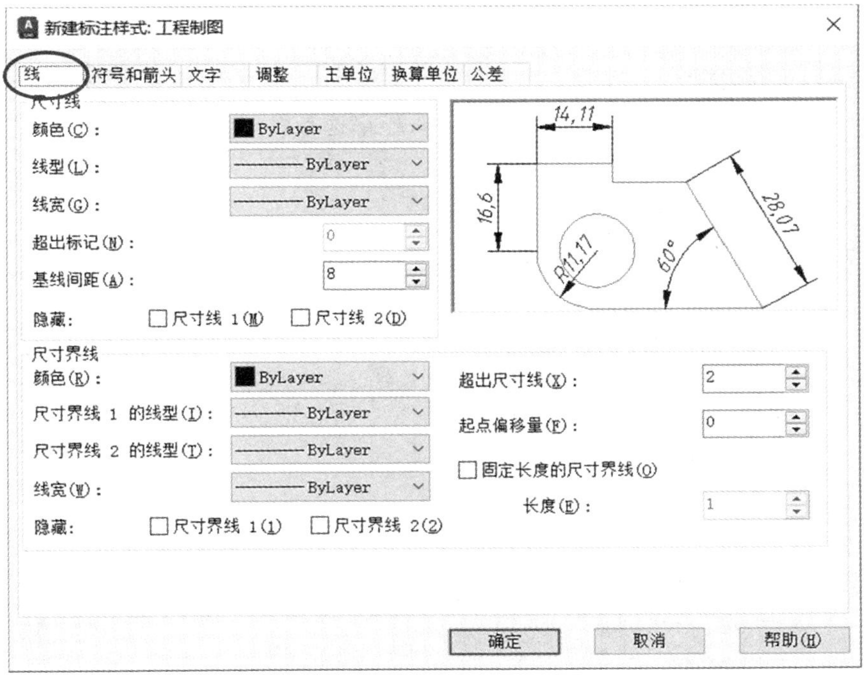

图7.29　“线”选项卡

(4) 在“符号与箭头”选项卡做如图7.30所示的设置:

· “箭头”选项组:**箭头大小(I)**:设为“3.5”,其余使用缺省值。

· “圆心标记”选项组:**大小(S)**:设为“3.5”,其余使用缺省值。

(5) 在“文字”选项卡做如图7.31所示设置:

· “文字外观”选项组:**文字样式(Y)**:选择4.8节“4. 应用举例”中设置的“工程字”样式,**文字高度(T)**:设为“3.5”。

· “文字位置”选项组:**从尺寸线偏移(O)**设为“1”,其余使用缺省值。

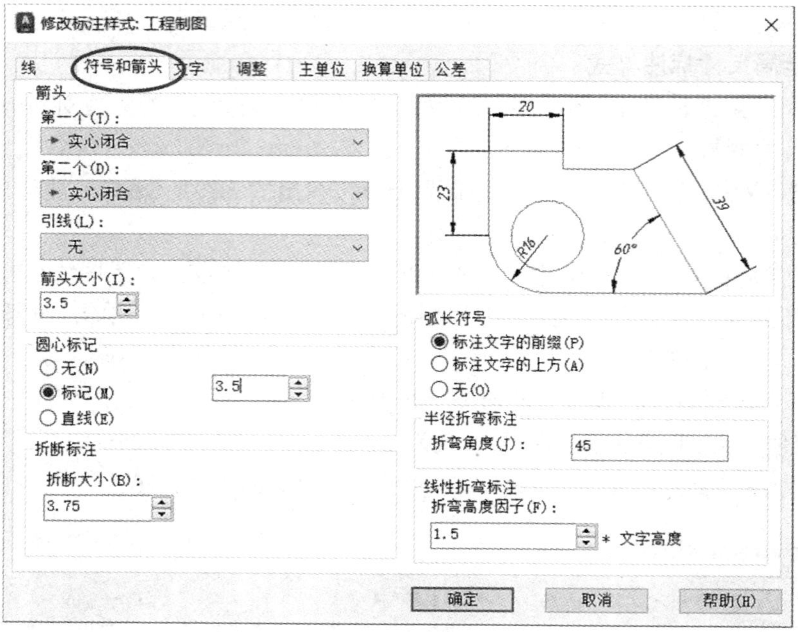

图 7.30 “符号和箭头”选项卡

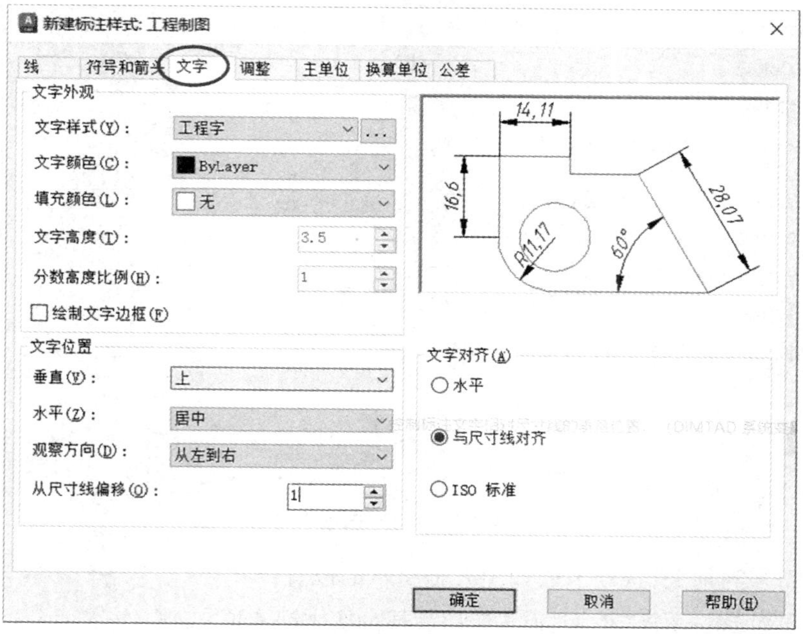

图 7.31 “文字”选项卡

(6) 在“主单位”选项卡做如图7.32所示的设置:

· “线性标注”选项组:**精度(P)**:设为“0”,**小数分隔符(C)**:设为“'.'句号”。

· “角度标注”选项组:**单位格式(A)**:设为“度/分/秒”,**精度(O)**:设为“0”。

全部设置完毕后,单击“确定”按钮,回到“标注样式管理器”对话框。

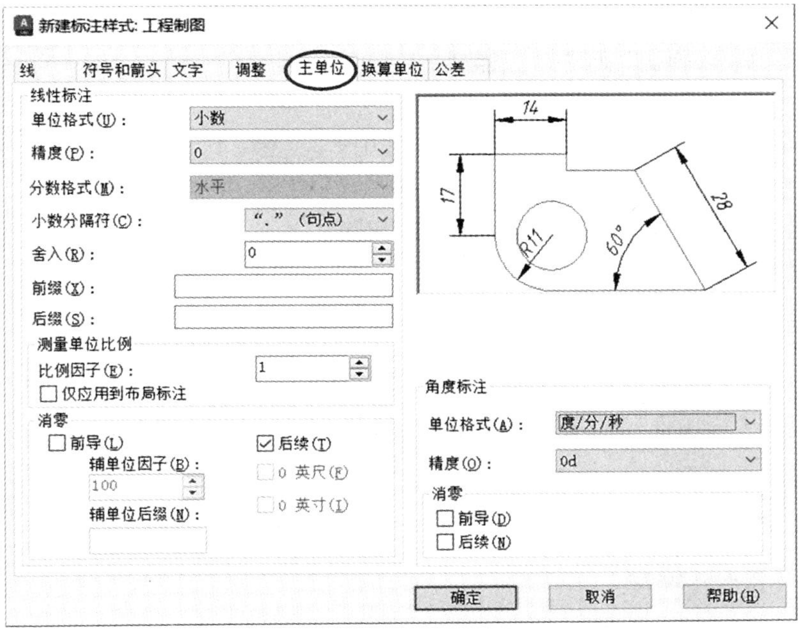

图7.32　"主单位"选项卡

2. 创建特定尺寸标注子样式

子样式是在父样式——全局样式下设置的,从属于全局样式,是对某一类型的尺寸而言的,针对该类型尺寸对尺寸变量的特殊要求做一些设置,在"工程制图"父样式下的4个子样式如下:

(1) 创建"半径"子样式。

在图7.33所示"标注样式管理器"对话框中选左侧"样式"框中的"工程制图",然后单击

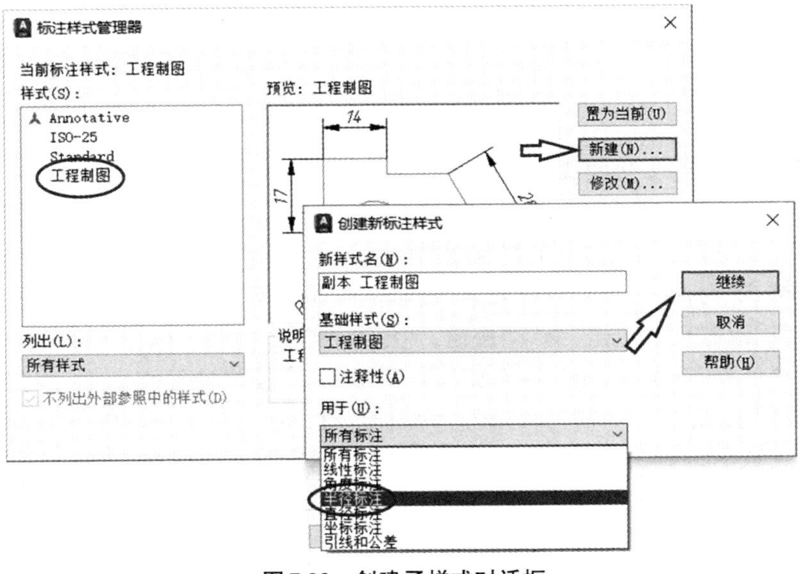

图7.33　创建子样式对话框

右侧的"新建"按扭,弹出新建标注样式对话框,在该对话框的"用于"选项中,选择"半径标注",点击继续按钮,弹出"新建标注样式:工程制图:半径"对话框,在该对话框中做如下设置:

· 在"文字"选项卡的"文字对齐"选项组:选中◯ISO 标准单选按钮。

· 在"调整"选项卡的"调整选项"选项组:选中⦿文字和箭头单选按钮。

(2) 创建"直径"子样式。与"半径"子样式相同。

(3) 创建"角度"子样式。

与"半径"子样式类似,只是在"文字"选项卡的"文字对齐"选项组:选中◯水平单选按钮。

(4) 创建"线性"子样式。

· 在"文字"选项卡的"文字对齐"选项组:选中⦿与尺寸线对齐单选按钮。

· 在"调整"选项卡的"调整选项"选项组:选中⦿文字或箭头 (最佳效果)单选按钮。

如此,我们在"工程制图"父样式下创建了4个子样式,如图7.34所示。

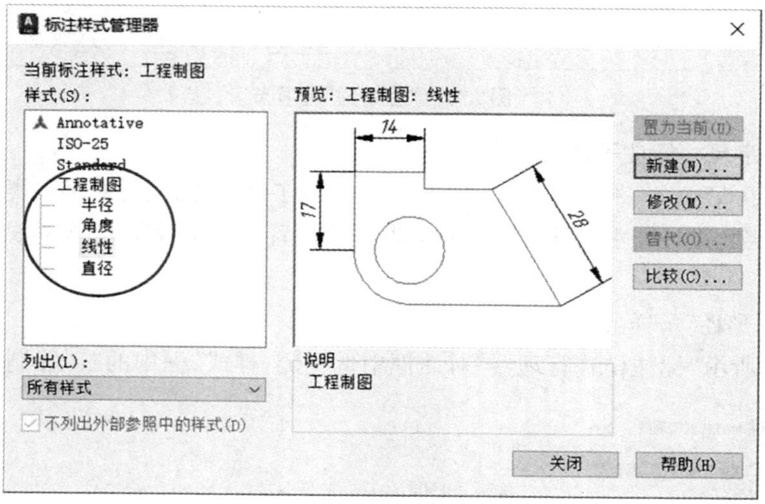

图7.34 创建"子样式"示例

3. 设置带尺寸公差参数的样式

该样式是与"工程制图"全局样式并列的样式,用于标注带公差的尺寸。

点击图7.7中"样式"框中的"工程制图"样式,然后单击"新建"按钮,弹出如图7.9所示的"创建新标注样式"对话框。在"新样式名"文本框中输入所建尺寸,标注样式名称"标注尺寸公差",其余使用缺省项。单击"继续"按钮,弹出"新建标注样式:标注尺寸公差"对话框。在对话框中选中"公差"选项卡,做如图7.35所示设置,其余使用缺省值。

设置完成后回到图7.7所示"标注样式管理器"对话框,将"工程制图"样式置为当前样式后退出,设置完成后回到图7.7所示的"标注样式管理器"对话框,将"工程制图"样式置为当前样式,退出标注样式管理器。

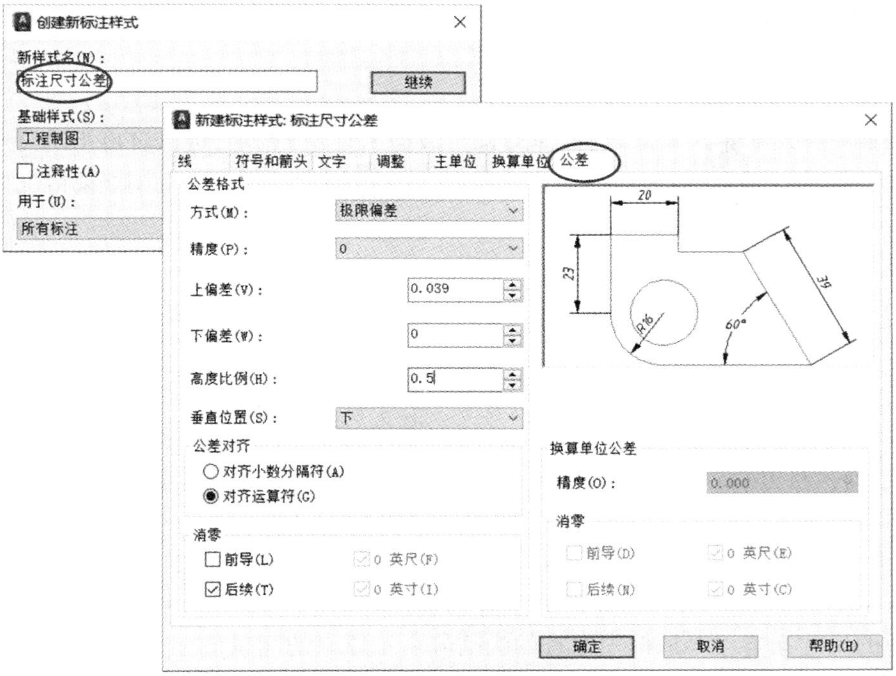

图7.35　公差格式设置

7.3　各种尺寸标注方法

7.1节已经介绍了在进行尺寸标注前应做的准备工作，即创建独立的图层和文字样式；针对不同类型的尺寸设置尺寸标注样式；设置好对象捕捉的模式。

完成上述工作就可以进行尺寸标注了。AutoCAD的尺寸标注采用半自动方式，所谓的半自动，是指既有自动测量又有交互操作。尺寸大小是系统自动测量的；所标注尺寸对象的选择，尺寸线位置的确定是手工来指定的，可通过2种方式来完成：① 选择要标注尺寸的对象，然后指定尺寸线的位置。② 指定尺寸界线的2个端点，并确定尺寸线的位置。下面开始介绍各种类型尺寸的标注方法。

7.3.1　长度型尺寸标注

1. 线性标注

(1) 命令的执行方式。

① 工具栏："标注"→"线性标注"。

② "注释"面板：。

③ 下拉菜单：标注/线性。

④ 命令行:Dimlinear。

(2) 操作说明。

命令执行后,系统提示:

指定第一条尺寸界线原点或〈选择对象〉:该提示有2个选项,可以直接指定一点作为第一条尺寸界线的起始点,或者按回车键则执行“选择对象”选项。下面对2种情况分别进行介绍。

① 确定第一条尺寸界线的起始点。

指定第一点后,系统继续提示:

指定第二条尺寸界线原点:指定第二点后,又提示:

指定尺寸线位置或[多行文字(M)/文字(T)/角度(A)/水平(H)/垂直(V)/旋转(R)]:可以直接在屏幕上指定一点以确定尺寸线的位置,随后系统以测量值为默认值标注尺寸文字;或者选择执行方括号内的某个选项,执行方法是输入各选项圆括号内的字母并回车。各选项的功能如下:

· 多行文字(M):通过对话框输入文字。

输入M并回车,系统弹出“文字编辑器”对话框,用户可在该对话框中以多行文字的方式键入新的尺寸文本。对话框中原有的尖括号表示原来的测量值,所以如果要保留原来的测量值,则不要删除该尖括号;如果要用新值代替原来的值,则必须删除该尖括号。

通常直径的线性尺寸以及公差尺寸都需要通过多行文字编辑。

· 文字(T):通过命令行输入文字。

输入T并回车,系统将提示:

输入标注文字〈***〉:要求用户确定和修改尺寸文字,如直接回车,则接受测量值;否则输入修改后的尺寸文本。括号内的数值为尺寸文本的测量值。

· 角度(A):指定尺寸文本的旋转角度。

输入A并回车后,系统提示:

指定标注文字的角度:注意这里要旋转的仅仅是尺寸文本,不是整个尺寸。

· 水平(H):强制进行水平型尺寸标注。

· 垂直(V):强制进行垂直尺寸标注。

· 旋转(R):确定尺寸的旋转角度。这里旋转的是整个尺寸。

如果执行上述某个选项后,系统继续提示:

指定尺寸线位置或[多行文字(M)/文字(T)/角度(A)/水平(H)/垂直(V)/旋转(R)]:指定尺寸线的位置或者继续执行某个选项。

② 直接回车。

如果在“指定第一条尺寸界线原点或〈选择对象〉:”提示下直接回车,系统提示:

选择标注对象:

指定尺寸线位置或[多行文字(M)/文字(T)/角度(A)/水平(H)/垂直(V)/旋转(R)]:

(3) 应用举例。

标注图7.36中的尺寸。

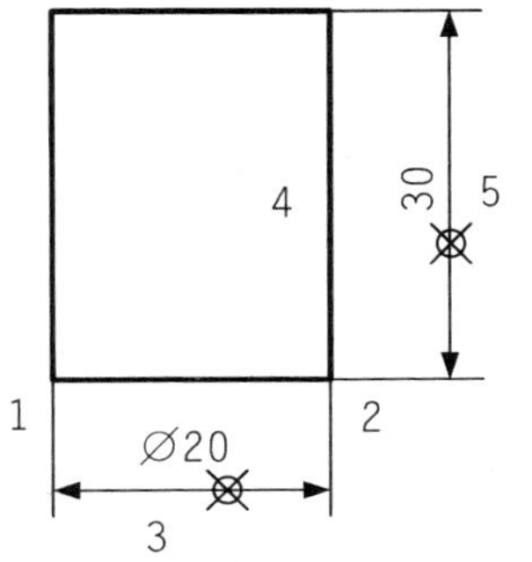

图7.36　长度型尺寸标注示例

① 标注圆柱直径。

单击“注释”面板“线性标注”图标,系统提示:

指定第一条尺寸界线原点或〈选择对象〉:选取1点。

指定第二条尺寸界线原点:选取2点。

指定尺寸线位置或[多行文字(M)/文字(T)/角度(A)/水平(H)/垂直(V)/旋转(R)]:t

输入标注文字〈20〉:%%c20

指定尺寸线位置或[多行文字(M)/文字(T)/角度(A)/水平(H)/垂直(V)/旋转(R)]:选取3点。

② 标注圆柱高。

单击“注释”面板“线性标注”图标,系统提示:

指定第一条尺寸界线原点或〈选择对象〉:〈回车〉

选择标注对象:点取4点,以选择4点所在的直线。

指定尺寸线位置或[多行文字(M)/文字(T)/角度(A)/水平(H)/垂直(V)/旋转(R)]:选取5点。

2. 对齐标注

(1) 命令的执行方式。

① 工具栏:“标注”→“对齐标注”。

② “注释”面板:单击右边的三角选择。

③ 下拉菜单:标注/对齐。

④ 命令行:Dimaligned。

(2) 操作说明。

命令执行后,系统提示:

指定第一条尺寸界线原点或〈选择对象〉:和长度型尺寸相同,有2个选项。

指定尺寸界线的2个端点或直接回车选择要标注的对象后,系统继续提示:

指定尺寸线位置或[多行文字(M)/文字(T)/角度(A)]:指定一点做尺寸线的位置,方括号内的选项含义和线性标注相同,这里不再重复。

(3) 应用举例。

标注图7.37中直线AB的尺寸。

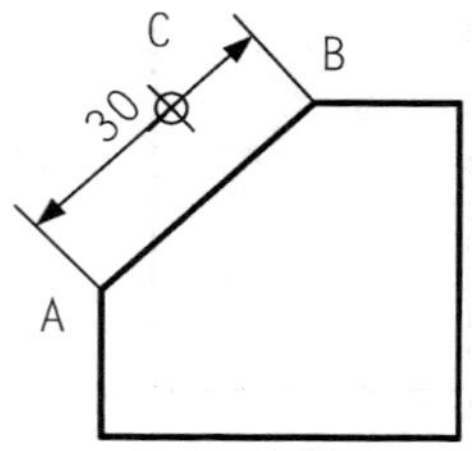

图7.37 对齐型尺寸标注示例

单击“标注”工具栏“对齐标注”图标,系统提示:

指定第一条尺寸界线原点或〈选择对象〉:选取A点。

指定第二条尺寸界线原点:选取B点。

指定尺寸线位置或[多行文字(M)/文字(T)/角度(A)]:选取C点。

7.3.2 圆弧型尺寸标注

1. 标注半径尺寸

(1) 命令的执行方式。

① 工具栏:“标注”→“半径”。

② “注释”面板:单击右边的三角选择。

③ 下拉菜单:标注/半径。

④ 命令行:Dimradius。

(2) 操作说明。

命令执行后,系统提示:

选择圆弧或圆:选择要标注的圆弧。

指定尺寸线位置或[多行文字(M)/文字(T)/角度(A)]:指定一点确定尺寸线位置或选择“多行文字”“文字”“角度”选项来设置尺寸文字及尺寸文字的倾斜角度。

2. 标注直径尺寸

(1) 命令的执行方式。

① 工具栏:“标注”→“直径”。

② “注释”面板:单击右边的三角选择。

③ 下拉菜单:标注/直径。

④ 命令行:Dimdiameter。

(2) 操作说明。

与标注半径尺寸的操作过程相同。

3. 应用举例

标注图7.38中的尺寸。

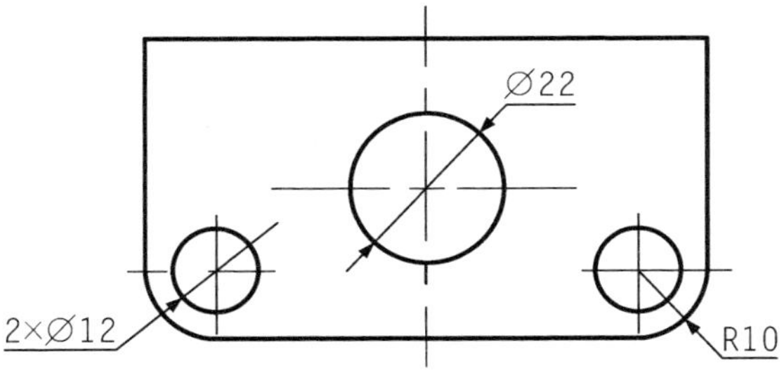

图7.38　圆弧型尺寸标注示例

(1) 标注半径尺寸。

单击“注释”面板的“半径”图标,系统提示:

选择圆弧或圆:选择右下角的圆弧。

指定尺寸线位置或[多行文字(M)/文字(T)/角度(A)]:选取一点确定尺寸线位置。

(2) 标注直径尺寸。

单击“注释”工具栏的“直径”图标,系统提示:

选择圆弧或圆:选择左下角的小圆。

指定尺寸线位置或[多行文字(M)/文字(T)/角度(A)]:t(回车)

输入标注文字〈3〉:2*%%c12(回车)

指定尺寸线位置或[多行文字(M)/文字(T)/角度(A)]:选取一点确定尺寸线位置。

回车,重复执行直径标注命令,标注中间的圆。

4. 标注弧长

(1) 命令的执行方式。

① 工具栏:“标注”→“弧长”。

② “注释”面板:单击右边的三角选择。

③ 下拉菜单:标注/弧长。

④ 命令行:Dimarc。

(2) 操作说明。

命令执行后,系统提示:

选择弧线段或多段线弧线段:选择要标注的圆弧。

指定弧长标注位置或[多行文字(M)/文字(T)/角度(A)/部分(P)/引线(L)]:指定一点确定弧长标注位置,方括号内前3个选项与线性标注相同,下面介绍“部分”和“引线”选项。

· 部分(P)。标注部分圆弧的弧长。执行该选项,系统提示:

指定圆弧长度标注的第一个点:

指定圆弧长度标注的第二个点:

·引线(L)。添加引线对象(箭头)。执行该选项,系统提示:

指定弧长标注位置或[多行文字(M)/文字(T)/角度(A)/部分(P)/无引线(N)]:此时可执行“无引线”选项,以取消引线对象。

仅当圆弧(或弧线段)大于90°时才会显示此选项。引线是按径向绘制的,指向所标注圆弧的圆心。另外,弧长符号的放置位置可通过图7.13所示的“符号和箭头”选项卡设置。弧长的标注效果如图7.39所示。

(a) 部分圆弧标注　　(b) 引线

图7.39　弧长标注示例

5. 标注折弯半径

(1) 命令的执行方式。

① 工具栏:“标注”→“折弯”。

② “注释”面板:单击右边的三角选择。

③ 下拉菜单:标注/折弯。

④ 命令行:Dimjogged。

(2) 操作说明。

命令执行后,系统提示:

选择圆弧或圆:选择要标注的圆弧或圆。

指定图示中心位置:指定折弯半径标注的新中心点,以替代圆弧或圆的实际中心点。指定一个点后,系统提示:

标注文字=**** 显示所测量的选定对象半径。

指定尺寸线位置或[多行文字(M)/文字(T)/角度(A)]:选择尺寸的位置或选择“多行文字”“文字”“角度”选项来设置尺寸文字及尺寸文字的倾斜角度。

指定折弯位置:指定折弯位置。折弯角度可通过图7.13所示的“符号和箭头”选项卡设置。

折弯半径标注效果如图7.40所示。

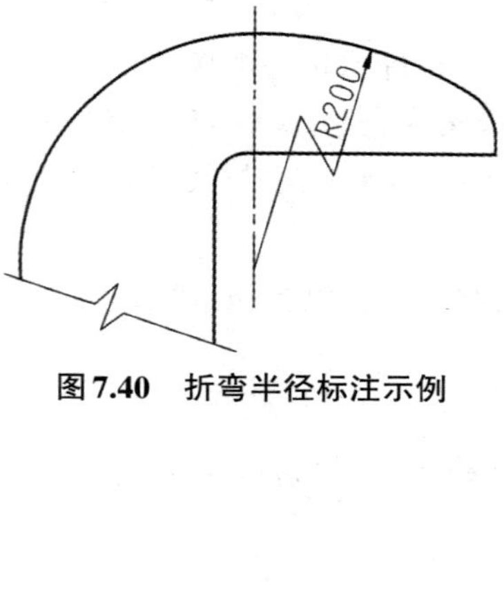

图7.40　折弯半径标注示例

7.3.3 角度型尺寸标注

1. 命令的执行方式

(1) 工具栏:“标注”→“角度标注”。

(2) “注释”面板:单击右边的三角选择。

(3) 下拉菜单:标注/角度。

(4) 命令行:Dimangular。

2. 操作说明

命令执行后,系统提示:

选择圆弧、圆、直线或〈指定顶点〉:可选择要标注的圆、圆弧、角的一边或直接回车后选择3点来标注角度。

(1) 选择圆弧。

标注圆弧的圆心角。选择圆弧后,系统继续提示:

指定标注弧线位置或[多行文字(M)/文字(T)/角度(A)/象限点(Q)]:选择一点确定尺寸线的位置,或者选择方括号内的可选项,各选项的含义与操作与前面介绍的相同。

其中,象限点(Q):指定标注应该锁定到的象限。打开象限点后,将标注文字放置在角度标注外时,尺寸延长线会延伸超过尺寸界线。

(2) 选择圆。

以圆心作为角的顶点,以圆周上指定的两点作为角的2个端点,来标注角度。在圆周上点取一点(该点将作为角的第一个端点)后,系统提示:

指定角的第二个端点:在圆周上选择一点作为要标注角度的圆弧的第二个端点。

指定标注弧线位置或[多行文字(M)/文字(T)/角度(A)/象限点(Q)]:操作同上。

(3) 选择直线。

标注2条直线的夹角。选择第一条直线后,系统提示:

选择第二条直线:选择角的另一边。

指定标注弧线位置或[多行文字(M)/文字(T)/角度(A)/象限点(Q)]:操作同上。

(4) 直接回车。

选择3点标注角度,回车后系统提示:

指定角的顶点:

指定角的第一个端点:

指定角的第二个端点:

指定标注弧线位置或[多行文字(M)/文字(T)/角度(A)/象限点(Q)]:操作同上。

图7.41列出上述4个选项的执行结果。

3. 应用举例

标注图7.42中的尺寸。

单击“标注”工具栏的“角度标注”图标，系统提示：

选择圆弧、圆、直线或〈指定顶点〉：选择直线1。

选择第二条直线：选择直线2。

指定标注弧线位置或[多行文字(M)/文字(T)/角度(A)]：选取一点作为尺寸线位置。

回车以重复执行角度标注命令。其余2个角度尺寸的标注与上类似，不再重复。

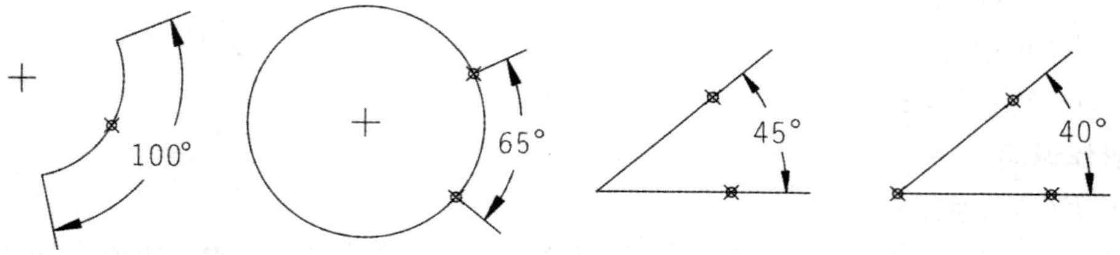

图7.41　标注角度型尺寸的4种方式

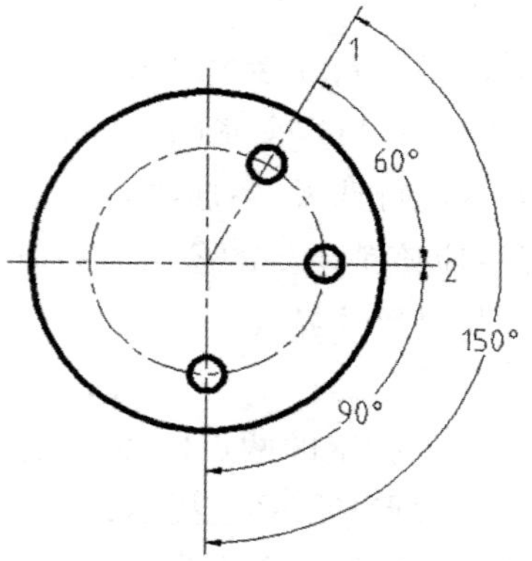

图7.42　角度型尺寸标注示例

7.3.4　基线标注

1. 命令的执行方式

(1) 工具栏：“标注”→“基线标注”。

(2) “注释”板块：单击“标注”面板按钮右侧三角后，选择。

(3) 下拉菜单：标注/基线。

(4) 命令行：Dimbaseline。

2. 操作说明

使用基线型尺寸标注命令之前，应明确以下几点：

(1) 标注基线型尺寸要求事先标注出一个尺寸，而且该尺寸还必须是线性尺寸、角度尺寸或坐标尺寸的某一类型。

(2) 系统默认把已标尺寸的第一条尺寸界线作为基准，后面所标尺寸把该尺寸界线作为公共的第一尺寸界线。

(3) 基线型尺寸的尺寸线间隔相同，距离是在图7.10所示的“新建标注样式”对话框中的“基线间距”文本框中设置的。

命令执行后，系统提示：

指定第二条尺寸界线原点或[放弃(U)/选择(S)]〈选择〉：第一条尺寸界线和已标尺寸共用，指定一点作为第二条尺寸界线，即可进行标注，此后，系统反复出现提示，可进行多次基线标注。

方括号内有2个选项：

(1) 放弃(U)。输入“U”并回车，表示取消上一次的基线标注。

(2) 选择(S)。直接回车则执行该选项，系统继续提示：

选择基准标注：选择已标注的某一尺寸作为基准，选取后继续提示：

指定第二条尺寸界线原点或[放弃(U)/选择(S)]〈选择〉：

3. 应用举例

标注图7.43中的尺寸。

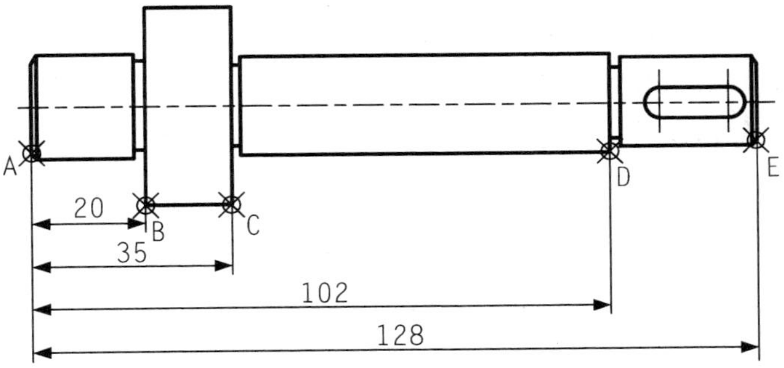

图7.43 基线型尺寸标注示例

(1) 标注长度型尺寸20。

单击“标注”工具栏“线性标注”图标，系统提示：

指定第一条尺寸界线原点或〈选择对象〉：选取A点。

指定第二条尺寸界线原点：选取B点。

指定尺寸线位置或[多行文字(M)/文字(T)/角度(A)/水平(H)/垂直(V)/旋转(R)]：指定尺寸线位置。

(2) 标注基线型尺寸35、102、128。

单击“标注”工具栏“基线标注”图标，系统提示：

指定第二条尺寸界线原点或[放弃(U)/选择(S)]〈选择〉：选取C点。

指定第二条尺寸界线原点或[放弃(U)/选择(S)]〈选择〉：选取D点。

指定第二条尺寸界线原点或[放弃(U)/选择(S)]〈选择〉：选取E点。

7.3.5 连续标注

1. 命令的执行方式

(1) 工具栏:“标注”→“继续”。

(2)“注释”板块:单击“标注”面板按钮。

(3) 下拉菜单:标注/连续。

(4) 命令行:Dimcontinue。

2. 操作说明

连续型尺寸标注和基线型尺寸标注的操作过程是类似的,故不赘述。两者的区别是:连续型尺寸标注的基准是动态的,这些尺寸首尾相连(除第一个和最后一个尺寸外),前一个尺寸的第二尺寸界线就是后一个尺寸的第一尺寸界线。

3. 应用举例

标注图7.44中的尺寸,操作过程与基线型尺寸标注类似。

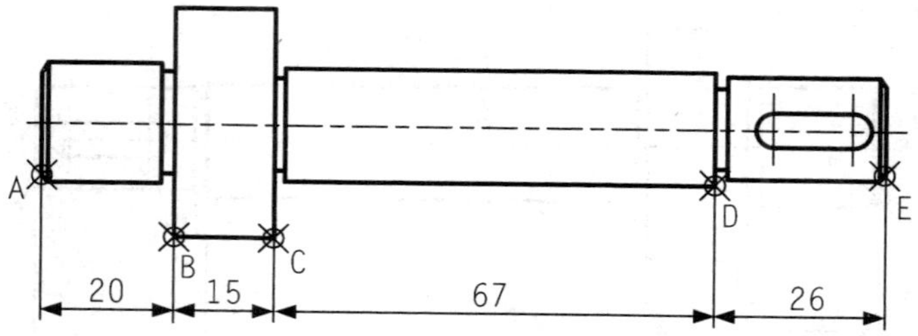

图7.44 连续型尺寸标注示例

7.3.6 快速标注尺寸

利用前面几节介绍的尺寸标注命令,对于一系列相邻或相近的实体目标的同一类尺寸,只能逐一进行标注,比较麻烦。为此,从AutoCAD 2000开始,增加了快速标注命令,可以一次选择多个同一类型的几何对象,同时标注这几个尺寸。特别是可以快速标注出多个基线尺寸、连续尺寸以及快速地、一次性地标注多个圆或圆弧对象。

1. 命令的执行方式

(1) 工具栏:“标注”→“快速标注”。

(2)“注释”板块:“标注”面板。

(3) 下拉菜单:标注/快速标注。

(4) 命令行:Qdim。

2. 操作说明

命令执行后,系统提示:

选择要标注的几何图形:选择要标注的单个或多个对象。

指定尺寸线位置或[连续(C)/并列(S)/基线(B)/坐标(O)/半径(R)/直径(D)/基准点

(P)/编辑(E)/设置(T)]〈基线〉:指定尺寸线位置或选择其中一个选项,如果按回车键则选择缺省选项。

各选项说明如下:

(1)"连续"选项。选择几何图形中的多个对象,一次性地标注一系列连续尺寸。

(2)"并列"选项。选择几何图形中的多个对象,一次性地标注一系列交错排列的尺寸。

(3)"基线"选项。选择几何图形中的多个对象,一次性地标注一系列基线尺寸。

(4)"坐标"选项。选择几何图形中的多个点,一次性地标注一系列坐标尺寸。

(5)"半径/直径"选项。选择这2个选项,可以一次性选择图形中需要标注尺寸的多个圆或圆弧,系统将快速地同时标注所选的全部圆或圆弧的半径或直径尺寸。

(6)"基准点"选项。设置可用于基线标注和坐标标注的新基准点。

(7)"编辑"选项。选择该选项,可增加标注点或将已有的标注点删除。

(8)"设置"选项。设置关联标注的优先级,有端点和交点2个选项。

7.3.7　标注间距

标注间距可以自动调整平行的线性标注和角度标注之间的间距,或根据指定的间距值进行调整。也可以通过使用间距值0,使一系列线性标注或角度标注的尺寸线齐平。由于能够调整尺寸线的间距或对齐尺寸线,因而无需重新创建标注或使用夹点逐条对齐并重新定位尺寸线。

1. 命令的执行方式

(1) 工具栏:"标注"→"标注间距"。

(2)"注释"板块:"注释"面板。

(3) 下拉菜单:标注/标注间距。

(4) 命令行:Dimspace。

2. 操作说明

命令执行后,系统提示:

选择基准标注:选择作为基准的尺寸。

选择要产生间距的标注:选择需设置间距的一个或多个尺寸,然后回车。

输入值或[自动(A)]〈自动〉:输入间距。

3. 应用举例

如图7.45所示。

选择基准标注:选择尺寸15。

选择要产生间距的标注:选择尺寸30、45。

输入值或[自动(A)]〈自动〉:输入值8。

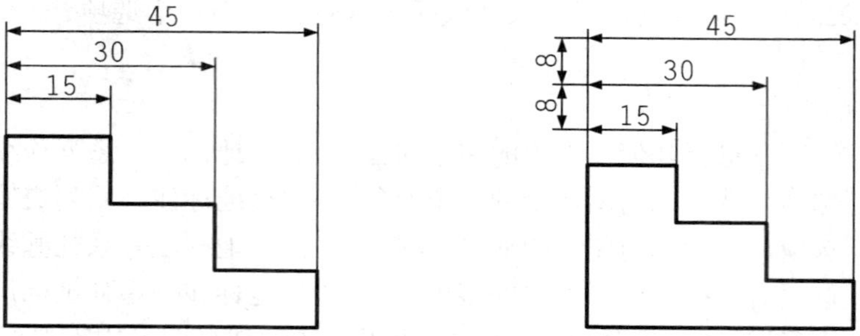

图7.45　修改标注间距示例

7.3.8　标注打断

标注打断是指在标注和尺寸界线与其他对象的相交处打断或恢复标注和尺寸界线。

1. 命令的执行方式

(1) 工具栏:“标注”→“标注打断”。

(2)“注释”板块:“注释”面板。

(3) 下拉菜单:标注/标注打断。

(4) 命令行:Dimbreak。

2. 操作说明

命令执行后,系统提示:

选择要添加/删除折断的标注或[多个(M)]:选择对象。

选择要折断标注的对象或[自动(A)/手动(M)/删除(R)]〈自动〉:选择与标注相交或与选定标注的尺寸界线相交的对象。

按回车键结束命令。

3. 应用举例

如图7.46所示。

选择要添加/删除折断的标注或[多个(M)]:选择47。

选择要折断标注的对象或[自动(A)/手动(M)/删除(R)]〈自动〉:选择尺寸38。

选择要折断标注的对象:〈回车〉

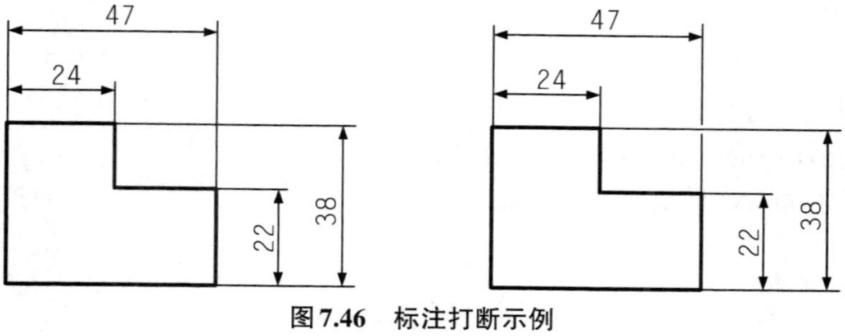

图7.46　标注打断示例

7.3.9　圆心标记

圆心标记是指创建圆或圆弧的圆心标记或中心线。

1. 命令的执行方式

(1) 工具栏:“标注”→“圆心标记”⊕。

(2) 下拉菜单:标注/圆心标记。

(3) 命令行:Dimcenter。

2. 操作说明

命令执行后,系统提示:

选择圆弧或圆:在提示下选择圆弧或圆即可。

圆心标记是十字还是中心线由“标注样式管理器”对话框的“符号和箭头”选项卡中的“圆心标记”来设定。也可以直接在“注释”板块的“中心线”面板上单击圆心标记按钮⊕,如图7.47所示。

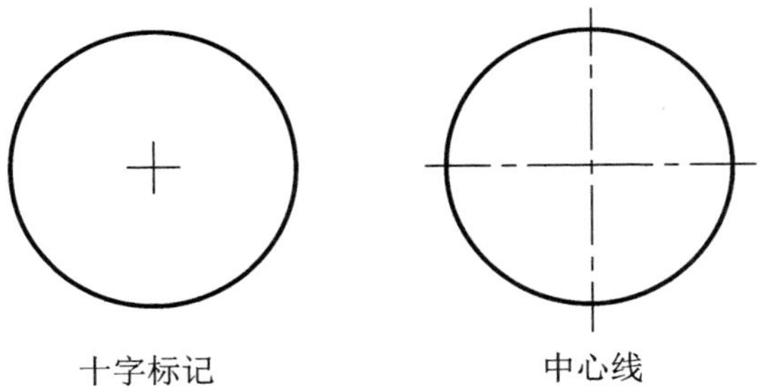

图7.47　圆心标记

7.3.10　真关联标注

1. 尺寸标注的关联性

标注的尺寸与被标注的对象发生联系,组成了一个标注结合体,这种性质称为尺寸标注的关联性。例如一个图形完成尺寸标注后,使用编辑命令修改图形时,通常用窗口方式选中目标,修改后的尺寸线长度及尺寸文本发生变化,其余标注形式均无变化。图7.48表明图形做拉伸编辑,其关联尺寸随之改变的情况。

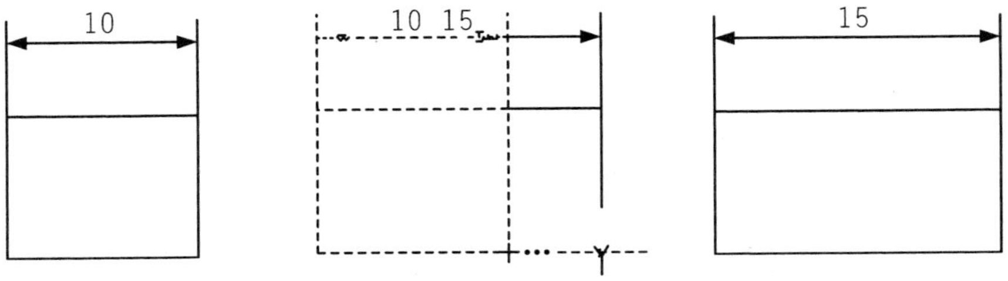

图7.48　尺寸标注的关联性

2. 真关联标注

真关联尺寸标注包含2方面的含义:图形驱动关联尺寸标注和转换空间标注。

使用图形驱动尺寸标注,可将尺寸附着到对象上,或把特性附着到对象上。重新加载图形或进行简单的编辑操作,可自动更新关联的尺寸,即尺寸标注能够根据标注的图形对象的变化而自动调整它们的位置、方向、尺寸值。这样图形的变化将在尺寸标注中立即得到显现。

使用转换空间标注,可以在图纸空间直接标注模型空间的图形。在图纸空间上修改模型空间几何图形、修改布局视口位置或平移和缩放操作时,图纸空间标注都将维持其关联性。

对于新建立的图形,系统默认使用真关联性尺寸标注,这种性质是由系统变量DIMASSOC来控制的,此时DIMASSOC的值为2。利用DIMDISASSOCIATE命令可从选定的标注删除关联性;利用DIMREASSOCIATE命令可将选定的标注与几何对象建立关联;利用DIMREGEN命令可更新所有关联标注的位置。

7.3.11 标注带公差的尺寸

标注带公差的尺寸可通过2种途径来实现:

1. 通过设置尺寸标注样式中的尺寸公差参数,使标注的尺寸文本直接带有公差项目

尺寸公差参数是在"新建标注样式"对话框的"公差"选项卡中设置的,如图7.49所示。该选项卡的部分功能同前面介绍的类似,下面仅介绍"公差格式"区中各选项的功能,这些选项主要用于设置尺寸公差的标注方式、公差文本的字高以及尺寸文本相对于基本尺寸文本的对齐方式。

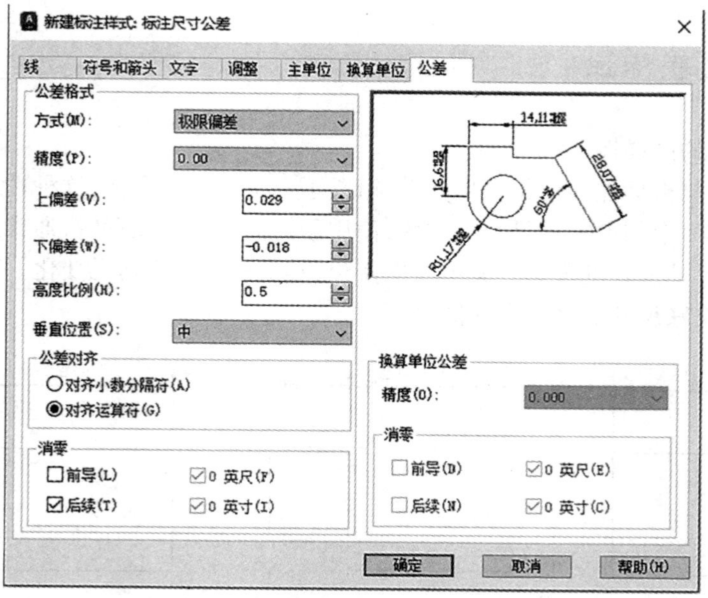

图7.49 "新建标注样式"对话框:"公差"选项卡

（1）方式(M)：下拉列表框。设置尺寸公差形式。下拉列表中有5种类型供选择，如图7.50所示。

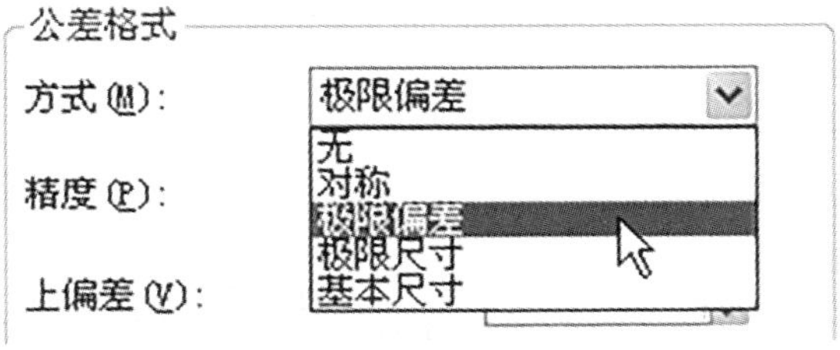

图7.50　公差标注方式

① 无。标注基本尺寸，即尺寸文本后面不带任何尺寸公差。

② 对称。标注对称公差，即上、下偏差的绝对值相等。

③ 极限偏差。公差以不相等的正负偏差形式标出。

④ 极限尺寸。标注极限尺寸，即最大极限尺寸和最小极限尺寸并排放在尺寸文本后面。

⑤ 基本尺寸。标注基准尺寸，即在基本尺寸文本外面加上一个框。

图7.51列出了5种方式的标注示例。

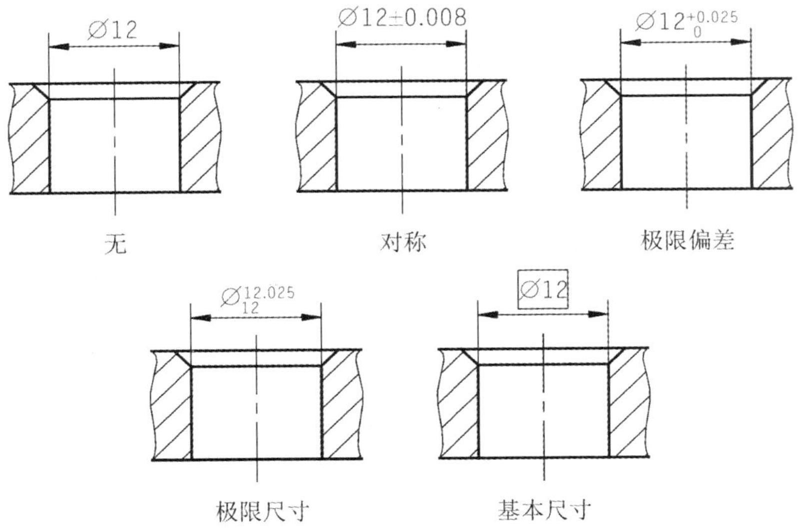

图7.51　公差标注5种方式的标注示例

（2）精度(P)：下拉列表框。设置公差精度，即标注公差值的小数位数。

（3）上偏差(V)：文本框。设置公差的上偏差值。

（4）下偏差(W)：文本框。设置公差的下偏差值。

说明：系统会自动给上、下偏差文本框内加上“正”“负”号。若上偏差为−0.001，则在文本框中应输入−0.001；若下偏差为−0.001，则应输入0.001；若下偏差为0.001，则应输入−0.001。

(5) 高度比例(H)：文本框。设置公差数字相对于尺寸数字的高度比例。如果在“方式”下拉列表框中选择“极限偏差”和“极限尺寸”选项，则高度比例可设为0.5。

(6) 垂直位置(S)：下拉列表框。设置公差数字与尺寸数字的相对位置关系。列表框中有3个选项：

① 下。使公差数字与尺寸数字在底部对齐。

② 中。使公差数字与尺寸数字以中线为基准对齐。

③ 上。使公差数字与尺寸数字在顶端对齐。

设置好公差参数后，把所设置的尺寸标注样式置为当前样式，进行尺寸标注时，就可以标注带公差的尺寸了。但是，由于公差是由尺寸标注样式设置的，因此，一个公差尺寸必须设置一种标注样式，操作起来比较烦琐。

在实际应用中，可以用下面的方法解决这个问题：设置一种带公差标注样式，进行尺寸标注。然后选定这个尺寸对象，单击“标准”工具栏的“特性”图标，打开“特性”选项板”，如图7.52所示，在其中修改公差的格式以达到设计要求。

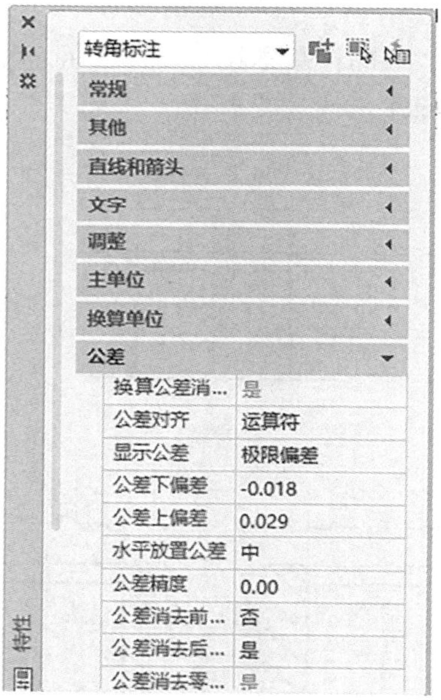

图7.52　使用“特性”选项板修改公差格式

2. 标注尺寸过程中，使用“文字编辑器”修改尺寸文字，使尺寸文字带有公差值

下面通过一个实例来说明这种方法，以标注图7.51中极限偏差为例。

(1) 在“标注”工具栏单击“线性”图标，响应下列提示：

指定第一条尺寸界线原点或〈选择对象〉：指定每一条尺寸界线的端点。

指定第二条尺寸界线原点：指定第二条尺寸界线的端点。

指定尺寸线位置或[多行文字(M)/文字(T)/角度(A)/水平(H)/垂直(V)/旋转(R)]：输入“M”并回车，打开“文字编辑器”，如图7.53所示。

(2) 在“文字编辑器”窗口中，在测量值前输入直径的控制码“%%c”，在其后输入含有堆积控制码的字符串"+0.025^ 0"(深颜色背景的数字即为自动测量值。如果要更改此值,按Delete。选中字符串"+0.025^ 0",单击堆积按钮"a/b",然后右击鼠标,在快捷菜单中选择"堆叠特性"选项,弹出"堆叠特性"对话框,如图7.53所示,在该框中设置公差的格式。设置完成后,依次退出"堆叠特性"对话框和"文字编辑器"窗口。

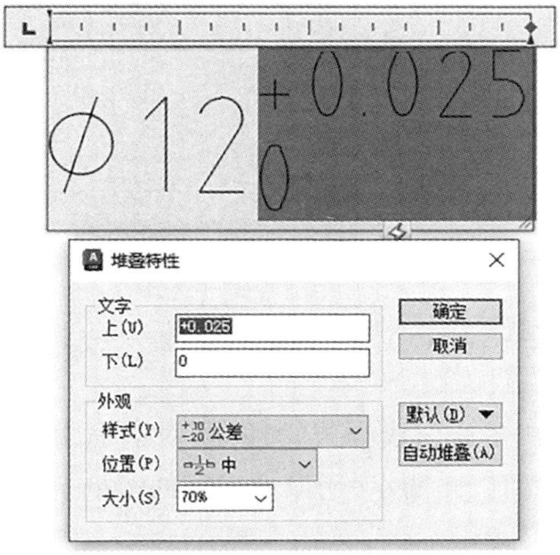

图7.53　使用"文字编辑器"设置公差格式

(3) 在"指定尺寸线位置或[多行文字(M)/文字(T)/角度(A)/水平(H)/垂直(V)/旋转(R)]:"提示下,指定尺寸线位置,即完成标注。

和第一种方法比较,这种方法更加灵活方便。

7.3.12　多重引线

多重引线用于标注带引线的文字说明或倒角、序号等,如图7.54所示。

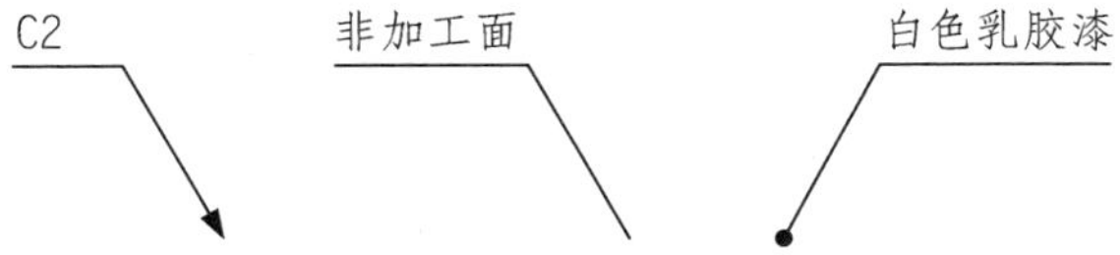

图7.54　"多重引线"标注示例

引线可以是直线,也可以是样条曲线,可以有箭头或者小圆点,也可以无箭头。引线和注释文字说明相互关联,文字位置可通过"多重引线样式管理器"进行设置。

1. 管理多重引线样式

(1) 打开"格式"下拉菜单,选择"多重引线样式"选项。

(2) 从"注释"工具栏上单击"多重引线样式"。

(3) 从命令行输入Mleaderstyle并按回车键。

命令执行后弹出如图7.55所示的"多长样式管理器"对话框。利用对话框可以完成对多重引线样式的设置工作。

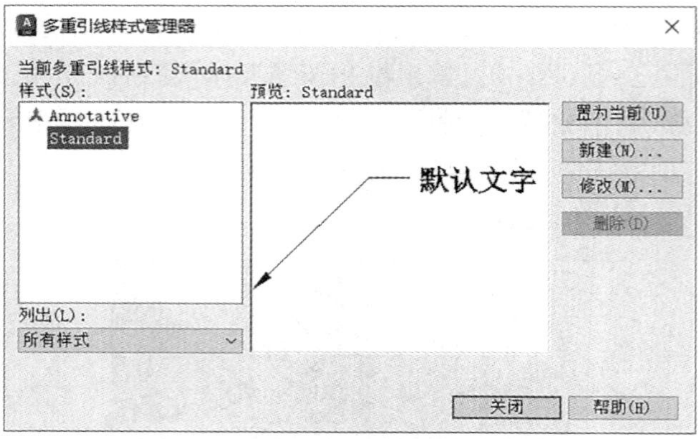

图7.55 “多重引线样式管理器”对话框

2. 创建新的多重引线样式

创建“带箭头”的多重引线样式。

(1) 在如图7.55所示的“多重引线样式管理器”对话框中单击 新建(N)... 按钮，弹出“创建多重引线样式”对话框，如图7.56所示，用以设置新的多重引线样式。

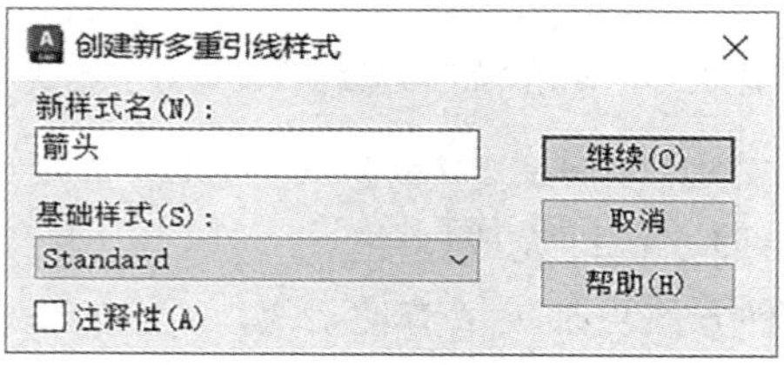

图7.56 创建“多重引线样式”对话框

在“新样式名(N)”栏中输入“箭头”，单击“继续(O)”，弹出“修改多重引线样式:箭头”对话框，如图7.57所示。

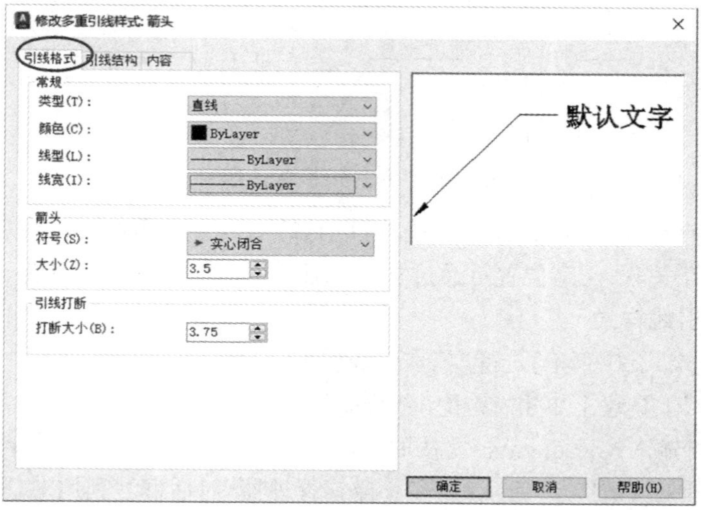

图7.57 “修改多重引线样式:箭头”对话框

(2) 在“引线格式”选项卡中，对“常规”选项组，将类型(T)设置为“直线”，颜色(C)、线型(L)和线宽(I)均设置为“ByLayer”；对“箭头”选项组，将“符号(S)”设为“实心闭合”，“大小(Z)设为3.5”。

(3) 在“引线结构”选项卡中，将“设置基线间距(D)”设为2。

(4) 在“内容”选项卡中，将“多重引线类型(M)”设为“多行文字”；“文字样式(S)”选择“工程字”样式，“文字颜色(C)”选择“ByLayer”；“引线连接”选项组，选择“水平连接(O)”；在“连接位置—左(E)：”和“连接位置—右(R)：”后面选择“最后一行加下画线”；“基线间隙(G)”设为2，如图7.58所示。点击确定按钮，完成创建。

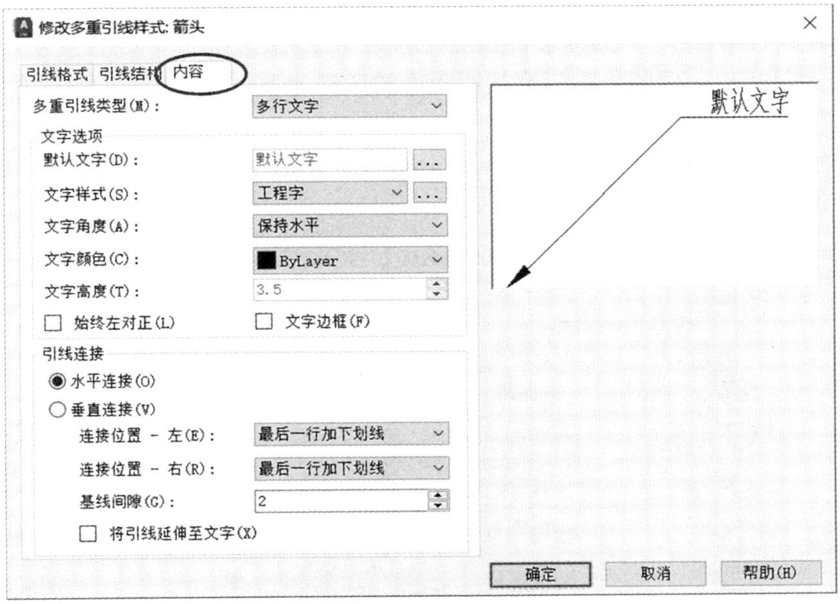

图7.58　“内容”选项卡

3. 多重引线标注

(1) 命令的执行方法。

① 下拉菜单：“标注”→“多重引线”。

② “注释”工具栏：多重引线按钮 引线 ▾。

③ 命令行输入：MLEADER。

(2) 命令的提示和选项。

命令：MLEADER〈回车〉

指定引线箭头的位置或[预输入文字(T)/引线基线优先/(L)/内容优先(C)/选项(O)]：在绘图区指定引线起点。

指定引线基线的位置：指定引线基线位置后，系统弹出“在位多行文字编辑器”。输入多行文字即可。

7.4　形位公差标注

7.4.1　形位公差的基本知识

零件加工后，实际形状和位置相对于理想状态和位置产生一定的误差。为了满足零件的互换性和使用性能要求，国家标准《机械制图》对零件制定了形状和位置公差，简称形位公差。形状公差是指单一实际要素的形状所允许的变动全量；位置公差是指关联实际要素的位置对基准所允许的变动全量。

表7.1列出了国家标准规定的各种形位公差符号及其含义；表7.2列出了与形位公差有关的材料控制符号和含义。

表7.1　形位公差符号及含义

分类	符号	含义	分类	符号	含义
形状公差	—	直线度	位置公差	⊥	垂直度
	▱	平面度		∠	倾斜度
	○	圆度		◎	同轴度
	⌭	圆柱度		⌯	对称度
	⌒	线轮廓度		⌖	位置度
	⌓	面轮廓度		↗	圆跳动
	//	平行度		⌰	全跳动

表7.2　材料控制符号及其含义

符　号	含　义
Ⓜ	材料的一般中等状态
Ⓛ	材料的最大状态
Ⓢ	材料的最小状态

图7.59是标注形位公差时一般使用的标注形式，它通常由指引线、形位公差代号、形位公差框、形位公差值和基准代号等组成。

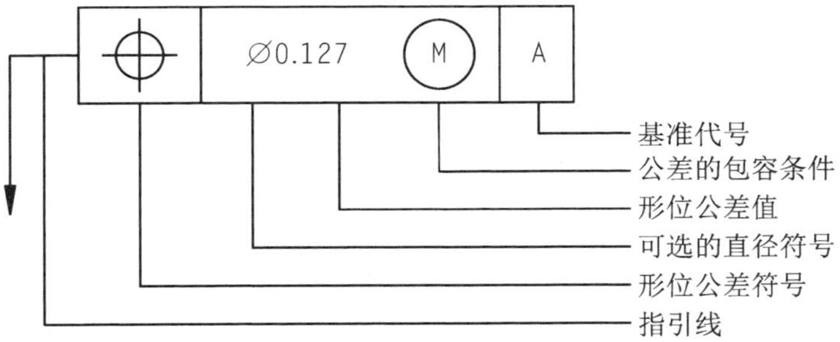

图7.59　形位公差的标注样式

7.4.2　标注形位公差

1. 命令的执行方式

(1) 工具栏:“标注”→“公差”。

(2) 下拉菜单:标注/公差。

(3) 命令行:Tolerance。

2. 操作说明

命令执行后,弹出图7.60所示的“形位公差”对话框。对话框中各选项功能介绍如下:

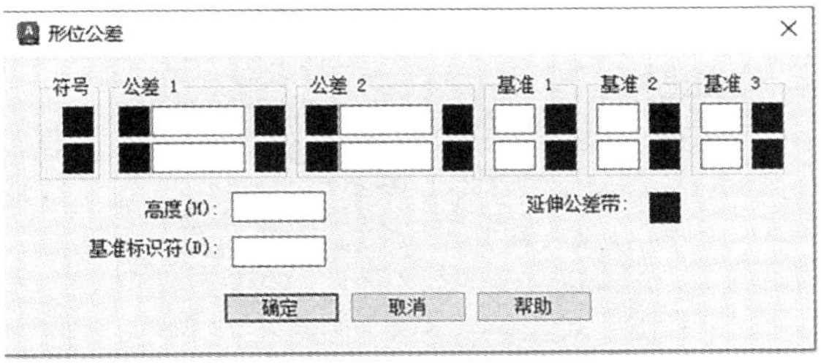

图7.60　“形位公差”对话框

(1) “符号”区。

选取形位公差的符号。单击区内的小黑块,弹出图7.61所示的“特征符号”对话框,在其中选取形位公差符号后,返回“形位公差”对话框。

(2) “公差”区。

设置形位公差的公差值。AutoCAD允许设置2个公差值(公差1和公差2)。公差值在中间的文本框内手工输入;点击文本框左边的小黑块,将自动添加直径符号“∅”;点击右边的小黑块,弹出图7.62所示的“附加符号”对话框,用来设置形位公差的材料条件。

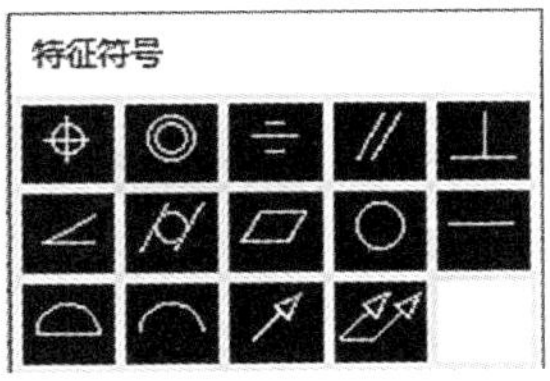

图7.61　“特征符号”对话框

图7.62　“附加符号”对话框

(3)"基准"区。

设置形位公差的基准。AutoCAD允许设置3个基准(基准1、基准2、基准3)。左边的文本框用于手工输入基准的字母;点击右边的小黑块,弹出"附加符号"对话框。

(4)"高度(H)"文本框。

用于在形位公差框架中创建投影公差区。

(5)"基准标识符(D)"文本框。

用于创建由此处设置的参考字符组成的基准识别符号。

(6)"延伸公差带"小黑块。单击后,可在块中显示Ⓟ符号。

3. 快捷引线标注形位公差

快捷引线(QLEADER)命令在AutoCAD 2024的面板中没有显示,可以通过QLEADER或QL的快捷输入调用此命令。使用此命令标注的形位公差带引线格式。

命令执行后,系统提示:

QLEADER制定第一个引线或[设置(S)]〈设置〉:

单击回车或空格键,弹出设置对话框,如图7.63所示。选择注释类型为公差,点击确定。

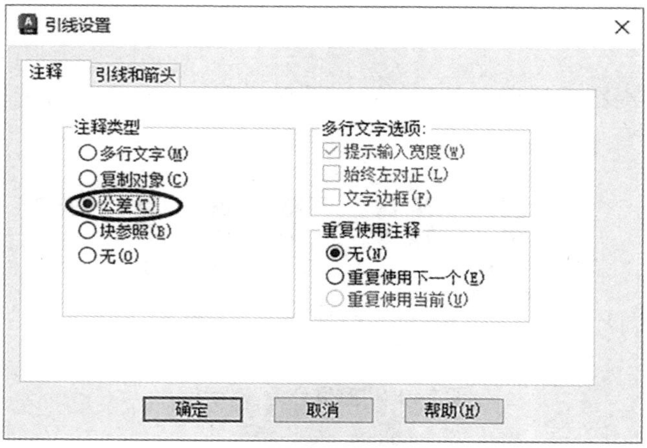

图7.63 引线设置对话框

指定引线的第一点、第二点和第三点,如果没有第三点,直接回车或空格,就可以弹出如图7.60的"形位公差"对话框。按照第二步进行操作,即可完成形位公差的标注。

7.5 编 辑 尺 寸

对于图形中已经标注好的尺寸,用户仍可以进行修改编辑。比如双击尺寸标注可以进行尺寸数字的编辑,单击可以使用夹点编辑对尺寸标注进行移动、拷贝、删除、旋转和拉伸等通常的编辑操作。除此之外,还可以使用专门的尺寸标注编辑命令,对尺寸标注进行修改、改变特性等编辑工作。

7.5.1 用Dimedit命令编辑尺寸标注

使用该命令可以修改尺寸文字的位置、方向、文本数值、旋转角度和倾斜尺寸界线。

1. 命令的执行方式

(1) 工具栏:"标注"→"倾斜" ⟋。

(2) 命令行:Dimedit。

2. 操作说明

命令执行后,系统提示:

输入标注编辑类型[默认(H)/新建(N)/旋转(R)/倾斜(O)]〈默认〉:从方括号内选择执行一种编辑类型。各选项的含义如下:

(1) 默认(H)。将尺寸文字按"标注样式"所定义的默认位置、方向重新放置。

(2) 新建(N)。修改所选择尺寸标注的文本。执行该选项将显示"多行文字编辑器"对话框,用户可在该对话框中修改尺寸数值。

(3) 旋转(R)。旋转所选择的尺寸文本。

(4) 倾斜(O)。编辑长度型尺寸标注,使其尺寸界线倾斜一个角度,不再与尺寸垂直。执行后系统提示:

选择对象:同上。

输入倾斜角度(按Enter表示无):输入尺寸界线的倾斜角。

3. 应用举例

将图7.64(a)中的尺寸修改为图7.64(b)所示的效果。

单击"标注"工具栏的"编辑标注"图标。系统提示:

输入标注编辑类型[默认(H)/新建(N)/旋转(R)/倾斜(O)]〈默认〉:输入"O"并回车。

选择对象:选择图7.64(a)中的尺寸,回车。

输入倾斜角度(按Eneter表示无):输入尺寸界线的倾斜角"60",回车。

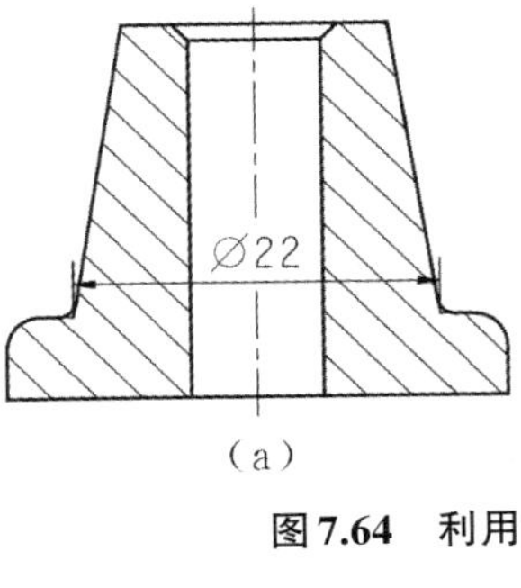

(a)

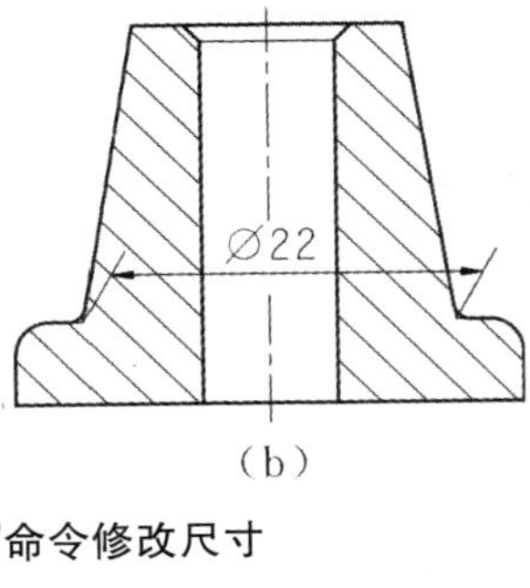

(b)

图7.64 利用"编辑标注"命令修改尺寸

7.5.2 用Ddedit命令修改尺寸和公差

Ddedit命令不仅可以用来编辑所标注的文字,而且还可以编辑尺寸公差、形位公差。

1. 命令的执行方式

(1) 工具栏:"文字"→"编辑",如图7.65所示。

图7.65　"文字"工具栏"编辑..."选项

(2) 下拉菜单:修改/对象/文字/编辑。

(3) 命令行:Ddedit。

2. 操作说明

命令执行后,系统提示:

选择注释对象或[放弃(U)/模式(M)]:

在此提示下,如果选择的是尺寸或公差,系统弹出"文字编辑器",可在其中对尺寸或公差进行修改;如果选择的是形位公差,系统弹出图7.60所示的"形位公差"对话框,在对话框中显示出所标注形位公差的对应项,通过其修改即可。"模式"选项,有"单个"和"多个"可供选择。

7.5.3　用Dimtedit修改尺寸文字的位置

1. 命令的执行方式

(1) 工具栏:"标注"→"编辑标注文字",如图7.66所示。

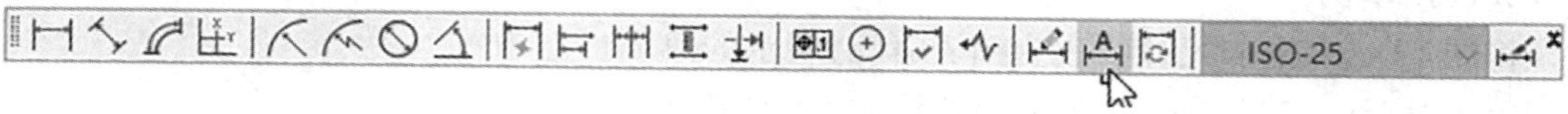

图7.66　"标注"工具栏"编辑标注文字"选项

(2) 下拉菜单:标注/对齐尺寸。

(3) 命令行:Dimtedit。

2. 操作说明

命令执行后,系统提示:

选择标注:选择要修改的尺寸。

为标注文字指定新位置或[左对齐(L)/右对齐(R)/居中(C)/默认(H)/角度(A)]:在默认情况下,用户可以移动鼠标直接指定尺寸文本的新位置。或者选择其中的某一选项,各选项含义如下:

(1) 左对齐(L)/右对齐(R)。更改尺寸文本沿尺寸线左对齐/右对齐,仅适用于长度型、圆弧型尺寸。

(2) 居中(C)。将尺寸文本放置在尺寸线的中间位置。

(3) 默认(H)。移动尺寸文本到默认位置。

(4) 角度(A)。将尺寸文本旋转一个角度。

7.5.4　用Diminspect命令将标注转换为检验标注

检验标注用于指定应检查制造的部件的频率，以确保标注值和部件公差处于指定范围内。

1. 命令的执行方式

(1)“注释”板块：“标注”面板→“检验”，如图7.67所示。

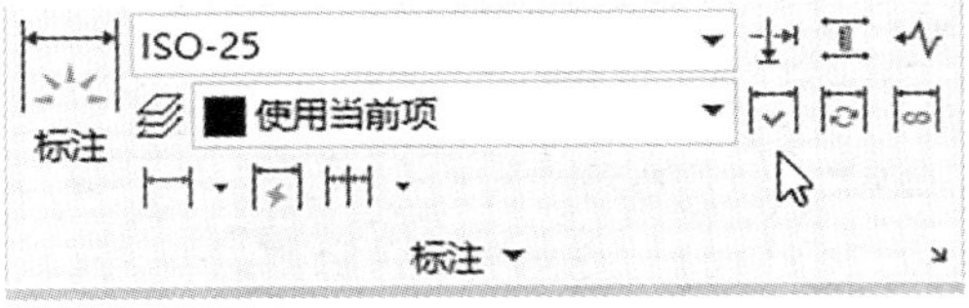

图7.67　“标注”面板“检验”选项

(2) 下拉菜单：标注/检验。

(3) 命令行：Diminspect。

2. 操作说明

命令执行后，弹出图7.68所示的“检验标注”对话框。

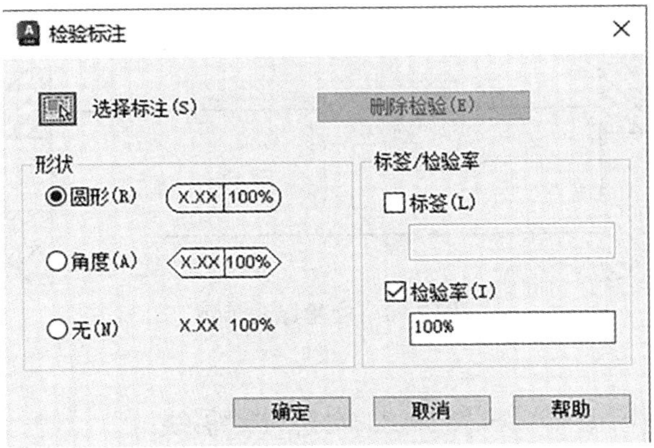

图7.68　“检验标注”对话框

对话框中各选项功能介绍如下：

(1)“选择标注”：指定应在其中添加或删除检验标注的对象。

(2)“形状”：控制围绕检验标注的标签、标注值和检验率绘制的边框的形状。

①“圆形”：使用两端点上的半圆创建边框，并通过垂直线分隔边框内的字段。

②“角度”：使用在两端点上形成90°角的直线创建边框，并通过垂直线分隔边框内的字段。

③“无”：指定不围绕值绘制任何边框，并且不通过垂直线分隔字段。

(3)“标签/检验率”：为检验标注指定标签文字和检验率。

①“标签”：指定标签文字。选择“标签”复选框后，将在检验标注最左侧部分中显示标签。

②“检验率”：指定检验部件的频率。值以百分比表示，有效范围从0～100。选择“检验率”复选框后，将在检验标注的最右侧部分中显示检验率。

3. 应用举例

命令执行后，把“检验标注”对话框设置成图7.69，将得到如图7.70所示的标注。

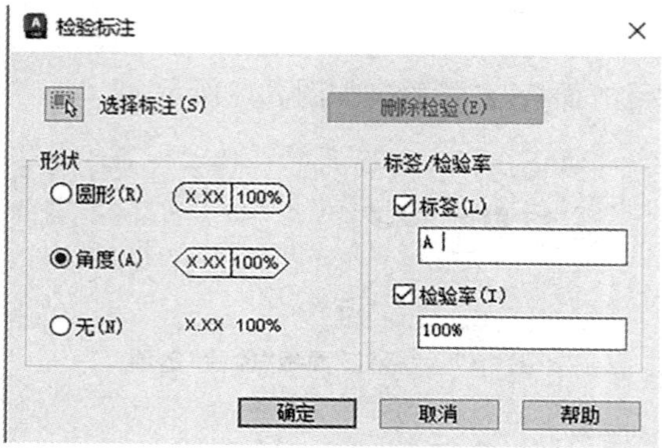

图7.69 设置“检验标注”对话框

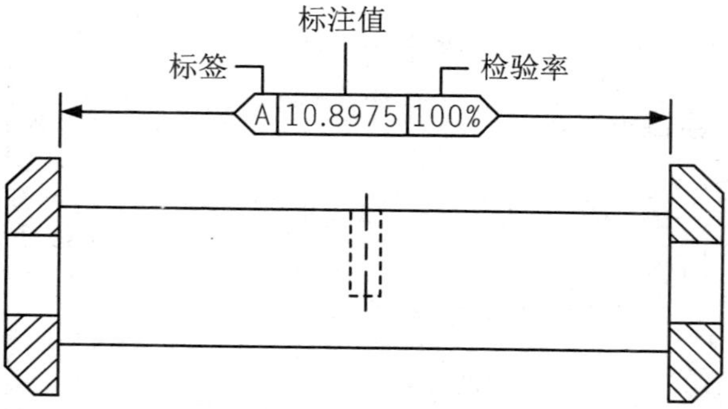

图7.70 检验标注示例

7.5.5 用Dimjogline命令添加或删除折弯线

折弯线性用于在线性标注或对齐标注中添加或删除折弯线。

1. 命令的执行方式

(1)“注释”板块：“标注”面板→“折弯线性”，如图7.71所示。

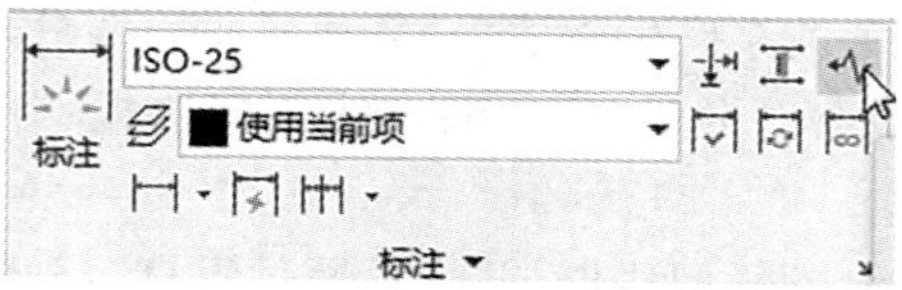

图7.71 “标注”工具栏“折弯线性”选项

(2) 下拉菜单：标注/折弯线性。

(3) 命令行：Dimjogline。

2. 操作说明

命令执行后,系统提示:

选择要添加折弯的标注或[删除(R)]:

(1)"添加折弯":指定要向其添加折弯的线性标注或对齐标注。

(2)"删除":指定要从中删除折弯的线性标注或对齐标注。

执行后系统提示:

指定折弯位置(或按Enter键):

用户可自行指定折弯的位置。或按Enter键可在标注文字与第一条尺寸界线之间的中点处放置折弯,或在基于标注文字位置的尺寸线的中点处放置折弯。

7.5.6　利用夹点和"特性"命令修改尺寸标注

1. 夹点编辑

夹点编辑是编辑尺寸标注最快捷简单的方法。利用夹点编辑尺寸,可以改变尺寸线和尺寸文本的位置,还可以复制尺寸标注。下面以图7.72为例,介绍利用夹点编辑尺寸的方法。

(1) 点取图7.72(a)中的直径尺寸∅25,显示出夹点。

(2) 点取尺寸文本处的夹点。

(3) 移动鼠标至图7.72(a)中十字交叉丝所在的位置,单击鼠标左键,即得到图7.72(b)所示的结果。

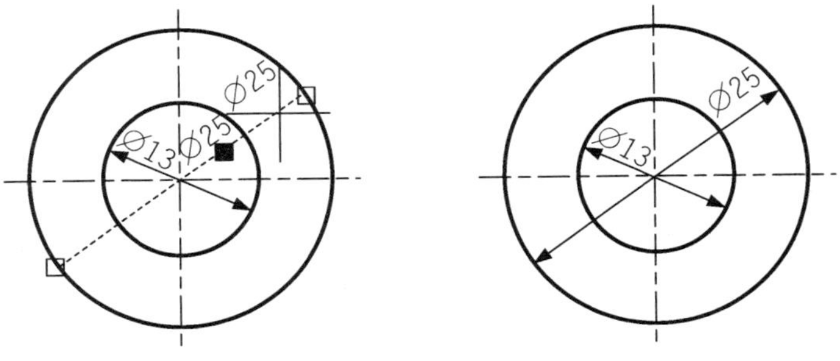

(a)　(b)

图7.72　利用"编辑标注"命令修改尺寸

2. 使用"特性"选项板

编辑尺寸最直观方便的方法是利用"特性"选项板,在"特性"选项板中可以改变对象的颜色、图层、线型、标注样式等。

7.6 其他符号的标注

7.6.1 锥度与斜度的标注

锥度和斜度的标注可以先输入符号，然后在尺寸线层画指引线来标注，数值可用多行文字来输入。机械制图国家标准规定：标注锥度符号时，锥度符号的尖端应与圆锥的锥度方向一致；标注斜度符号时，斜度符号斜边的斜向应与斜度的方向一致。

在多行文字编辑器中，选择字体“gdt”，输入小写y，可调用锥度符号；输入小写字母a，可调用斜度符号。效果如图7.73所示。

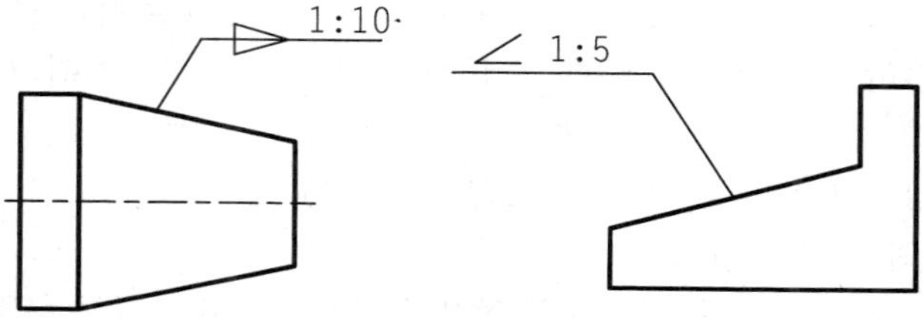

图7.73 “锥度和斜度”标注示例

锥度和斜度的符号也可以自己绘制，但应符合比例关系，如图7.74所示。

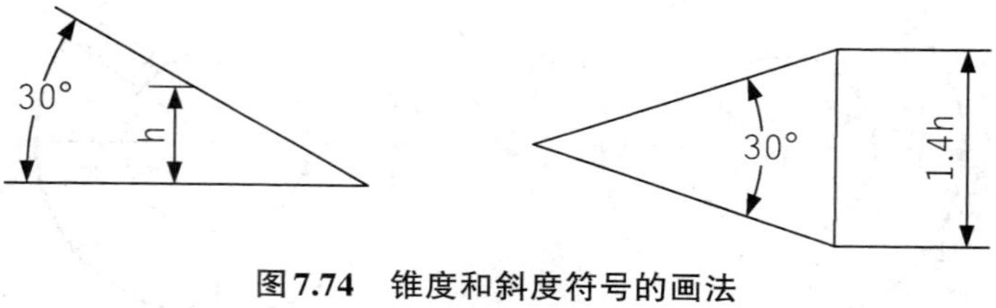

图7.74 锥度和斜度符号的画法

7.6.2 深度、埋头孔及沉孔的标注

深度、埋头孔及沉孔的标注，可先在尺寸线层画指引线，然后输入符号来标注。在多行文字编辑器中，选择字体“gdt”，输入小写x，可调用深度符号，输入小写w，可调用埋头孔符号；输入小写v，可调用沉孔符号。效果如图7.75所示。

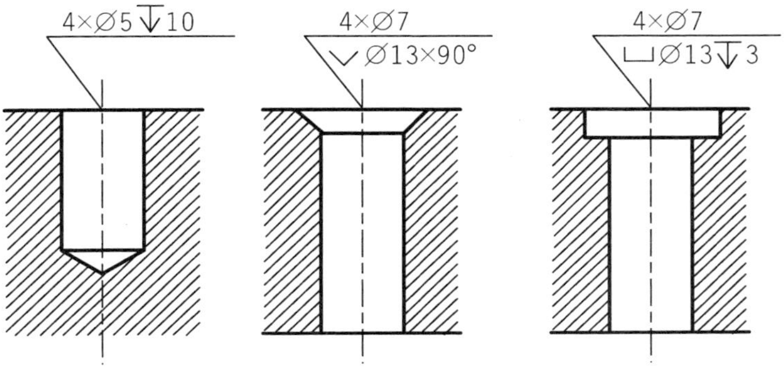

图7.75　“深度、埋头孔及沉孔”标注示例

7.6.3　表面结构符号的标注

表面结构符号用来表达零件的表面情况，包括表面粗糙度及加工方法等。由于表面结构符号涵盖的内容很多，符号不易固定，所以AutoCAD中没有固定的符号，要自己绘制。

绘制表面结构符号时应以美观和便于读图为主。可将表面符号做成块（本书在第8章中介绍），存于模板文件中，以备调用。

最常用的基本符号及粗糙度值：基本符号的大小应根据图幅和使用字体的字号来确定。一张图样上，表面结构符号大小一致。

表面结构图形符号的绘制如图7.76所示，表面粗糙度符号的尺寸见表7.3。常用的表面结构要求标注示例如图7.77所示。

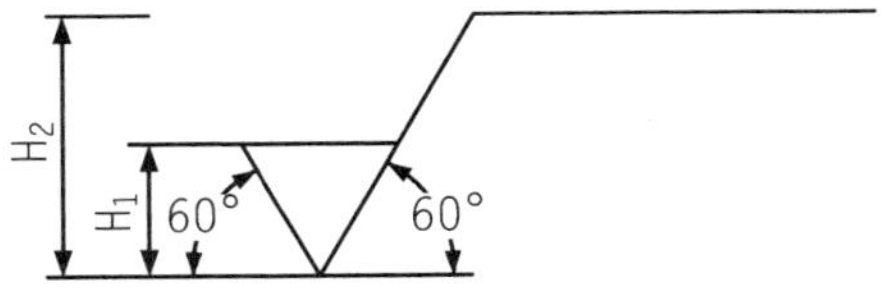

图7.76　“表面粗糙度绘制”标注示例

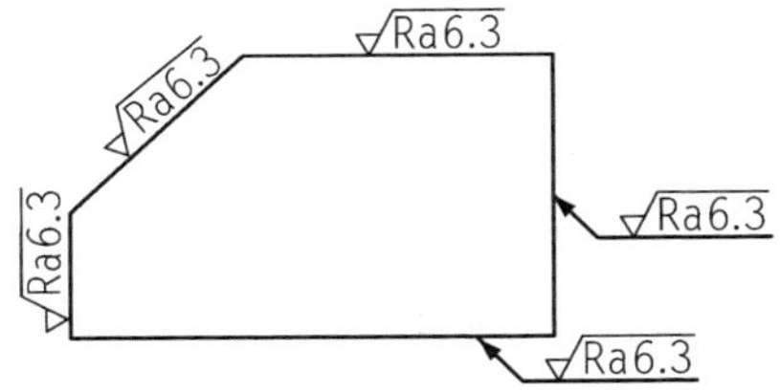

图7.77　“表面粗糙度”标注示例

表7.3　表面粗糙度符号的尺寸

数字和字母高度h	2.5	3.5	5	7	10	14	20
高度H_1	3.5	5	7	10	14	20	28
高度H_2	7.5	10.5	15	21	30	42	60
符号线宽	0.25	0.35	0.5	0.7	1	1.4	2

7.7 综 合 举 例

标注图7.78中的尺寸。

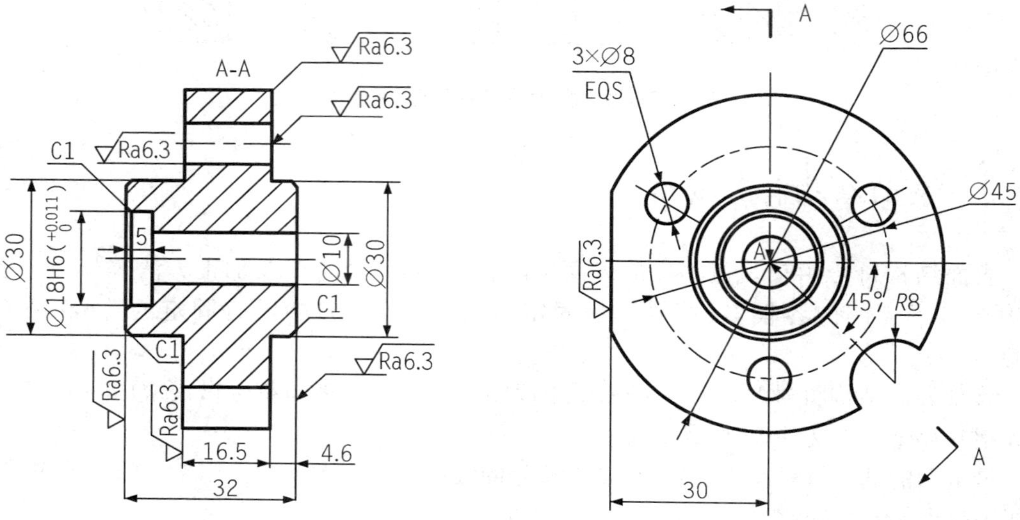

图7.78 法兰盘

1. 标注的准备工作

(1) 创建一个名为“尺寸与形位公差”的图层,如果已经创建,则置该层为当前层。

(2) 创建一个名为“工程字”的文字样式,设置方法参见本书4.8.1节“4. 应用举例”。

(3) 参照7.2.3节创建名为“机械图样式”的尺寸标注样式。

(4) 按下状态栏的“对象捕捉”按钮,并设置好常用的对象捕捉模式。

2. 进行尺寸标注

进行尺寸标注,可以按2种顺序:一是按照长度型、圆弧型、角度型和引线型等顺序标注;二是按照工程制图中对尺寸的分类进行标注,即先注定形尺寸,再注定位尺寸,最后注整体尺寸。下面按照第一种顺序进行标注。标注之前,利用“标注”工具栏,将“机械”样式置为当前样式。

(1) 用直线命令标注尺寸。

主视图中包括:5、16.5、4.6、32、∅30、∅10、左视图中的30。

(2) 标注圆弧型尺寸。

全部注在左视图:3×∅8、∅45、∅66。

(3) 标注角度型尺寸。

左视图中的45°。

(4) 标注带公差的尺寸。

标注主视图中带尺寸公差的尺寸，可按本书7.3.10节介绍的第二种方法，使用"线性标注"，在"指定尺寸线位置或[多行文字(M)/文字(T)/角度(A)/水平(H)/垂直(V)/旋转(R)]："提示下执行"多行文字"选项，通过"文字编辑器"修改尺寸文字，使其带有公差值。

综 合 练 习

1. 绘制图7.79泵体的零件图。

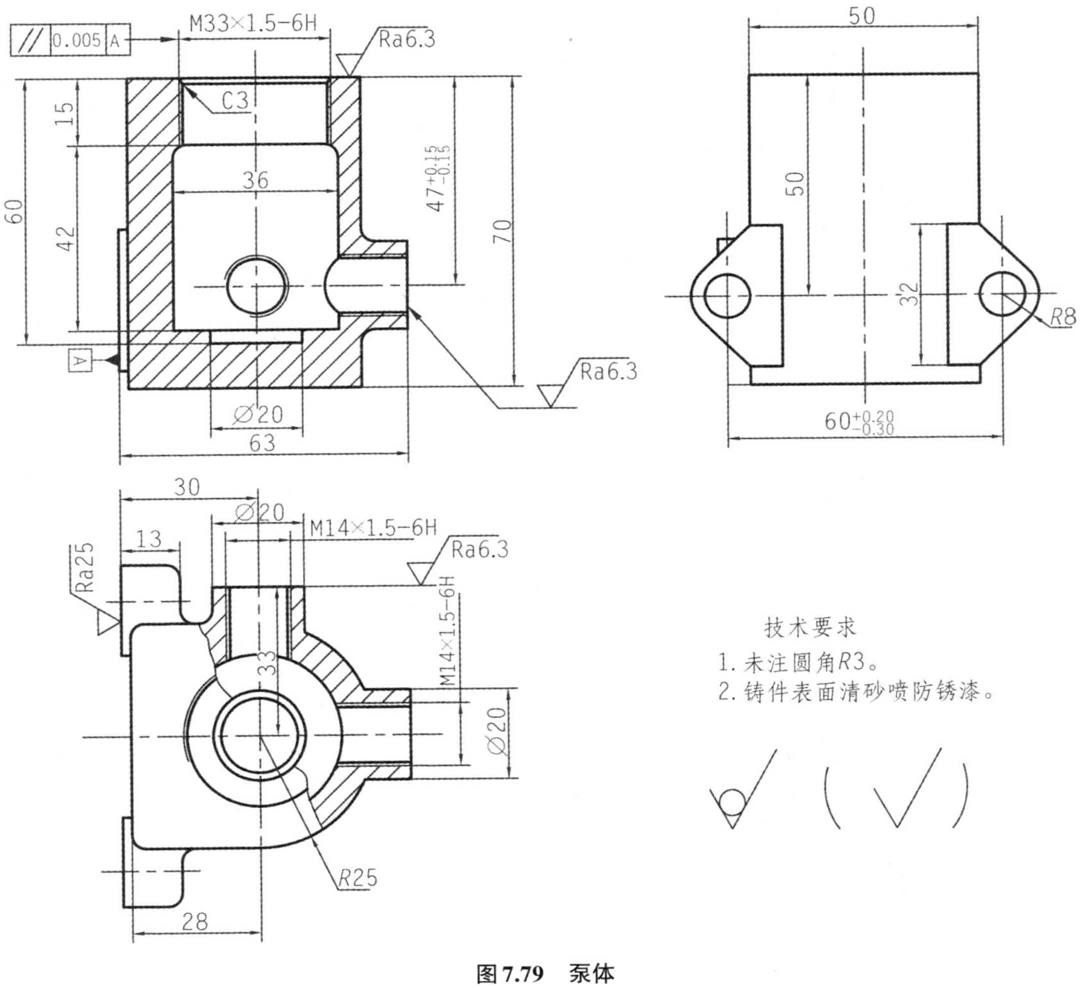

图7.79　泵体

2. 绘制托架图7.80的零件图。

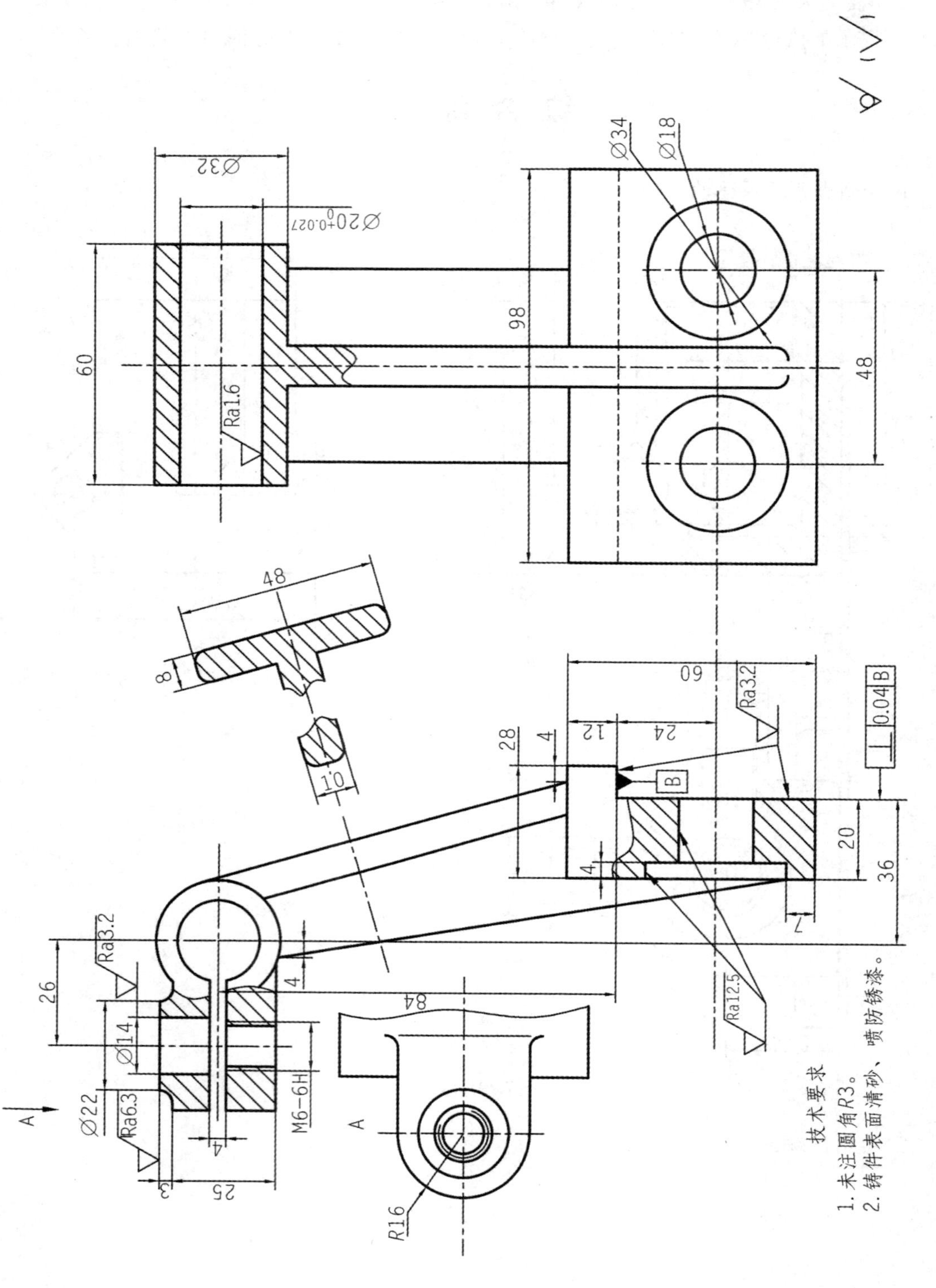
技术要求
1. 未注圆角R3。
2. 铸件表面清砂、喷防锈漆。
Ra1.6
Ra3.2
Ra6.3
Ra12.5
0.04 B
A
R16
M6-6H

图7.80 托架

第8章 块与属性

绘图时,常常需要重复使用一些图形。如果每个图形都要重新绘制,就会浪费大量的时间和存储空间。如果把一些经常要重复使用的图形定义为一个整体,在实际绘图时将其插入图形中不同的位置处,这样既提高了绘图效率又节省了存储空间。使用AutoCAD绘图,通过块和属性就可以实现这些功能。

8.1 块的特性与用途

块(Block)是由多个对象组成的集合并具有块名。用户在使用块时将它作为单一的整体来处理。块具有以下特性:

(1) 块包含一组对象和一个插入点,可以随时将块作为单个对象插到当前图形中任意指定的位置,而且在插入时可以指定不同的缩放系数和旋转角度。

(2) 块既可以包括图形,也可以包括文本。块中的文本称为属性。

(3) 组成块的各个对象可以有各自的图层、线型、线宽和颜色。

(4) 块的嵌套。一个图块中可以包含别的图块,称为嵌套。上一级块中可以包含下一级块,并且嵌套深度不限,唯一的限制是不允许循环引用。

(5) 块的分解。块可以通过使用EXPLORE命令对其进行分解。分解后的块又变成了原先组成块的多个独立对象,此时块的内容可以被修改,然后再重新定义。对块重新定义后,原先图形中所有引用该块的部分就会用新块自动更新。

(6) 块的处理。虽然块由多个图形对象组成,但它可作为单个对象来处理。所有的图形编辑与查询命令都适用于块。

基于块的上述特性,绘图时使用块主要起以下作用:

(1) 用来建立图形符号库。用户可以利用块来建立图形符号库(图库),通过对图库的分类营造一个专业化的绘图环境。例如,在机械设计绘图中,可以将螺栓、螺钉、螺母等螺纹紧固件,滚动轴承、齿轮、皮带轮等传动件,以及其他一些常用、专用零件等图形构造成块,保存在磁盘上,就建立了图形库。绘图时,把块从库中调出,插到需要的地方,即把绘图变成拼图。这样避免了大量的重复工作,提高了绘图的效率。图8.1所示对话框显示的是AutoCAD利用块为用户建立的“螺纹紧固件”图形符号库。

(2) 节省存储空间。每个块在图形文件中只存储1次,在多次插入时,计算机只保存插入信息(即块名、插入点坐标、缩放比例等),不需要把整个块重复存储,从而节省存储空间。

块的定义越复杂,相同块的引用次数越多,块的优越性越明显。

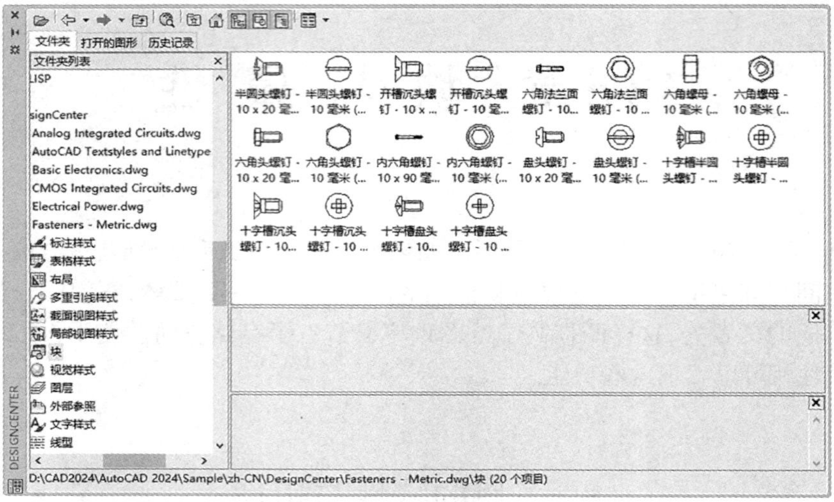

图 8.1 “螺纹紧固件”图形符号库

(3) 便于图形修改。一张工程图往往需要进行多次修改。如果需要修改图形中引用的块,只要再定义一次该块,则图中插入的所有该块均会自动地做相应的修改。

(4) 可以加入属性。在设计时,有些图形要求带有文本信息,如图8.2(a)、(b)所示机械制图中表面粗糙度代号的评定参数,建筑制图中标高符号的标高值等。AutoCAD允许为块建立属性,即加入文本信息。这些信息可以在每次插入块时改变,插入后可以控制其是否显示,或提取出来传到数据库中。

(a) 表面粗糙度块 (b) 标高块

图 8.2 加入属性的块

8.2 创建块和插入块

8.2.1 定义块

在进行块定义时,组成块的对象必须在屏幕上是可见的,即块定义所包含的对象必须已经被画出。块的定义方法很多,但定义的块只能在存储该块的图形中使用。

1. 命令的执行方法

(1) 从“默认”板块“块”面板上单击“创建”图标,如图8.3所示。

(2) 打开“绘图”下拉菜单,选择其中“块”选项下的“创建…”命令。

(3) 从命令行键入Block或Bmake并按回车键。

命令执行后,将显示“块定义”对话框,如图8.4所示。

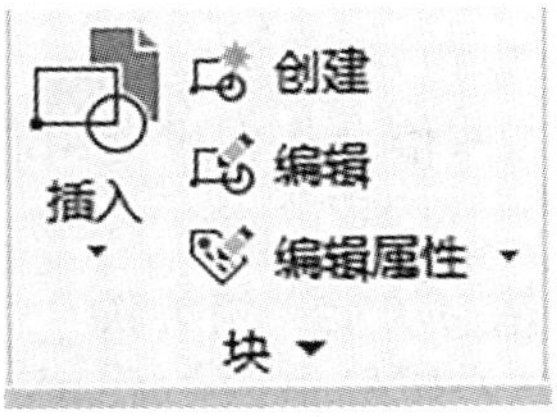

图8.3　用“块”面板激活“创建”选项

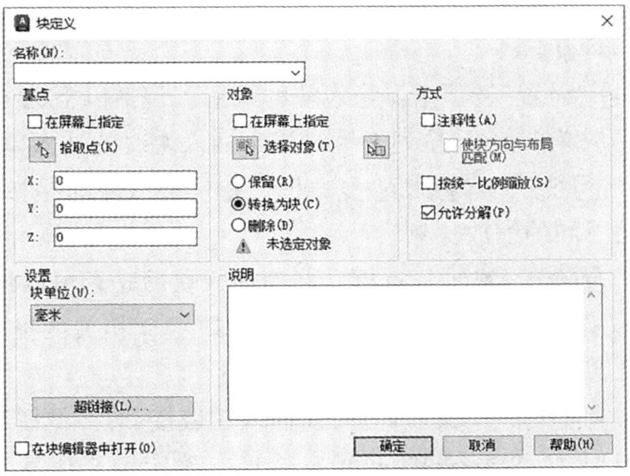

图8.4　“块定义”对话框

2. “块定义”对话框中各选项的功能

(1) “名称”下拉列表框。在该框中输入新建块的块名。块名可以包括汉字、字母、数字和特殊字符“ $ ”“ - ”“ _ ”等,不区分大小写,但最多不能超过255个字符。块名及其定义将保存在当前图形中。

(2) “基点”选项组。指定块的插入点。所指定的插入点,也是块在插入过程中旋转或缩放的基准点。理论上,可以选择任意一点作为插入点。但实际应用中,应根据块的具体结构,考虑到块在图形中的插入应用来选择基点。例如,图8.2(a)中表面粗糙度块的插入点应设置在三角形下方的顶点。在“基点”选项组,AutoCAD提供了2种指定插入点的方法:

① 直接在屏幕上指定一个点。单击“拾取点”按钮,对话框暂时消失,返回做图屏幕,用户可用十字光标在屏幕上拾取插入点(可以使用点的捕捉功能),并单击鼠标右键返回。绘图中常用这种方法。

② 在X、Y、Z文本框中直接输入插入点坐标值,AutoCAD默认的插入点是坐标系原点。

(3) “对象”选项组。指定块定义所包含的对象及控制块定义后对象的显示方式。包括以下选项:

① “选择对象”按钮。选择组成块的对象。单击此按钮,系统临时切换到绘图屏幕,并提示:“选择对象:”,在此提示下选择组成块的对象后按回车键,返回图8.4所示“块定义”对话框,同时在“名称”文本框右侧显示出由所选对象构成的块的预览图标,并在“对象”选项组的最后一行显示出“已选定n个对象”。

② “快速选择”按钮。用于快速选择满足指定条件的对象。单击此按钮,系统弹出“快速选择”对话框,用户可通过它确定选择对象的过滤条件,并快速选择满足条件的对象。

③ ○保留(R)单选按钮。选择该选项,系统将在创建块定义后,在图形中保留组成块的图

形对象。

④ ⊙转换为块(C)单选按钮。选择该选项,系统将在创建块定义后,同时把在图形中选中的组块图形对象也转换成块,插到原来的位置上。

⑤ ○删除(D)单选按钮。选择该选项,系统将在创建块定义后,在图形中删除组成块的原始图形对象。

(4)“设置”选项组。指定块的设置。包括以下选项:

① 块单位(U):下拉列表框。指定插入块时的插入单位,通过对应的下拉列表选择即可。

② □按统一比例缩放(S)复选框。指定插入块时是按统一的比例缩放,还是沿各坐标轴方向采用不同的缩放比例。

③ ☑允许分解(P)复选框。指定插入块后是否可以将其分解。

④ 说明(E):框。可在框内输入与块定义相关的描述信息,这些信息将在设计中心控制板的说明区显示出来。

⑤ 超链接(L)...按钮。通过“插入超链接”对话框使某个超链接与块定义相关联。

(5) □在块编辑器中打开(O)复选框。确定定义块后,是否立即在块编辑器中打开当前的块定义。如果打开了块定义,可对块定义进行编辑(8.2.4节介绍如何利用块编辑器修改块)。

(6)“方式”选项组。指定块的行为。包括以下选项:

① □注释性(A)复选框。用于指定块为可注释性。

② □按统一比例缩放(S)复选框。用于指定块参照按照统一比例缩放。

③ ☑允许分解(P)复选框。用于指定块参照可以被分解。

④ □使块方向与布局匹配(M)复选框。用于指定在图纸空间视口中的块参照的方向与布局的方向匹配。

3. 应用举例

分别将图8.5、图8.6所示的螺栓头和螺母垫圈定义为块。

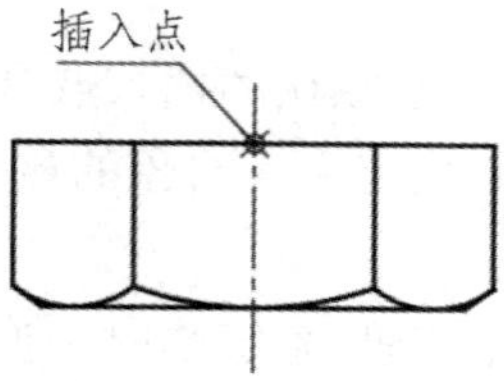

图8.5 “螺栓头”块

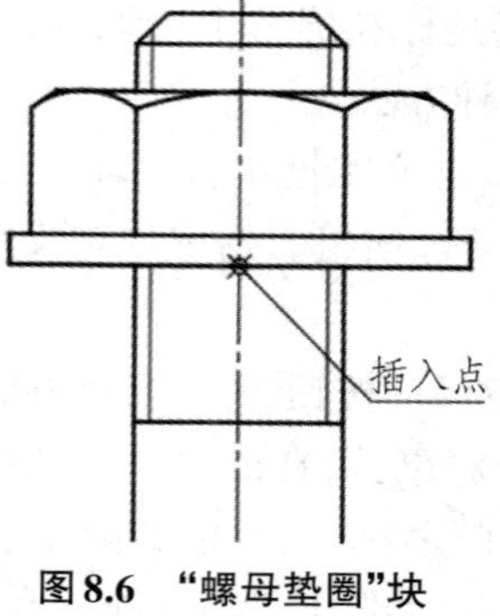

图8.6 “螺母垫圈”块

分析:绘制螺栓连接时,通常将螺栓、螺母、垫圈各部分的尺寸通过螺纹规格d进行比例折算后,按比例画法绘制的。而螺栓的公称长度L与2块被连接零件的厚度有关,被连接零件的厚度是个变量,不能与d构成比例关系,故不能将螺栓连接做成一个块,只能将其分成几部分分别做成块。

操作步骤如下：

(1) 新建一个图形文件，画出图8.5所示的图形，此时d的大小规定为1个单位。

(2) 执行块定义命令，弹出图8.4所示“块定义”对话框。

(3) 在对话框的**名称(A)**:下拉列表框内输入“螺栓头”。

(4) 点击“基点”选项组“拾取点”按钮，选择图8.5中注明的插入点作为基点。

(5) 点击“对象”选项组“选择对象”按钮，在做图屏幕选择螺栓头图形。

(6) 点击“块定义”对话框的“确定”按钮，即可将所选对象定义为块。

(7) 图8.6所示的“螺母垫圈”块的定义与此类似，请读者自己完成。

8.2.2 存储块

用“BLOCK”命令定义的块是内部块，从属于定义块时所在的图形，只能在当前图形文件中使用。要使块能插到其他图形文件中，必须用“WBLOCK”命令把当前图形文件中的块以独立图形文件(扩展名为.dwg)的形式保存在磁盘上。用“WBLOCK”命令也可以直接把当前图形文件中的一组对象作为独立图形文件的形式保存起来，而不用先把这组对象定义为块。

1.“WBLOCK”命令的执行方法

“WBLOCK”只能在命令行执行，在命令行键入w或wblock并按回车键。

“WBLOCK”命令的执行后，将弹出“写块”对话框，如图8.7所示。

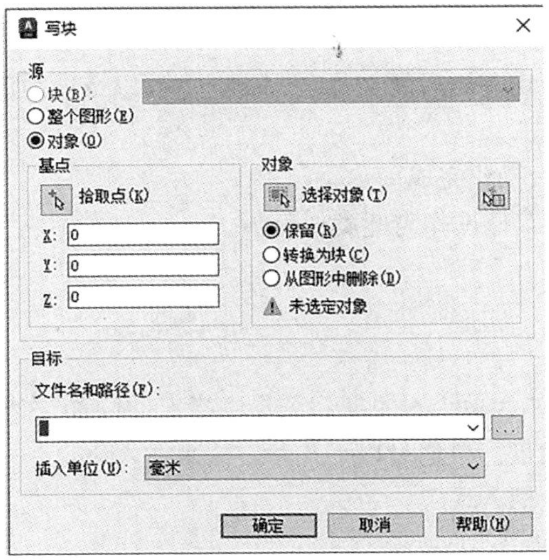

图8.7　“写块”对话框

2.“写块”对话框各选项的功能

“写块”对话框主要有“源”和“目标”2个选项组：

(1) “源”选项组。指定要写入图形文件的块或对象以及插入点。所包含的选项为：

① ⊙块(B): 单选按钮。如果当前图形文件中尚未定义过块,该按钮和右侧的名称下拉列表框不可用。如果已定义过块,选择该按钮,并从名称下拉列表中选择一个块名,将该块保存为图形文件。

② ○整个图形(E)单选按钮。将当前图形作为一个块写入图形文件。

③ ○对象(O)单选按钮。选中该按钮,利用"基点"区和"对象"区在绘图区选择图形对象并指定插入点。这种方法把所选图形对象直接定义为块并进行块存储,省去了块定义这一步骤。

④ "基点"和"对象"子选项组。指定块的插入点和选取块的对象,操作方法与"块定义"相同。只有选中"对象"单选按钮后,这2个子选项组才可用。

(2) "目标"选项组。指定要输出文件的名称、存储路径和插入单位。包含3个选项:

① 文件名和路径(F):编辑框。指定块或对象要输出到的图形文件的名称和存储路径。

② "浏览"按钮...。单击该按钮,弹出"浏览图形文件"对话框,在此框中选择存储文件的路径。

③ 插入单位(U):下拉列表框。指定新文件作为块插入时的单位。

3. 应用举例

将8.2.1中用"BLOCK"命令定义的2个块分别以文件"螺栓头.dwg"、"螺母垫圈.dwg"保存起来。

操作步骤如下:

(1) 在"命令:"提示符下,输入"WBLOCK"命令,弹出如图8.7所示的"写块"对话框。

(2) 在"源"区选中⊙块(B): 单选框,单击其右边的下拉箭头,在下拉列表中选择"螺栓头"。

(3) 在"目标"区确定块存储后的文件名、存储位置,以及该图形文件作为块被插入时的单位。

(4) 单击"确定"按钮,操作完成。

(5) "螺母垫圈"块的存储操作与此类似。

8.2.3　插入块

块定义后,就可将块作为单个对象插到图形中指定的位置,在插入的同时还可以改变所插入图形的比例与旋转角度。可通过以下几种方法来插入块。

1. 使用INSERT命令插入块

(1) INSERT命令的执行方法。

① 从"块"面板上单击"插入块"按钮,如图8.8所示。

② 打开"插入"下拉菜单,单击执行"块选项板"选项。

③ 从命令行键入INSERT或I并回车。

命令执行后,系统将弹出"插入"对话框,如图8.9所示。

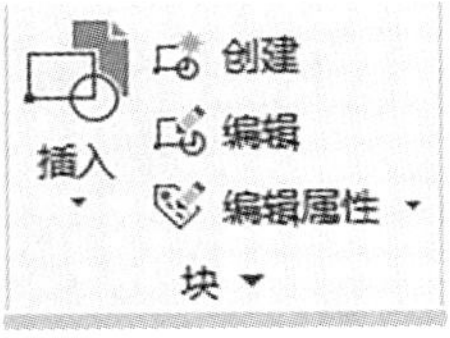

图8.8　用“块”面板激活“插入块”选项

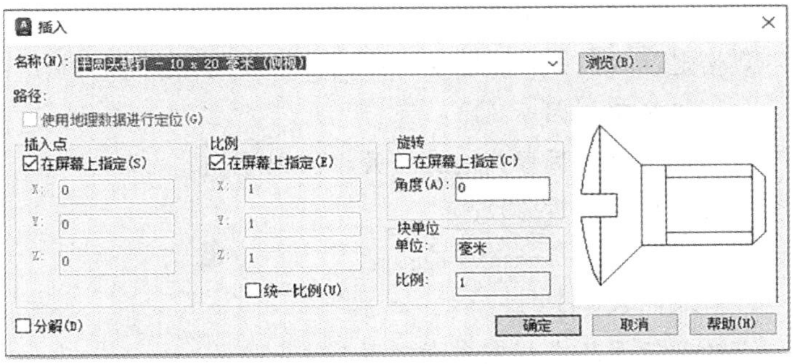

图8.9　“插入”对话框

(2)“插入”对话框各选项的功能。

① 名称(N):下拉列表框。指定所插入块或图形的名称。可以直接输入名称,或通过下拉列表框选择块,也可以单击 浏览(B)... 按钮,从弹出的“选择图形文件”对话框中选择图形文件。所选块或图形文件的名称和路径将在 路径: 后面自动显示出来。

② “插入点”选项组。指定块的插入点。可以直接在X、Y、Z编辑框中输入坐标值,若选择 ☑在屏幕上指定(S) 复选框,X、Y、Z编辑框变灰,则在退出“插入”对话框后,直接从做图屏幕上点取一点作为插入点。

③ “比例”选项组。指定块插入时的缩放比例。可以直接在X、Y、Z编辑框中输入比例值,默认比例均为1。3个方向的比例系数可等可不等,可正可负,若选取负值,则插入的图形为原图形的镜像图形。如果在定义块时选择了“按统一比例缩放”,那么只需要指定沿X轴方向的缩放比例。

若选取 ☑在屏幕上指定(E) 复选框,要求在做图屏幕上指定缩放比例。可以在命令行输入比例值,也可以在绘图区拾取两点来确定比例,第二点的方向决定了比例因子的大小和正负。

若选取 ☑统一比例(U) 复选框,Y、Z编辑框变灰,可在X编辑框中输入比例值,并强制在3个方向采用这个相同的比例。

④ “旋转”选项组。指定块插入时的旋转角度。可直接在“角度”编辑框中键入角度值,默认值为0。也可以选中 ☑在屏幕上指定(C) 复选框,用鼠标在图形屏幕上拾取一点来指定旋转角度。系统将自动测量该点和插入点的连线与X轴呈正向的夹角,并以此角度作为块插入时的旋转角度。

⑤ “块单位”文本框。显示有关块单位的信息。

⑥ ☑分解(D) 复选框。确定是将块作为单一整体来插入,还是分解成离散对象来插入。选择该框,只能指定一个X方向上的缩放比例因子,强制各方向等比例缩放。

2. 使用MINSERT命令插入块

使用MINSERT命令可以将块以矩形阵列的方式插入图形中。该命令相当于“insert”和“array”命令的组合,但不能实现环形阵列。

MINSERT命令只能在命令行执行:

命令:minsert

输入块名或[?]:

指定插入点或[基点(B)/比例(S)/X/Y/Z/旋转(R)]:

指定X比例因子〈1〉:

指定Y比例因子或〈使用X比例因子〉:

指定旋转角度〈0〉:

输入行数(———)〈1〉:

输入列数(|||)〈1〉:

输入行间距或指定单位单元(———):

指定列间距(|||):

用MINSERT命令阵列插入的多个块作为一个整体,不能用"EXPLODE"分解,或单独编辑其中的一个块。单块的阵列插入节省存储空间,因为它不重复存储具体块的信息,而只存储块插入的行数、列数、行间距、列间距等信息。

3. 使用设计中心插入块

使用AutoCAD的设计中心,可以方便地从设计中心的列表区将块插到当前的图形中,这种方法将在本章下一节中加以介绍。

4. 应用举例

将8.2.2节中存储的"螺栓头"和"螺母垫圈"块插入图8.10的装配图中。

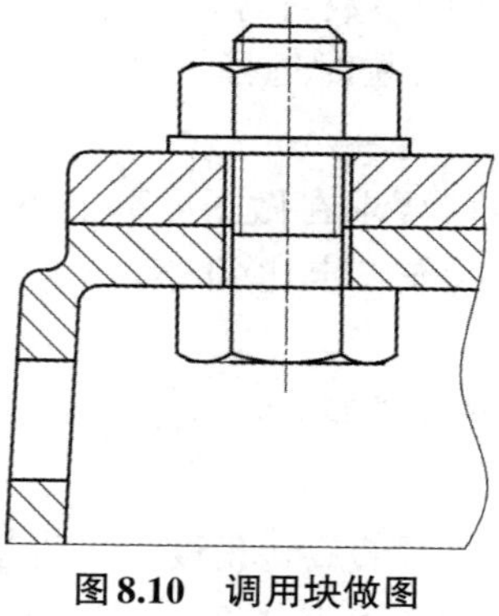

图8.10 调用块做图

操作步骤如下:

(1) 新建一个图形文件,绘制图8.10中的被连接零件。

(2) 执行"INSERT"命令,弹出图8.9所示的"插入"对话框。

(3) 单击 名称(N): 下拉列表框右边的箭头,在下拉列表中选取要插入的"螺栓头"块。

(4) 在"缩放比例"选项组的X、Y、Z编辑框中输入比例,注意X和Y方向的比例因子应输入螺纹规格d值。对话框中的其余选项选用图8.9所示的默认值。

(5) 单击"确定"按钮,返回做图屏幕。当命令行提示:"指定插入点或[比例(S)/X/Y/Z/旋转(R)/预览比例(PS)/PX/PY/PZ/预览旋转(PR)]:"时,在做图区选定块的插入点。

(6) 继续执行块插入命令,将"螺母垫圈"块插到图形中。

(7) 当所需图形定位后,将相应的线段稍做编辑即可。

8.3　块的属性

属性是从属于块的文字信息，是块的组成部分。本节介绍如何为块定义属性、属性的编辑以及属性提取。

8.3.1　属性的特点

属性不同于一般的文本信息，一般文本是使用TEXT或MTEXT命令来生成的，而属性是用ATTDEF命令定义的。与一般文本相比，属性具有如下特点：

(1) 属性从属于块。类似于绘制块的图形信息，属性在它们被包含进块定义之前也必须先生成。块定义后，属性成为块的一部分，当用ERASE命令擦去块时，属性也被擦去；旋转、移动块，属性也随着被旋转和移动。同时，用户也可生成一个仅包含属性的块。

(2) 一个块允许有多个属性，但属性必须对应于一个块。

(3) 属性包括属性标记和属性值，属性记录的信息可以在图中显示或隐藏。

(4) 属性值可以是固定的常量，也可以是在每次插入时能够加以改变的变量。

(5) 属性值可以从图形数据库中提取出来，输出成表格或数据库格式的文件，进而做成零件表或材料库等。

8.3.2　属性的定义

将属性添加到图形中的过程，称为属性的定义。

1. 属性定义的执行方法

(1) 打开“绘图”下拉菜单，选择其中“块”选项下的“定义属性...”命令。

(2) 点击“块”面板上的“定义属性”按钮。

(3) 从命令行键入Attdef后回车。

命令执行后，系统将弹出“定义属性”对话框，如图8.11所示。

2. “属性定义”对话框

(1) “模式”选项组。用于设置属性的模式。

① “不可见”复选框。选中该框，块定义和插入后属性不可见。

② “固定”复选框。选中该框，属性值为一固定的文本。属性在块插入时不会提示用户输入属性值，且不能被修改，除非重新定义块。

③ “验证”复选框。选中该框，在插入块时，用户输入属性值后将再次给出校验提示，要求用户确认所输入的属性值是不正确的。

④ “预设”复选框。选中该框，在定义属性时指定一个初始默认值，插入时不会提示用户输入属性值。与固定复选框的区别是：选中本复选框，属性插入后可编辑。

⑤“锁定位置”复选框。选中该框,锁定块参照中属性的位置。解锁后,属性可以相对于使用夹点编辑的块的其他部分移动,并且可以调整多行文字属性的大小。在动态块(见8.4节)中,由于属性的位置包括在动作的选择集中,因此必须将其锁定。

⑥“多行”复选框。选中该框,指定属性值可以包含多行文字。

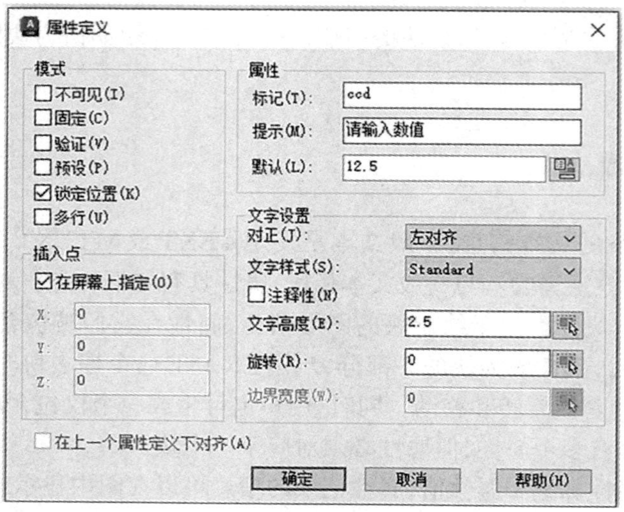

图8.11　“属性定义”对话框

(2)“属性”选项组。

①“标记”文本框。输入属性标记,除空格和惊叹号之外的任何字符,不能空缺。

②“提示”文本框。定义插入带属性的块时,系统显示的提示信息。当一个块有多个属性,在定义属性时要在该框中给出提示信息,以便块插入时,引导用户输入属性值。如果空缺,系统将把属性标记作为属性提示。

③“默认”文本框。定义属性文字的默认初始值,可以为空。

要注意区分属性标记和属性值。比如,定义表面粗糙度图块时,可以把“表面粗糙度”定义为属性标记,而具体的评定参数值“6.3”“12.5”就是属性值。标记仅在定义属性时出现,块定义和插入后,将显示属性值。

④“插入字段”按钮。单击后系统弹出“字段”对话框,通过该框可以选择字段作为属性值。

(3)“插入点”选项组。用于确定属性值的插入点,即属性文字排列的参考点。

① ☑在屏幕上指定(O)复选框。选择该复选框,在做图屏幕上选取属性的插入点。

② X、Y、Z文本框。可直接输入插入点的X、Y、Z坐标。

(4)“文字设置”选项组。用于确定属性文字的具体格式,如对齐方式、文字样式、文字高度和文字旋转角度等。

(5)“在上一个属性定义下对齐”复选框。该复选框只有在定义多个属性时才有效。选中该框,“插入点”与“文字选项”选项组均以灰色显示,表示不可用。目前定义的属性将采用前一属性的文字样式、字高以及旋转角度,放置在前一个属性定义的正下方。

属性定义完成后,使用块定义命令,将图形对象及定义的属性文字一并选中,就建立了一个带属性的块。块定义完成后,就可以将带属性的块插到图形中。

3. 应用举例

试定义图8.12所示机械制图中的表面粗糙度块,并将该块插入图8.13中。

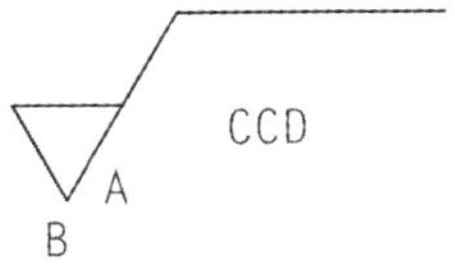

图8.12　表面粗糙度符号

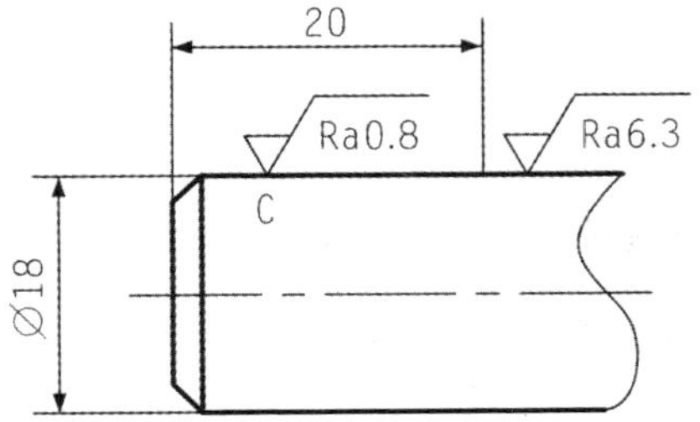

图8.13　插入表面粗糙度块

(1) 画出图8.12所示的表面粗糙度符号。

(2) 定义属性。

命令激活后,在图8.11所示"属性定义"对话框中,将"标记"文本框定义为"CCD",将"提示"文本框定义为"请输入表面粗糙度评定参数值:",将"默认"文本框定义为"Ra6.3",将插入点定义为A点,将"文字样式"定义为国标规定的样式,将"高度"值定义为2.5。单击"确定"按钮退出。

(3) 创建块。

命令激活后,在"块定义"对话框中,将块名定义为"表面粗糙度",将基点定为B点,选取图形对象和属性后,单击"确定"按钮退出。

(4) 插入块。

① 绘制图8.13中的图形,执行"插入块"命令,弹出"插入"对话框。

② 在"名称:"下拉列表框中,选择要插入的块名"表面粗糙度",选中"插入点"区的"在屏幕上指定"复选框,单击"确定"按钮,退出对话框。

③ 在命令行提示"指定插入点或[基点(B)/比例(S)/X/Y/Z/旋转(R)]:"时,拾取C点。

④ 在命令行提示"请输入表面粗糙度评定参数值:〈Ra6.3〉:"时,输入Ra0.8后回车。

⑤ 另一个表面粗糙度的标注与此类似。

8.3.3　编辑块的属性

当块定义和插入后,可以使用"Eattedit"命令更改该块中的属性特性和属性值。

1. 命令的执行方式

(1) 从"修改Ⅱ"工具栏上单击"编辑属性"图标,如图8.14所示。

(2) 打开"修改"下拉菜单,选择"对象/属性/单个…"命令。

(3) 从命令行键入"Eattedit"并按回车键。

命令执行后,系统弹出"增强属性编辑器"对话框,如图8.15所示。

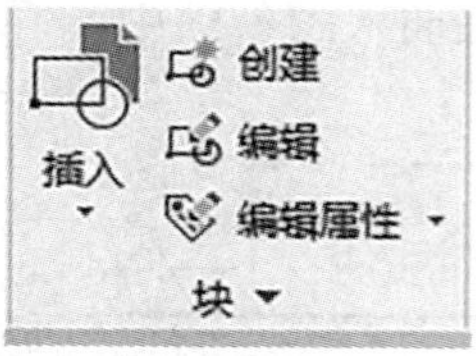

图8.14 从"块"面板激活"编辑属性"选项

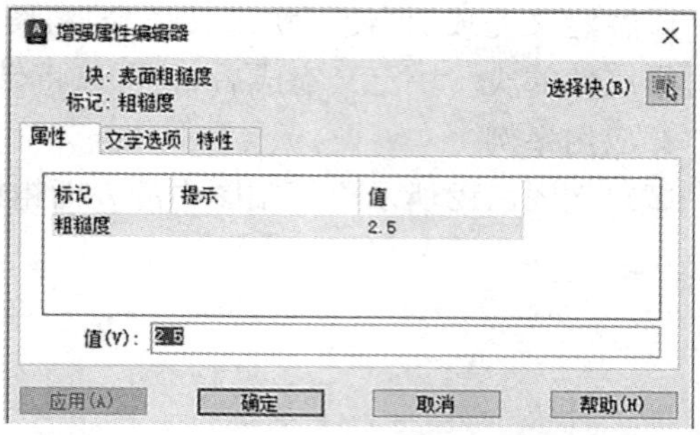

图8.15 "增强属性编辑器"对话框："属性"选项卡

2. "增强属性编辑器"对话框

(1) "块""标记"文本框。显示所选中块的名称和块属性的标记。

(2) "选择块"按钮。单击后，可在做图屏幕选取块。

(3) "属性"选项卡。如图8.15所示，用于修改属性值。在列表框中，显示所选块中的所有属性的标记、提示、属性值。选中要修改的属性，可在其下面的"值："文本框中修改选中属性的值。

(4) "文字选项"选项卡。如图8.16所示，用于修改属性文本的格式，包括文字样式、对齐方式等。

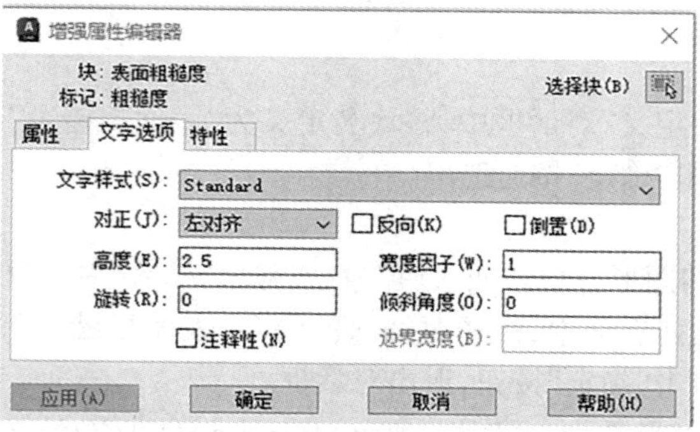

图8.16 "增强属性编辑器"对话框："文字选项"选项卡

(5) "特性"选项卡。如图8.17所示，用于修改属性文本所在的图层、线型、线宽、颜色及打印样式等。

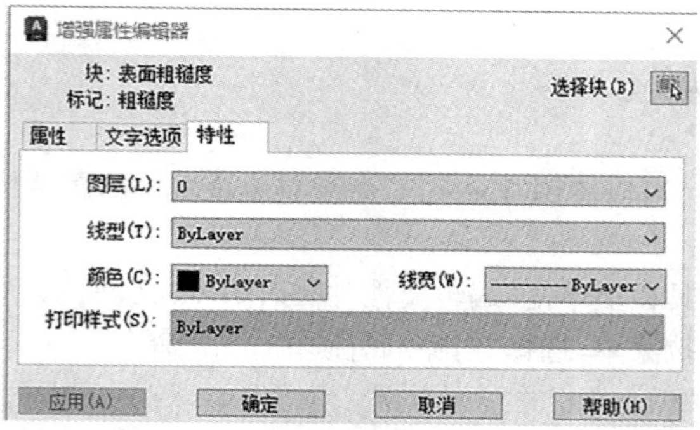

图8.17 "增强属性编辑器"对话框："特性"选项卡

8.3.4　块属性管理器

块属性管理器用来管理当前图形中块的属性,可以在块中编辑属性定义、从块中删除属性以及更改插入块时系统提示用户属性值的顺序。

命令的执行方式如下:

(1) 从"块"面板上单击"块属性管理器"图标,如图8.18所示。

(2) 打开"修改"下拉菜单,选择"对象/属性/块属性管理器..."命令。

(3) 从命令行键入"Battman"并按回车键。

命令执行后,系统弹出"块属性管理器"对话框,如图8.19所示。

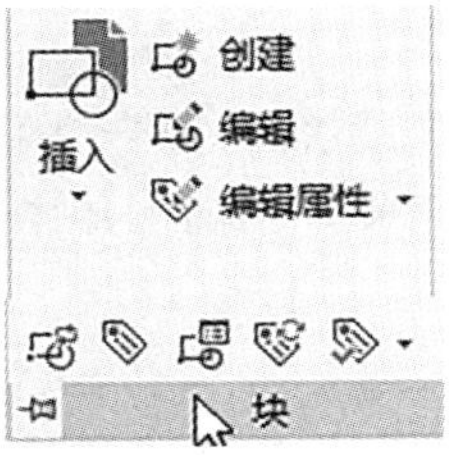

图8.18　用"块"面板激活"块属性管理器"选项

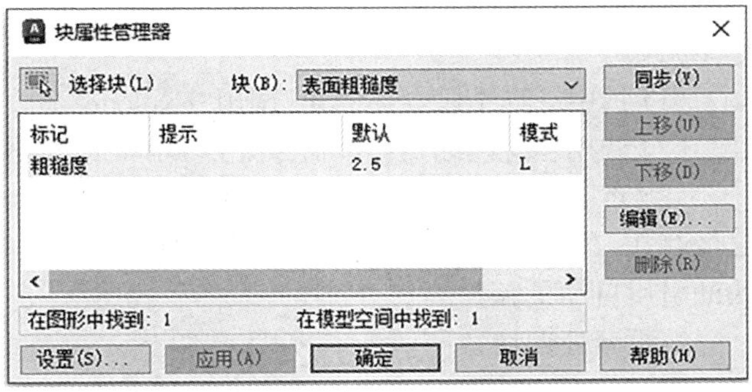

图8.19　"块属性管理器"对话框

8.4　深入使用块

8.4.1　块与图层

块可以由绘制在若干层上的对象组成,每一层上的对象均具有相同的线型、颜色和线宽等属性信息,块定义时,这些信息将随对象本身一起存储在块中。当插入这样的块时,AutoCAD有如下约定:

(1) 原来某层上的图形不继续画在相应的层上,即:

① 若块中图层与插入图形文件中图层同名,则绘制在同名层上,并按图中该层的线型、颜色、线宽绘制。

② 若插入块的图形文件中不包含块的图层,则插入时该图层上的图形元素还在原图层上绘制,系统自动为当前图形增加相应的层。

(2) 0层是一个特殊层,块插入后原来位于0层上的对象被绘制在当前层上,并按当前层的颜色、线型、线宽绘制。建议用户在创建块时定义0层为当前层。

(3) 如果插入的块由多个位于不同图层上的图形对象组成,那么冻结某一图层对象所在图层后，此图层上属于块上的图形对象就会变得不可见。而当冻结插入块的当前层时，不论块中各图形对象处于哪一层，整个块都变得不可见。

8.4.2 块的更新

当图形中多次引入了一个相同的块，比如机械设计中，一张装配图有多处螺栓连接，这些螺栓连接中的螺栓都是作为块引入的，如果需要编辑图形中这些相同的螺栓块，该怎么办呢？显然单个地编辑它们将费时费力，此时可以对块进行重新定义，来改变图中一个块的所有引用。我们称为块的更新。

1. 更新内部块

用"Block"命令定义的块，只能在当前图形中使用，可以称为内部块。更新内部块的操作步骤如下：

(1) 选中图形中已存在的块，调用"Explode"命令将这个块分解为独立对象。

(2) 调用相应的编辑修改命令处理分解后块的各个对象。

(3) 重新调用"Block"命令以被修改的块相同的名字定义块。系统将警告"图形中此块已经存在，是否重新定义"，选取"确认"按钮，即可完成块的重新定义。当前图形中所有对该块的引用自动更新。

2. 更新外部块

用"Wblock"存储的块是一个独立的图形文件，可以称为外部块。外部块的编辑修改完全使用图形文件修改的方法，打开该文件，修改后保存。打开所有调用过该外部块且需要更新的图形文件，重新插入外部块，系统将警告"图形中此块已经存在，是否重新定义"，选取"确认"按钮，即可完成对外部块的更新。

8.5 外部参照

块和属性是AutoCAD的高级应用技巧，使用块可以大大地提高工作效率，节省存储空间。通过块的重新定义，实现对图形中所有相同块的更新；因为每个块在图形文件中只存储一次，在多次插入时，计算机只保存插入信息（即块名、插入点坐标、缩放比例等），不需要把整个块重复存储，从而节省存储空间。

用"Wblock"命令建的块是一后缀名为.DWG的图形文件，也许读者会问，是否所有的图形文件（即使不是用"Wblock"命令建立的）都可以用"Insert"命令插入？回答是肯定的，当用块插入命令插入一个图形文件时，AutoCAD处理过程是：先把该文件作为块定义，且以图形名作为块名拷贝到当前文件中，然后再插入图形中。如果插入了10次，则该块在图形文件中将有10个备份，就占用很大的存储空间。如果修改了原图形，块不会跟着更新。

要解决上述问题，可采用外部参照。所谓外部参照是指一幅图形中对另一幅图形的引用。外部参照不同于块，块的数据存储在当前图形中。而外部参照的数据存储在一个外部图形中，当前图形数据库中仅存放外部文件的一个引用，并且会随着原图形的修改而自动更新。

外部参照是将当前图形之外的图形链接进来，所以它与块的作用不同。外部参照更适用于正在进行的项目的分工合作，如机械中的装配图，建筑中和各种专业图互相之间的参照。

8.5.1　"外部参照"选项板

可以通过以下几种方法打开"外部参照"选项板：

(1) 在"参照"工具栏上单击"外部参照"图标，如图8.20所示。

图8.20　用"参照"工具栏打开"外部参照"选项板

(2) 打开"参数"下拉菜单，选择其中"外部参照(N)…"命令。

(3) 从命令行键入XREF或XR并按回车键。

命令执行后，系统将弹出"外部参照"选项板，如图8.21所示。

图8.21　"外部参照"选项板

"外部参照"选项板用于组织、显示和管理参照文件，例如DWG文件(外部参照)、DWF、DWFx、PDF或DGN参考底图以及光栅图像。

只有DWG、DWF、DWFx、PDF和光栅图像文件可以从"外部参照"选项板中直接打开。

"外部参照"选项板包含若干按钮，分为2个窗格。上部的窗格称为"文件参照"窗格，可以以列表或树状结构显示文件参照。快捷菜单和功能键提供了使用文件的选项。下部的窗格称为"详细信息/预览"窗格，可以显示选定文件参照的特性，还可以显示选定文件参照的缩略图预览。

8.5.2　附着外部参照

附着外部参照就是将外部图形以参照形式插到当前图形文件中。点击"外部参照"选项板右上角处的"附着"按钮，系统弹出"选择参照文件"对话框。在该对话框中选择好参照文件之后，单击"打开"按钮，系统弹出如图8.22所示的"附着外部参照"对话框。在该对话框中进行相关设置后，点击"确定"按钮，即可将所选定的图形附着在当前图形中。

"附着外部参照"对话框中主要选项功能说明：

“名称”下拉列表框中显示的是已选定要进行附着的图形文件名。如果想再选择别的文件作为参照文件,则需要单击“浏览”按钮,在弹出的“选择参照文件”对话框中选择要附着的文件即可。

“路径类型”下拉列表框用于选择设置外部参照的路径。可选择完整(绝对)路径、外部参照文件的相对路径或“无路径”。选择“无路径”时,外部参照文件必须与当前图形文件位于同一个文件夹中。

“参照类型”用于选定外部参照的类型。附着型的外部参照可显示嵌套参照中的嵌套内容;覆盖型外部参照则不显示嵌套参照中的嵌套内容。

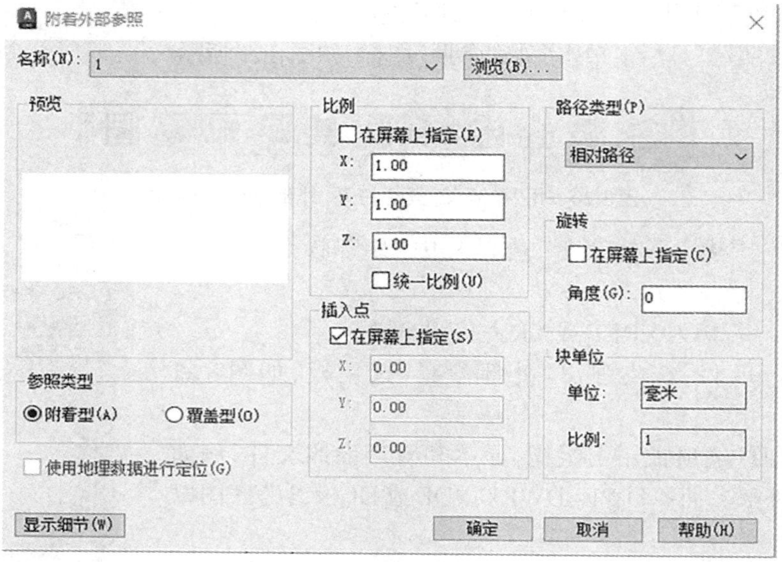

图 8.22 “附着外部参照”对话框

8.5.3 编辑外部参照

允许在当前图形中编辑块或者外部参照。在当前图形中选择要编辑的外部参照或块参照,修改其对象,然后保存对参照图形的修改。这样在进行相关图形的较小改动时,就不需要在图形之间进行切换。

以下3种方法可以激活编辑外部参照功能:

(1) 在“插入”板块“参照”面板上单击“编辑参照”图标,如图8.23所示。

(2) 选中要编辑的参照图形后右击鼠标,在弹出的快捷菜单上选择“在位编辑外部参照”。

(3) 从命令行键入REFEDIT并按回车键。

图 8.23 “参照编辑”工具栏

命令执行后,选定要编辑的外部参考图形,系统将弹出如图8.24所示的“参照编辑”对话框。点击“确定”按钮后,就可以对外部参照图形进行编辑了。编辑完成后,可使用REFCLOSE命令或“参照编辑”工具栏来结束外部参照编辑任务。

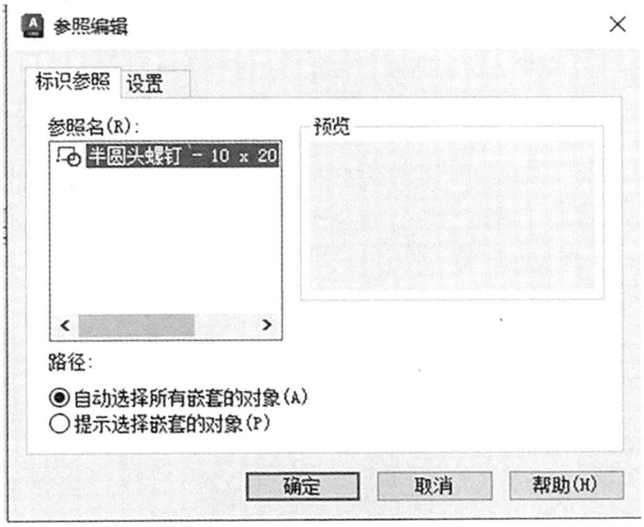

图8.24 “参照编辑”对话框

8.6 设计中心

设计中心是AutoCAD中各种设计资源的集成管理工具。利用设计中心,既可方便浏览和查找图形文件,定位和管理块、外部参照、光栅图像等不同的资源文件,也可通过简单的拖放操作,将位于本地计算机、局域网和互联网上的图形文件中的块、图层、外部参照、线型、字体、文字样式、尺寸标注样式等粘贴到当前做图区,是提高图形管理和图形设计效率的重要手段。特别是对于异地设计的多个工程师来说,通过设计中心可以分享设计内容、利用已有成果,使设计资源得到充分利用和共享。

8.6.1 启动设计中心

可以用以下5种方法启动设计中心:

(1) 从“标准”工具栏上单击“设计中心”图标。

(2) 打开“工具”下拉菜单,选择其中的“选项板”下的“设计中心”命令。

(3) 从命令行键入Adcenter并按回车键。

(4) 使用快捷键:Ctrl+2。

(5) “视图”板块“选项板”面板单击图标。

命令执行后,弹出设计中心窗口,第一次启动时为浮动状态,如图8.25所示。可单击窗口左侧的标题栏并拖动其至其他位置，当将其拖至AutoCAD窗口右侧或左侧的固定区域时，窗口将由浮动状态变为停靠状态。

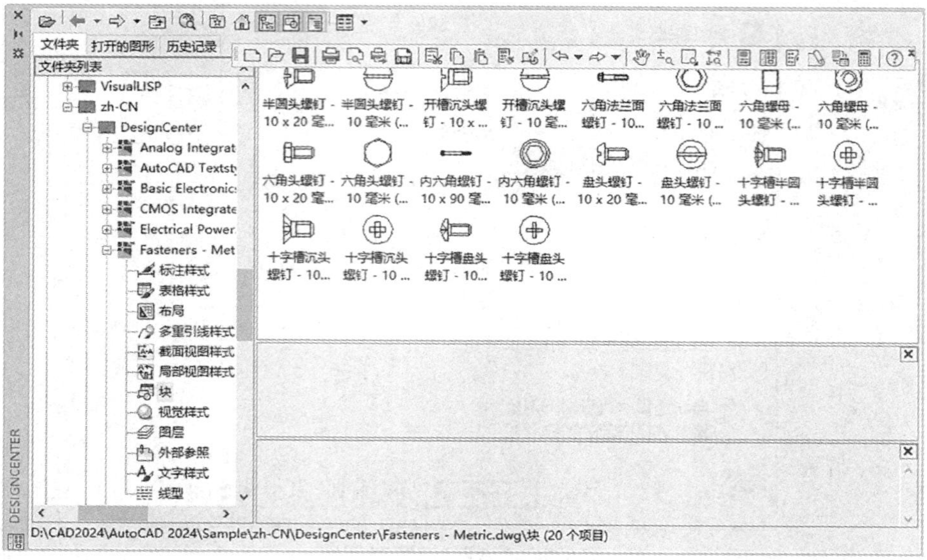

图8.25 设计中心窗口

8.6.2 设计中心窗口的结构

设计中心窗口除标题栏、工具栏、选项卡、状态栏以外，窗口左边为树状图，右边为内容显示区，如图8.26所示。

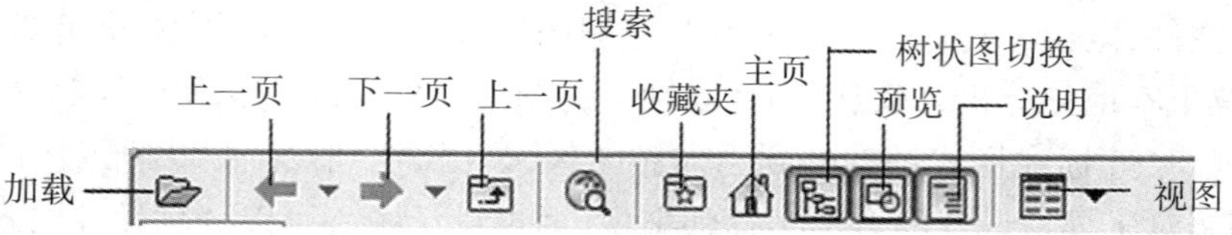

图8.26 “设计中心”的工具栏

1. 选项卡

设计中心有3个选项卡：“文件夹”“打开的图形”“历史记录”。

(1)“文件夹”选项卡。显示计算机或网络驱动器(包括“我的电脑”和“网上邻居”)中文件和文件夹的层次结构。第一次启动设计中心时，它默认打开的选项卡为“文件夹”。

(2)“打开的图形”选项卡。显示在当前环境中打开的所有图形，其中包括最小化了的图形。此时，选择某个文件，就可以在右边的内容显示区中显示该图形的有关设置，如标注样式、布局、块、图层、外部参照等。

(3)“历史记录”选项卡。显示最近访问过的文件，包括这些的具体路径。双击列表中的某个图形文件，可以在“文件夹”选项卡中的树状图中定位此图形文件，并将其内容加载到内容显示区。

2. 树状图

显示设计中心资源的树状层次。单击对象前的加号(＋)或减号(－)号可以显示或隐藏下一层的内容,双击对象也可以显示下一层的内容。单击工具栏的“树状图切换”按钮,可以显示或隐藏树状图。

3. 内容显示区

显示树状图中当前选定资源的内容,内容显示区包括列表区、预览区和说明区。

4. 工具栏

工具栏主要用于控制树状图和内容显示区信息的浏览与显示,如图8.26所示。

8.6.3　设计中心的功能

1. 利用设计中心打开图形文件

在AutoCAD的设计中心中,可以方便地把所选图形文件打开,有2种方法:

(1) 在列表区右击图形文件的图标,从打开的快捷菜单中选择执行“在应用程序窗口中打开”选项,即可打开该文件,如图8.27所示。

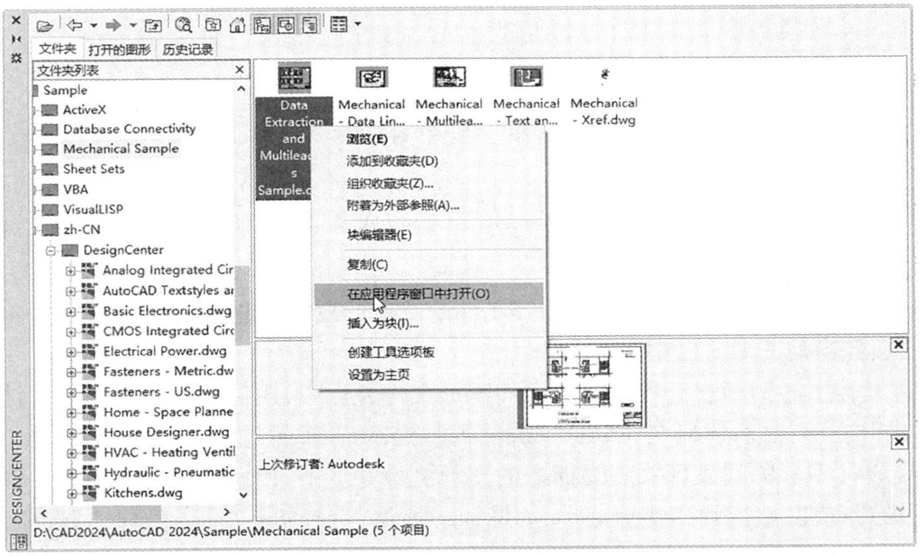

图8.27　利用“在应用程序窗口中打开”选项打开图形

(2) 从列表区中找到需要打开的图形文件的图标,左键拖动图标到AutoCAD主窗口中除做图区以外的任何地方(如工具栏区或状态栏区),松开鼠标后,即可打开该文件。

2. 查找内容

单击工具栏中“搜索”按钮,系统弹出图8.28所示的对话框。通过该对话框,可以快速查指定的内容,如图形、块、图层等。“查找”对话框提供了不同的查找条件,包括最后的修改日期;并且能够查找块的定义、说明文字等。“查找”对话框的操作和Windows的查找操作类似,本书不再赘述。

在查找到需要的内容后，可以将该内容加载到设计中心。有2种方法可以实现：

(1) 从“查找”对话框的查找结果列表中，选择项目并将其拖放到设计中心的树状图或内容显示区。

(2) 在查找结果列表中右击需要加载的项目，从打开的快捷菜单中选择“加载到内容区”选项。

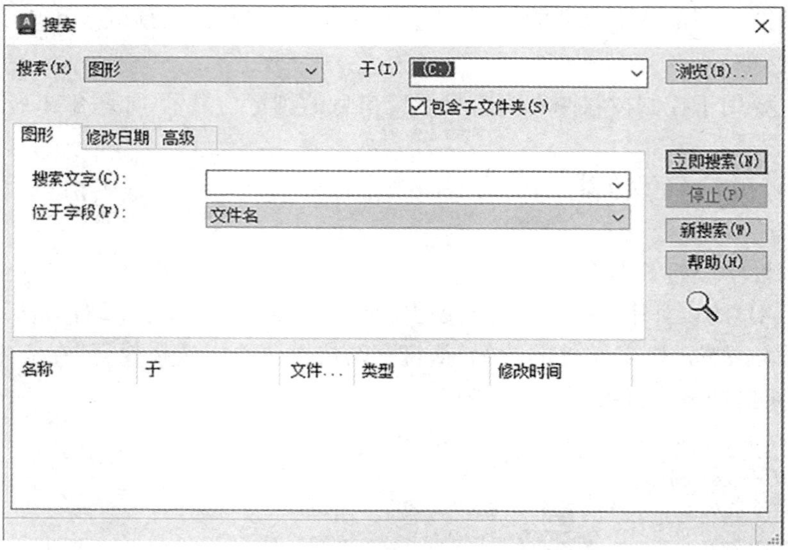

图8.28 “搜索”对话框

3. 向图形添加内容

使用设计中心，可以从设计中心的列表区，将需要的对象(图形、块、图层、文字样式、尺寸标注样式等)添加到当前图形文件中。

(1) 将图形文件作为块插入当前图形文件中。通过设计中心，有2种方法可以将图形文件作为块插到当前图形文件中：

① 在设计中心的列表区找到要插入的图形文件并选中，用鼠标左键将图形文件拖放到做图区，松开左键，然后可以在命令行完成插入过程，插入步骤与块插入时的步骤相同。

② 在设计中心的列表区找到要插入的图形文件并选中，用鼠标右键将图形文件拖放到做图区，松开右键，系统弹出快捷菜单，如图8.29所示，选择执行“插入为块...”选项，系统又弹出“插入块”对话框，以下的操作过程与块插入的步骤相同。

(2) 插入块。本章8.2节中曾提到用设计中心插入块，可以通过2种方法实现：

① 在设计中心的列表区选中要插入的块，用鼠标左键将其拖放到做图区，释放左键即可。利用此方法插入块时，系统将对图块自动进行缩放。在插入过程中，系统比较图形和插入图块的单位，并根据在“图形单位”对话框中设置的“设计中心块的图形单位”对其进行换算，依据两者之间的比例插入块。换算过程是系统自动完成的。

② 在设计中心的列表区选中要插入的块，用鼠标右键将块拖放到做图区，松开右键，系统弹出快捷菜单，如图8.30所示，选择执行“插入块...”选项，系统又弹出“插入块”对话框，以下的操作过程与块插入的步骤相同。

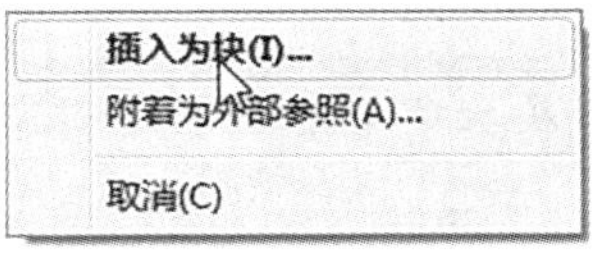

图8.29　快捷菜单

图8.30　快捷菜单

(3) 插入光栅图像。利用设计中心,可以将光栅图像(图形文件)插入图形中。有2种插入方法:

① 在设计中心的列表区选中要插入的光栅图像,用鼠标左键将其拖放到做图区,释放左键,然后根据命令行的提示输入插入点、缩放比例因子、旋转角度。

② 与上述类似,用鼠标右键将其拖放到做图区,释放右键,在弹出的快捷菜单中,选中并执行"附着图像..."选项,系统弹出类似于"插入"的对话框,在该框中定义插入点、缩放比例和旋转角度后,单击"确定"即可。

(4) 插入外部参照。在设计中心的列表区找到要插入的图形文件并选中,用鼠标右键将图形文件拖放到做图区,松开右键,系统弹出快捷菜单,如图8.29所示,选择执行"附着为外部参照..."选项,系统又弹出"外部参照"对话框,以下的操作过程与块插入的步骤相同。

(5) 在图形之间复制图层、线型、文字样式、尺寸样式和布局。在设计中心的列表区选中要插入的图层、线型等对象,用鼠标左键将其拖放到做图区,释放左键即可。但注意要复制的对象和当前图形中的对象不能重名。

综 合 练 习

1. 什么是块? 它有哪些特性与用途?
2. 什么是属性? 属性有哪些主要特点?
3. Block命令和Wblock命令有什么区别和联系?
4. 属性编辑有几种方法?
5. 块、图形文件和外部参照的区别有哪些?
6. 定义图8.31(a)所示的基准符号块,并将其插入图8.31(b)中。

操作提示:h为字高,A点为基准符号块的插入点。

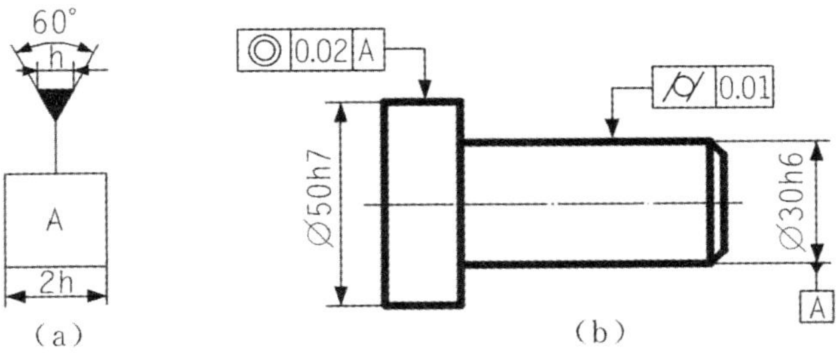

图8.31　将基准符号定义成块并绘图

7. 将标题栏定义为带属性的块。

操作提示:标题栏内带括号的文本为属性,要用属性定义命令完成。其余的用文本标注命令书写(图8.32)。

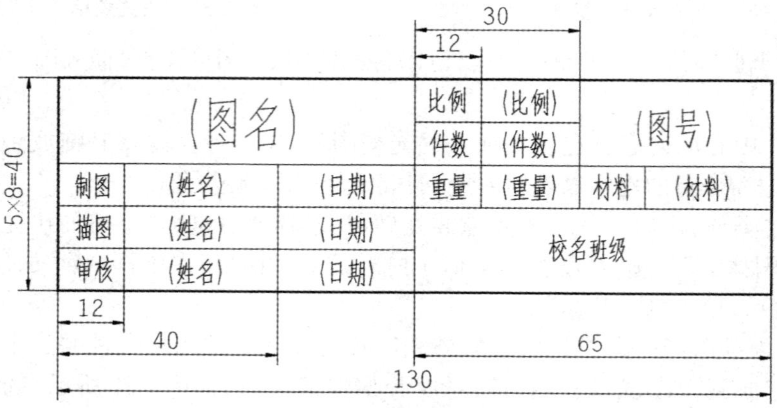

图8.32　将标题栏定义成带属性的块

第9章 三维实体造型

9.1 创建三维模型

传统的工程设计图纸只能表现二维图形，即使是三维轴测图也是设计人员利用轴测图画法把三维模型绘制在二维图纸上，本质上仍然是二维的。

现在，在计算机上，能够通过计算机辅助设计软件真实地创建出和现实生活中一样的模型，这些模型对工业设计有着重要的意义。可以在具体生产、制造、施工前通过其三维模型仔细地研究其特性，例如进行力学分析，运动机构的干涉检查等。及时发现设计时的问题，并加以改进和优化，最大限度地降低设计失误带来的损失。

AutoCAD中有3类三维模型：三维线框模型、三维曲面模型和三维实体模型。

1. 三维线框模型

三维线框模型是由三维直线和曲线命令创建的轮廓模型，没有面和体的特征是三维对象的骨架。用户可以在三维空间的任何位置，利用二维对象来创建线框模型，如图9.1所示。

2. 三维曲面模型

三维曲面模型是由曲面命令创建的没有厚度的表面模型，具有面的特征。它是使用多边形网格定义镶嵌面，由于网格面是微小平面，所以网格表面是近似的曲面。曲面不透明，而且能挡住视线，如图9.2所示。

3. 三维实体模型

三维实体模型是由实体命令创建的具有线、面、体特征的实体模型，是最方便、最易使用的一种三维建模方法。AutoCAD为用户提供了8种基本三维实体模型，包括平面立体（多段体、长方体、楔体、棱锥面）和曲面立体（圆柱体、圆锥体、圆球、圆环）等，具有体的特征，表示整个对象的体积。AutoCAD还提供了丰富的实体编辑和修改命令，各实体之间可以进行多种布尔运算命令，从而可以创建出复杂形状的三维实体模型，如图9.3所示。

AutoCAD 2024的三维设计能力比前面的版本有着质的飞跃，提供了便利于创建三维对象的工作空间，配合动态输入，让简单三维模型更接近参数化，并且增加了动态UCS等工具，让AutoCAD三维建模变得更加简单容易。本章重点介绍创建和编辑三维实体模型。

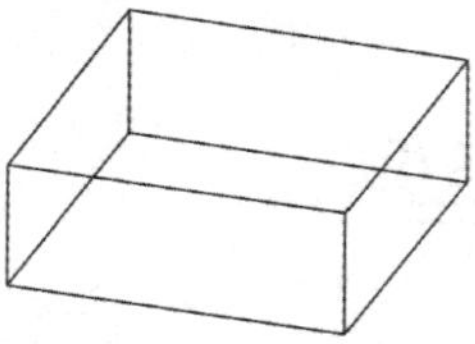

图9.1 三维线框

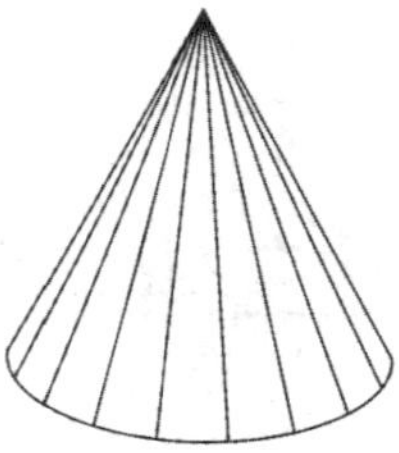

图9.2 三维曲面

图9.3 三维实体

9.1.1 设置三维环境

AutoCAD 2024专门为三维建模设置了三维的工作空间，需要使用时，可以有多种方式进入三维建模工作空间。

(1) 单击状态栏上的切换工作空间图标，在系统弹出的如图9.4所示的菜单栏中选择“三维建模”命令。

(2) 单击快速访问工具栏中的工作空间下拉列表框，选择“三维建模”命令，如图9.5所示。

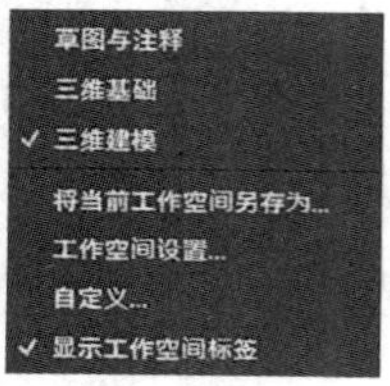

图9.4 菜单栏

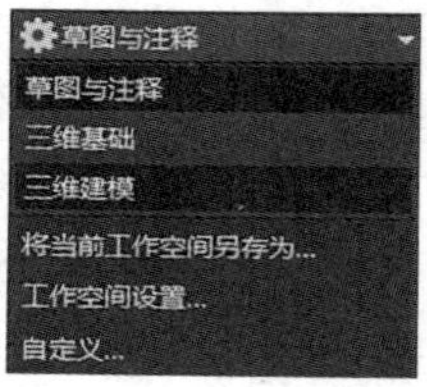

图9.5 工作空间下拉列表框

(3) 新建图形时使用“acadiso3D”样板图。

进入“三维建模”工作空间后，整个工作界面成为专门为三维建模设置的环境，如图9.6

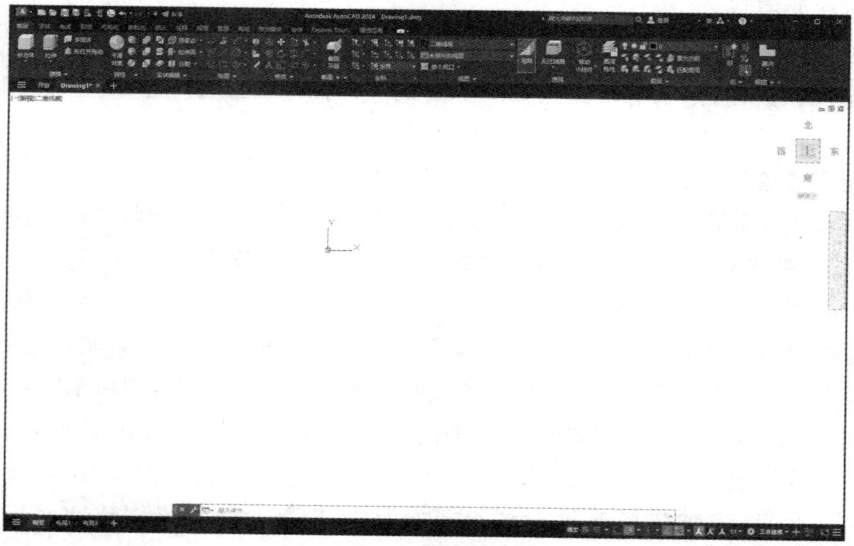

图9.6 三维建模工作空间

所示。中间空白处为三维建模绘图区域，功能区内是三维建模常用的一些工具选项板，由左到右分别是："常用"选项卡、"实体"选项卡、"曲面"选项卡、"网格"选项卡、"渲染"选项卡、"参数化"选项卡等。每个选项卡包含一组面板，通过切换选项卡，可以选择不同功能的面板，使用非常方便。

9.1.2　三维建模坐标系

在AutoCAD中采用了笛卡儿坐标系（直角坐标系）和极坐标系2种确定坐标的方法。还提供了世界坐标系（WCS）和用户坐标系（UCS）进行坐标变换。

1. 三维笛卡儿坐标系

笛卡儿坐标系在三维空间扩展为三维笛卡儿坐标系，增加了Z轴，是通过使用3个坐标值来确定精确的空间位置，表示为X、Y、Z，如图9.7所示。

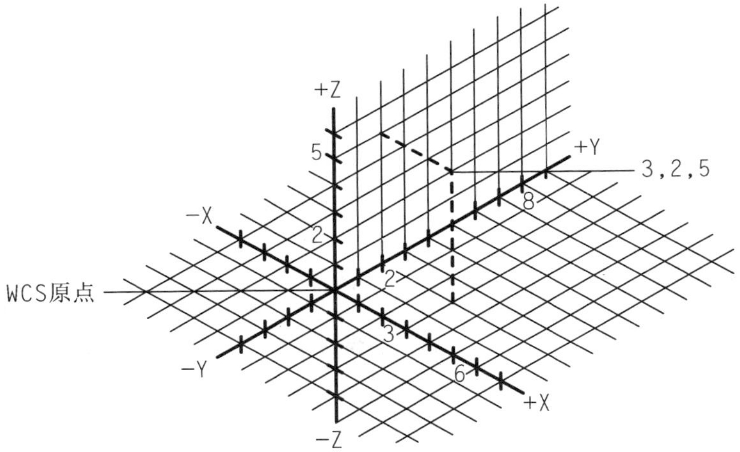

图9.7　三维笛卡儿坐标系

2. 柱坐标系与球坐标系

对于极坐标系在三维空间中有2种扩展：一种是增加了Z轴的柱坐标系，另一种是增加了与XY平面成角度的球坐标系，如图9.8所示。三维柱坐标通过XY平面与UCS原点之间

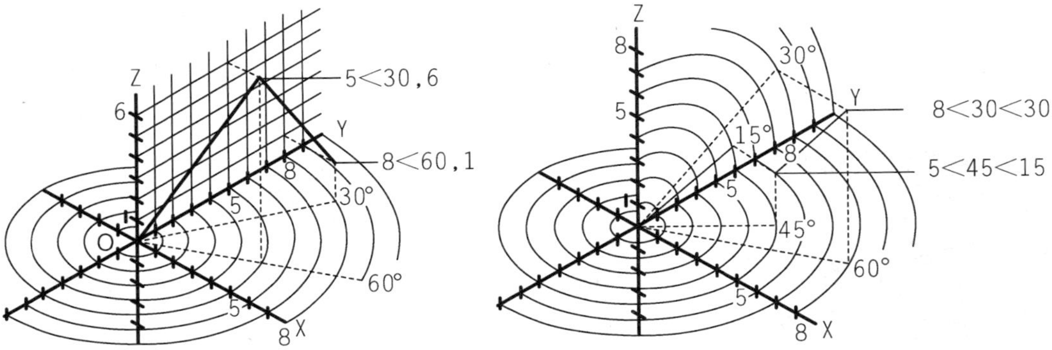

图9.8　柱坐标系与球坐标系

的距离，XY平面中与X轴的角度以及Z值来描述精确位置，表示为[X<(与X轴所成的角度)、Z]；三维球坐标通过指定某个位置距当前UCS原点的距离，在XY平面中与X轴所成的角度以及与XY平面所成的角度来指定该位置，表示为[X<(与X轴所成的角度)<(与XY平面所成的角度)]。

3. 世界坐标系与用户坐标系

AutoCAD提供了2个坐标系，一个称为世界坐标系(WCS)的固定坐标系，一个是用户自己建立的称为用户坐标系(UCS)的可移动坐标系。UCS对于输入坐标，定义绘图平面和设置视图非常有用。改变UCS并不改变视点，只会改变坐标系的方向和倾斜度。

创建三维对象时，可以重定位UCS来简化工作。UCS在三维空间中尤其有用。将坐标系与现有几何图形对齐比计算三维点的精确位置要容易得多。例如，如果创建了三维长方体，则可以通过编辑时将UCS与要编辑的每一条边对齐来轻松地编辑长方体。

默认情况下，用户坐标系UCS与世界坐标系WCS相重合。在绘图过程中用户可以通过指定原点和一个或多个绕X、Y、Z轴的旋转来定义任意的UCS，如图9.9所示。

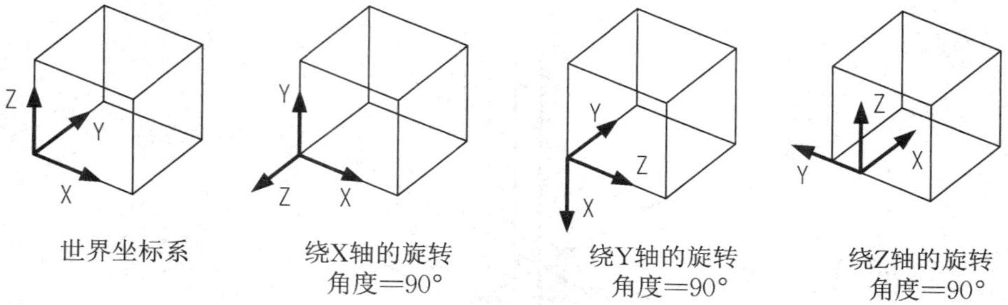

图9.9　旋转坐标系

9.1.3　创建用户坐标系

AutoCAD通常是在基于当前坐标系的XOY平面上进行绘图的，这个XOY平面称为构造平面。在三维环境下绘图需要在三维模型不同的平面上绘图。因此，要把当前坐标系的XOY平面变换到需要绘图的平面上，也就是需要创建新的坐标系，这样可以清楚方便地创建三维模型。

1. 创建用户坐标系

所谓创建用户坐标系，也可以理解为变换用户坐标系。就是要重新确定坐标系新的原点和新的X轴、Y轴、Z轴的方向。用户可以根据需要定义、保存和恢复任意多个用户坐标系。

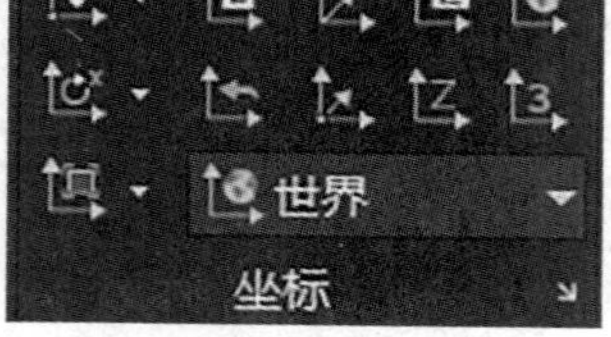

图9.10　“坐标”面板

AutoCAD提供了多种方法来创建用户坐标系，执行方法如下：

(1) 功能区：“常用”选项卡→“坐标”面板(图9.10)。

(2) 菜单：“工具”→“新建UCS”。

(3) 输入命令：UCS〈Enter〉。

使用菜单和"坐标"面板可以直接选择需要的"UCS",而输入命令就必须在命令提示选项中进行选择。激活UCS命令后,命令行响应如下:

命令:UCS〈Enter〉

指定UCS的原点或[面(F)/命名(NA)/对象(OB)/上一个(P)/视图(V)/世界(W)/X/Y/Z/Z轴(ZA)]

· 选项"面(F)":将UCS与实体对象的选定面对齐。UCS的X轴将与找到的第一个面上的最近的边对齐。

· 选项"命名(NA)":按名称保存并恢复通常使用的UCS方向。

· 选项"对象(O)":在选定图形对象上定义新的坐标系。AutoCAD对新原点和X轴正方向有明确的规则。所选图形对象不同,新原点和X轴正方向也不同。

· 选项"上一个(P)":恢复上一个UCS。程序会保留在图纸空间中创建的最后10个坐标系和模型空间中创建的最后10个坐标系。

· 选项"视图(V)":以垂直于观察方向(平行于屏幕)的平面为XOY平面,建立新的坐标系。UCS原点保持不变。在这种坐标系下,可以对三维实体进行文字注释和说明。

· 选项"世界(W)":将当前用户坐标系设置为世界坐标系。

· 选项"X/Y/Z":将当前UCS绕选定的X轴或Y轴、Z轴旋转指定角度。

· 选项"Z轴(ZA)":用指定新原点和指定一点为Z轴正方向的方法创建新的UCS。

用户可以根据需要进行选择,对用户坐标UCS进行设置。该选项提示中,有些项也可以利用"工具"菜单或"坐标"面板直接设置。

2. 动态UCS

AutoCAD 2024延续之前版本中的动态"DUCS"工具的触发方式,在界面最底部状态栏单击即可触发,应用非常方便,如图9.11所示。使用动态UCS功能,可以在创建对象时使UCS的XOY平面自动与实体模型上的平面临时对齐。

图9.11 "DUCS"状态栏开关

实际操作的时候,先激活创建对象的命令,然后将光标移动到想要创建对象的平面,该平面就会自动亮显,表示当前的UCS被对齐到此平面上。接下来就可以在此平面上继续创建命令完成创建。

注意,动态UCS实现的UCS创建是临时的,当前的UCS并不真正切换到这个临时的UCS中,创建完对象后,UCS还是回到创建对象前所在的状态。

9.1.4 控制UCS

通过选择原点位置和XOY平面的方向以及Z轴,可以重新定位UCS。可以在三维空间的任意位置定位和定向UCS。在任何时候都只有一个UCS为当前UCS。所有的坐标输入和坐标显示都是相对于当前的UCS。

1. 控制UCS图标的显示

执行方法有：

(1) 功能区："常用"选项卡→"坐标"面板中。

(2) 命令：Ucsicon 〈Enter〉。

命令的提示和选项：

输入选项[开(ON)/关(OFF)/全部(A)/非原点(N)/原点(OR)/特性(P)]〈开〉：

· 选项"开(ON)/关(OFF)"：控制UCS图标在屏幕上打开或关闭。

· 选项"全部(A)"：控制所有视窗中UCS图标的显示，否则只作用当前视窗。

· 选项"非原点(N)"：将UCS图标显示在视窗的左下角，与原点位置无关。

· 选项"原点(OR)"：将UCS图标显示在当前UCS原点位置上。

· 选项"特性(P)"：打开设置"UCS图标"对话框。

通过图9.12"UCS图标"对话框可以对UCS图标的各种特性进行设置。

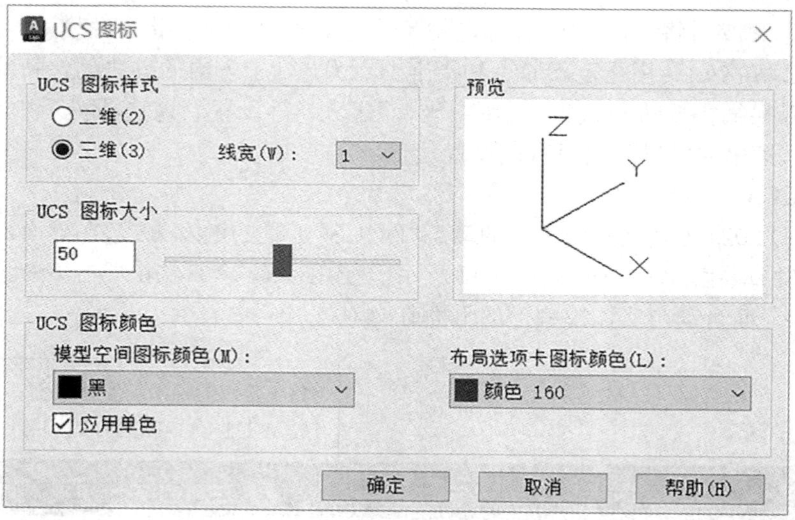

图9.12 "UCS图标"对话框

2. 控制UCS图标的位置

可以按以下几种方法控制UCS：

(1) 指定新的原点，新的XOY平面或新的Z轴。

(2) 将新的UCS与现有的对象对齐。

(3) 将新的UCS与当前观察方向对齐。

(4) 绕当前UCS的任意轴旋转当前UCS。

(5) 将新的Z轴深度应用到现有UCS中。

(6) 通过选择面来应用UCS。

以上几种方法都可以重新定义UCS的位置，用户可以根据情况任选其一。

3. 使用UCS预置

如果用户不想定义自己的UCS，则可以从几种预置坐标系中进行选择。“UCS”对话框的“正交UCS”选项卡上的图像将显示可用的选择。

选择预置UCS方法有：

(1) 功能区：“常用”选项卡→“坐标”面板中。

(2) 命令：Ucsman：〈Enter〉。

(3) 菜单：“工具”→“命名UCS”打开“UCS对话框”。

这几种方法都可以打开如图9.13所示的“UCS”对话框，在该对话框的“正交UCS”选项卡上选一个方向“置为当前”然后“确定”。

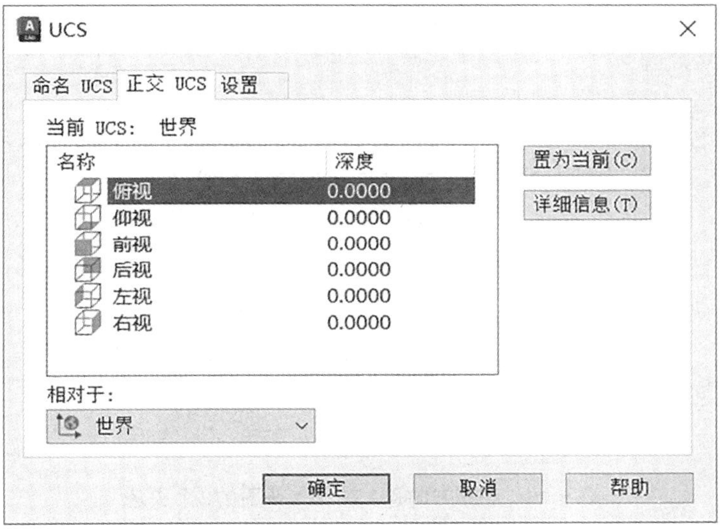

图9.13　“UCS”对话框

如果已指定UCS，可以控制选择预置选项是相对于当前的UCS方向切换UCS，还是相对于默认世界坐标系WCS切换UCS。如果恢复WCS、恢复上一个UCS或将UCS设置到当前视图，则该项无效。

9.1.5　设置三维视点

视点是指观察图形的方向。创建三维模型要在三维空间进行绘图，不但要变换用户坐标系，还要不断变换三维模型的显示方位，也就是设置三维观察视点的位置，这样才能从空间不同方位来观察三维模型，使得创建三维模型更加方便快捷。

在AutoCAD中，要创建和观察三维图形，就一定要使用三维坐标系。用户在观察三维对象时根据观察角度的不同，所得到的观察效果也不同。平面坐标系的变化和使用方法同样适用于三维坐标系。例如，绘制正方形时，如果使用平面坐标系，即Z轴垂直于屏幕，此时只能看到物体在XY平面上的投影，也就是俯视图。如果将视点调整至当前坐标系的左上方，即三维视点，就可以看到一个三维物体，如图9.14所示。

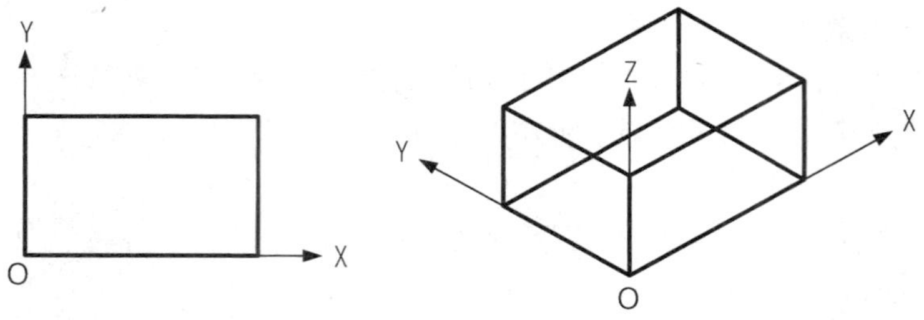

图9.14　长方体在平面坐标系三维坐标系中显示的效果

不同的视点决定了不同的观察方向。观察方向是指视点到坐标原点的连线。观察方向是通过2个夹角来定义的。这2个夹角是:视点到坐标原点的连线与其在XY平面的投影的夹角,以及该投影与X轴正向的夹角。图9.15表示了通过相对于WCS的X轴和XY平面的2个夹角定义观察方向。

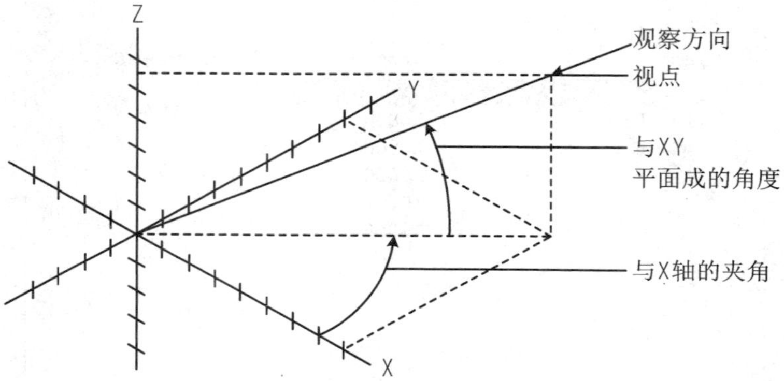

图9.15　观察方向和X轴、XY平面的2个夹角

在模型空间中,可以从任何位置观察图形;也可以在多视窗中设置不同的视点,使多视窗中的图形构成真正意义上的多个视图和等轴测图。

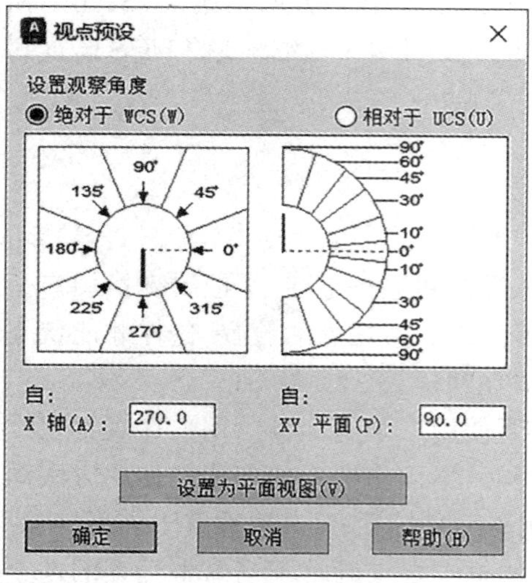

图9.16　"视点预设"对话框

视点设置不能应用于图纸空间,因为图纸空间中的视图永远是平面视图。在AutoCAD中,可以使用视点预置、视点命令等多种方法来设置视点。

1. 利用对话框设置视点

(1) 在菜单中选择→"视图"→"三维视图"→"视点预设"命令。

(2) 命令行:"ddvpoint"命令。

这2种方法都能够打开"视点预设"对话框,在该对话框中可以为当前视口设置视点,如图9.16所示。

对话框中"设置观察角度"区域里内,黑针指示新角度,灰针指示当前角度。左边的圆形图用于设置原点和视点之间的连线在XY平面的投影与X轴正向的夹角；右边的半圆形图用于设置该连线与投影线之间的夹角。具体的角度值，用户可以在图上直接点取，也可以在"X轴""XY平面"2个文本框内直接输入。

单击"设置为平面视图"按钮，可以设置查看角度以相当于选定坐标系显示平面视图。在默认情况下，观察角度都是相当于WCS坐标系的，如果用户选择了"相当于UCS"的单选按钮，可以相当于UCS坐标系定义观察角度。单击"确定"按钮，即可在绘图区域显示视点预设的结果。

2. 利用"vpoint"命令设置视点

"vpoint"命令是将观察者置于某个位置上观察图形，就好像从空间的一个指定点向原点(0,0,0)方向观察。

执行"vpoint"命令后，命令行将显示如下提示信息：

指定视点或[旋转(R)]〈显示指南针和三轴架〉:

该提示信息中的各选项意义如下：

① 指定视点。确定一点作为视点方向。在多视窗中，可以根据不同视窗中视点的需要输入坐标。也可以用光标在绘图区内任取一点作为视点，系统会自动将该点与坐标原点的连线方向作为观察方向，并在屏幕上按该方向显示图形的投影。

② 旋转(R)。根据角度确定视点方向。执行该选项后，命令行将显示如下提示信息：

· 输入XY平面中与X轴的夹角：输入视点的投影与X轴正向的夹角。

· 输入与XY平面的夹角：输入视点方向与其在XY平面上投影的夹角。

该选项与对话框方式相似。

③ 显示指南针和三轴架。执行该选项后，AutoCAD在绘图区域内将显示如图9.17所示的指南针和三轴架。

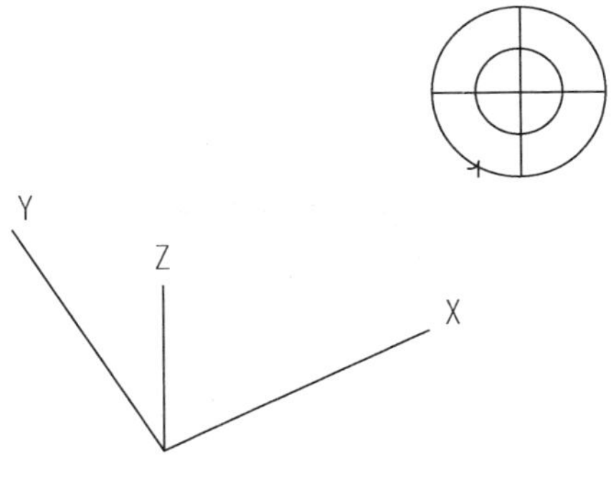

图9.17　指南针和三轴架图

用指南针和三轴架确定视点的方法是：拖动鼠标使光标在指南针范围内移动，这时三轴架的X、Y轴也会绕着Z轴转动。三轴架转动的角度与光标在指南针上的位置相对应。光标位于指南针的不同位置，相应的视点也不同。指南针实际上是球体的俯视图，它的中心相当于地球的北极，视点位于Z轴正方向；内圆相当于赤道，视点在球体的半球上；外圆相当于南极，视点位于Z轴负方向。视点的位置可以随着光标的移动任意选取，不同的位置表示从不同的视点向地球的中心看，光标就像在不同的纬度上移动。选定了视点位置后按鼠标左键或回车键，系统将按该视点位置显示对象图形。

实际上，用“vpoint”命令设置视点后得到的投影是轴测投影图，不是透视投影图。另外，视点只确定方向，没有距离含义。也就是说，在视点与原点连线及其延长线上任意一点作为视点，其观察效果一样。

3. 快速设置特殊视点

(1) 使用功能区中“视图”选项卡的“视图”面板，如图9.18所示。

(2) 利用菜单“视图”→“三维视图”设置视点，如图9.19所示。

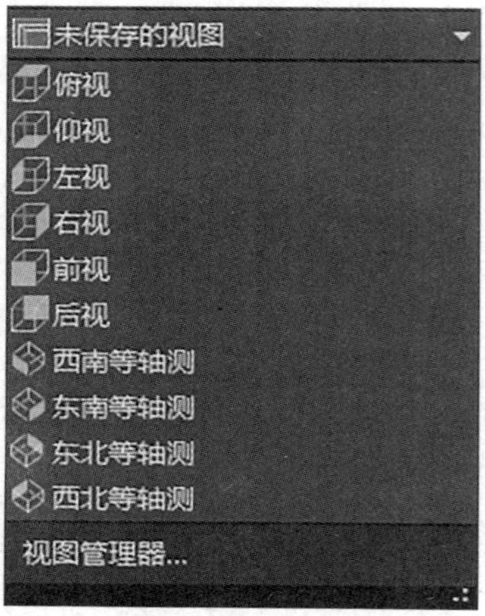

图9.18 “视图”面板

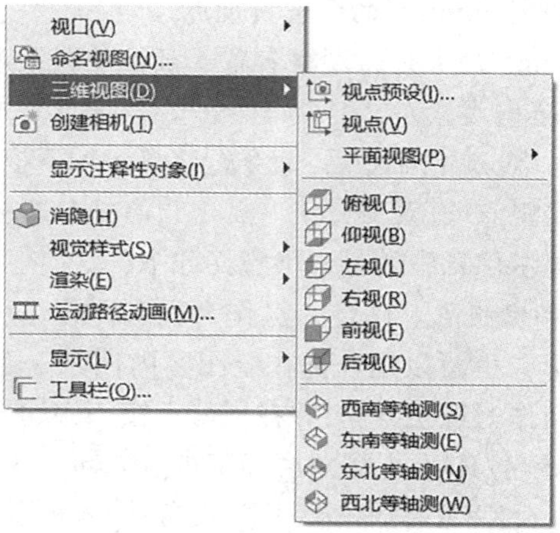

图9.19 三维视图”子菜单

(3) 利用“视图”工具栏设置视点，如图9.20所示。

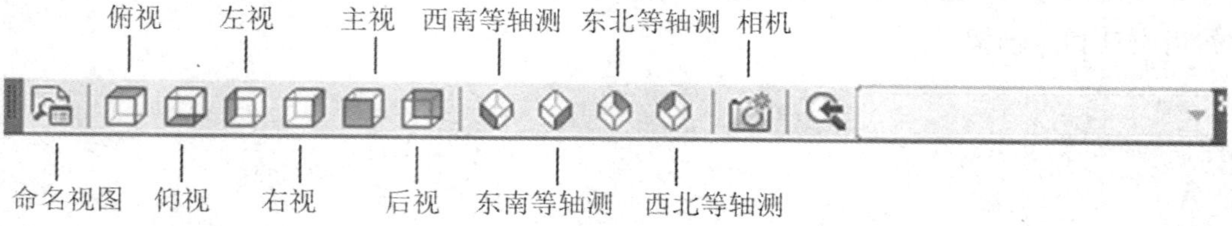

图9.20 “视图”工具栏

使用上述3种方法之一，都能够迅速地在6个基本视图“俯视”“仰视”“左视”“右视”“主视”“后视”图中选择其一设定为当前视窗。也可以在“西南等轴测”“东南等轴测”“东北等轴测”“西北等轴测”4个观察方向中任选其一将视窗设置成等轴测图。

4. 使用三维动态观察器

使用三维动态观察器，可以通过单击和拖动的方式在三维空间动态观察对象的各处。打开“三维动态观察器”的方法有：

(1) 功能区”视图”选项卡的“导航”面板，如图9.21所示。

(2) 工具栏：“三维导航”工具栏，如图9.22所示。

(3) 下拉菜单：“视图”→“动态观察”。

图9.21　“导航”　面板

图9.22　“三维导航”工具栏

无论使用哪种方法观察三维对象，都有3种观察状态供选择：“自由动态观察”“连续动态观察”和“受约束的动态观察”。

① 选择“自由动态观察”，进入自由动态观察状态，如图9.23所示。“三维动态观察器”有一个三维动态圆形轨道，上有4个小圆，轨道的中心是目标点。光标的符号图案随着光标摆放的位置不同而不同，用以指示视图的旋转方向。

当光标位于观察球中间时，光标图案为花形，此时按住鼠标左键上下左右任意拖动，可以绕观察球中心任意方向转动对象。

当光标位于观察球以外区域时，光标图案为圆形，此时按住鼠标左键上下拖动，可以使视图绕着通过观察球中心而且垂直于屏幕的轴转动。

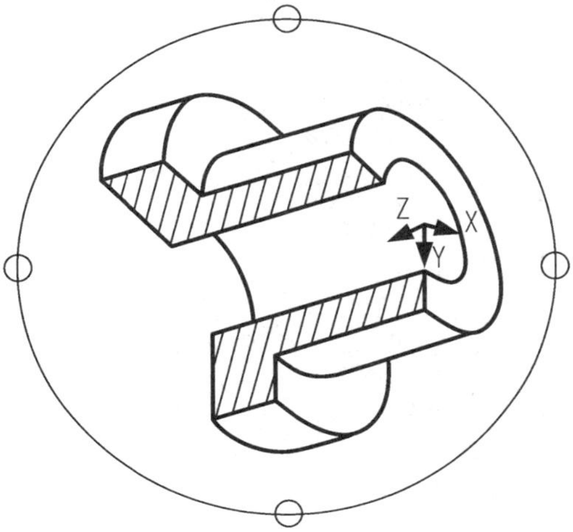

图9.23　使用“三维动态观察器”观察三维对象

当光标位于观察球的左、右2个小圆时，光标图案为椭圆形，此时按住鼠标左键左右拖动，可以使视图绕着通过观察球中心的Y轴转动。

当光标位于观察球的上、下2个小圆时，光标图案也为椭圆形，此时按住鼠标左键上下拖动，可以使视图绕着通过观察球中心的X轴转动。

② 选择“连续动态观察”，进入连续动态观察状态。按住鼠标左键拖动模型旋转一段后松开鼠标，模型会沿着拖动的方向继续旋转，旋转的速度取决于拖动模型旋转时的速度。可通过再次单击并拖动来改变连续动态观察的方向或者单击一次来停止转动。

③ 选择“受约束的动态观察”进入受约束的动态观察状态，这是AutoCAD 2024新增加的更容易使用的观察器。基本的使用方法和自由动态观察差不多，与自由动态观察不同的是，在进行动态观察的时候，垂直方向的坐标轴（通常是Z轴）会一直保持垂直，这对于工程模型特别是建筑模型的观察非常有用，这个观察器将保持建筑模型的墙体一直是垂直的，不至于将房屋旋转、倾斜或倒置。

在进行3种动态观察的时候，随时可以通过右键快捷菜单切换到其他观察模式。

9.1.6　视觉样式

绘制三维图形后，可以为其设置视觉样式，以便更好地观察三维图形。“视觉样式”命令用于控制视口中模型的外观显示效果。可在视觉样式管理器窗口中创建视觉样式，或更改

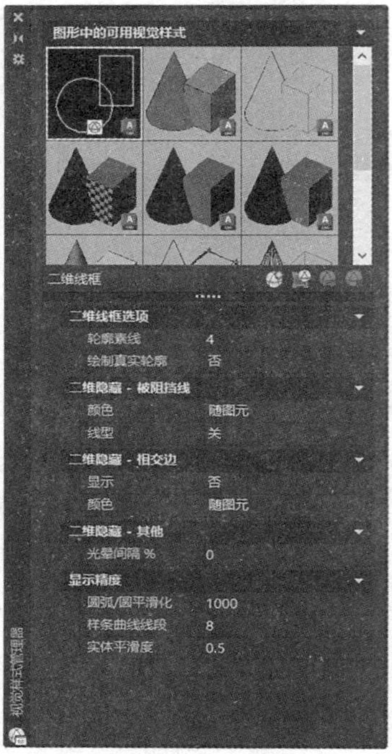

图9.24 视觉样式管理器

视觉样式的设置来更改视觉样式。

执行“视觉样式”命令主要有以下几种方式：

(1) 选择“视图”下拉菜单→“视觉样式”选项，单击“视觉样式管理器”命令。

(2) 单击“视图”选项卡→“视觉样式”面板中的斜下箭头。

(3) 命令行：输入Visualstyles。

执行命令后，将弹出“视觉样式管理器”选项板，如图9.24所示。在该选项板的“图形中的可用视觉样式”列表框中，被黄色线框包围的视觉样式为当前视觉样式，在其中选择需要的视觉样式后，单击“将选定的视觉样式应用于当前视口”按钮，可在当前视口中应用选择的视觉样式。在选项板的参数选项区中，用户可以设置选定样式的面、边和环境等参数的相关信息。在“图形中的可用视觉样式”列表框中，选择不同的视觉样式，其下的参数选项区中的参数也会有所改变。

AutoCAD提供了二维线框、三维线框、三维隐藏、真实和概念等多种视觉样式，以便观察图形。

1. 二维线框

“二维线框”命令是用直线和曲线显示对象的边缘，光栅和OLE对象、线型和线宽都是可见的，效果如图9.25所示。

2. 三维线框

“三维线框”命令也是用直线和曲线显示对象的边缘，与“二维线框”显示方式不同的是，表示坐标系的按钮会显示成三维着色形式，并且光栅和OLE对象、线型和线宽都是不可见的，效果如图9.26所示。

3. 三维隐藏

“三维隐藏”命令是用于将三维对象中观察不到的线隐藏起来，而只显示那些位于前面无遮挡的对象。该视觉样式与选择“视图”→“消隐”命令后的效果相似，可以用于三维图形的静态观察，效果如图9.27所示。

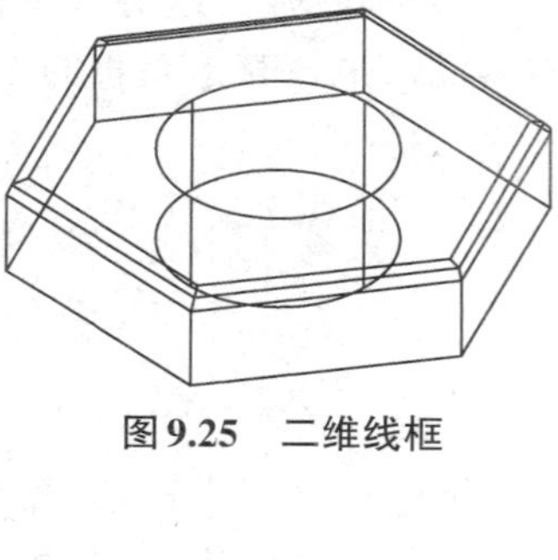

图9.25 二维线框

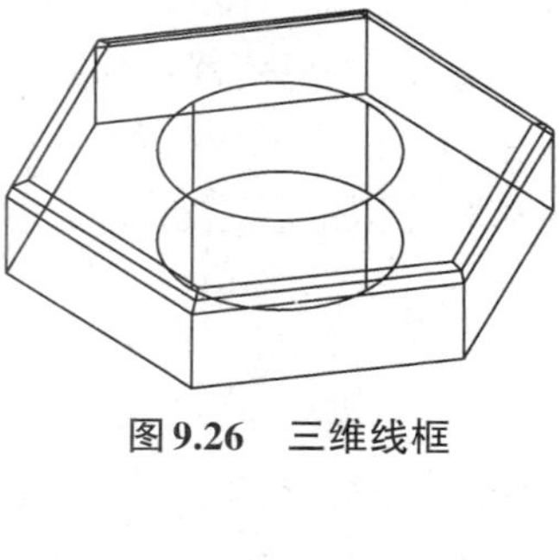

图9.26 三维线框

图9.27 三维隐藏

4. 真实

“真实”命令可使对象实现平面着色，它只对各多边形的面着色，不对面边界做光滑处理，效果如图9.28所示。

5. 概念

“概念”命令也可使对象实现平面着色，它不仅可以对各多边形的面着色，还可以对面边界做光滑处理，效果如图9.29所示。

6. X射线

“X射线”命令与利用X射线透视物体类似，能看到里面的线条，但有一种朦胧感，效果如图9.30所示。

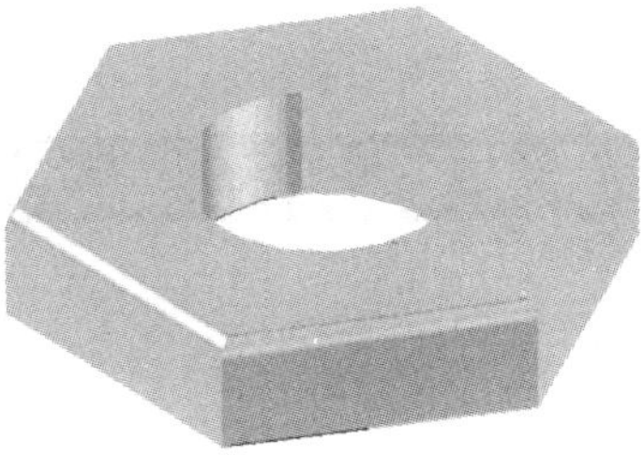

图9.28　真实

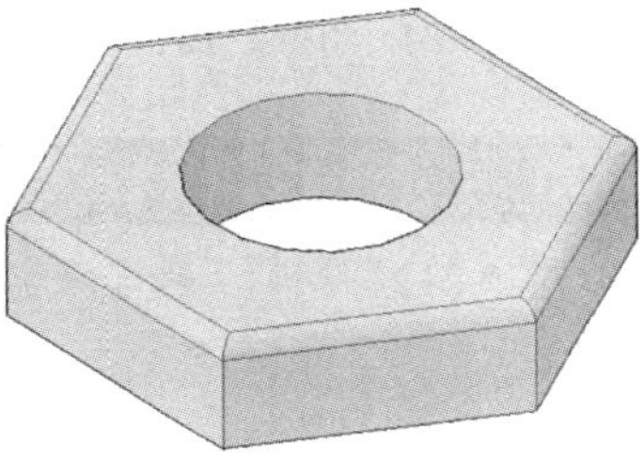

图9.29　概念

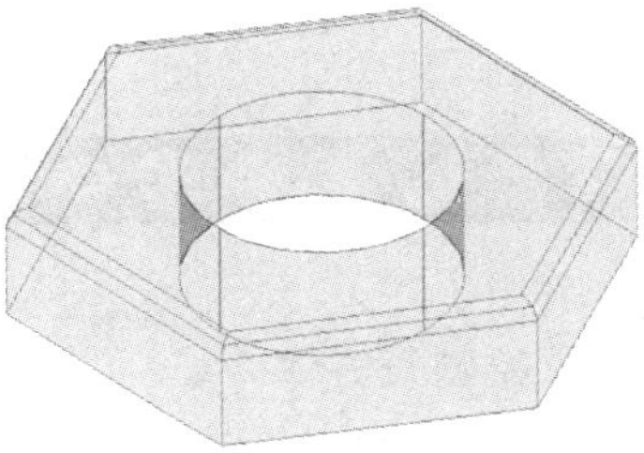

图9.30　X射线

9.2　三维实体模型

三维图像比二维图像更具体、更直接地表现物体的结构特征。实体模型是最方便、最容易使用的一种三维建模方法。AutoCAD为用户提供了8种基本三维实体模型，包括平面立体(多段体、长方体、楔体、棱锥面)和曲面立体(圆柱体、圆锥体、圆球、圆环)等。具有体的特征，表示整个对象的体积。

利用这些基本实体，通过布尔运算能够生成更为复杂的实体。也可以将二维对象沿路径延伸或绕轴旋转来创建实体。

AutoCAD还提供了丰富的实体编辑和修改命令，用户可以对三维实体进行编辑，可以对其进行挖孔、切槽、倒角等操作，可以将实体剖切为两部分以及获得实体二维交叉截面。此外还可以对其物理特性进行分析。

通过对三维实体进行消隐、着色和渲染，以及改变视点，使实体更真实自然。

9.2.1　创建基本实体

在中文版AutoCAD 2024中，绘制实体的命令有：

(1) 功能区：“常用”选项卡→“建模”面板，如图9.31所示。

(2) 下拉菜单：“绘图”→“建模”。

(3) 工具栏:“建模”。

(4) 命令行:输入所绘制实体的名称。

使用这4种方法之一都可以快速、准确地绘制出多段体、长方体、楔体、棱锥面、圆柱体、圆锥体、圆球、圆环等基本实体模型。“建模”工具栏如图9.32所示。

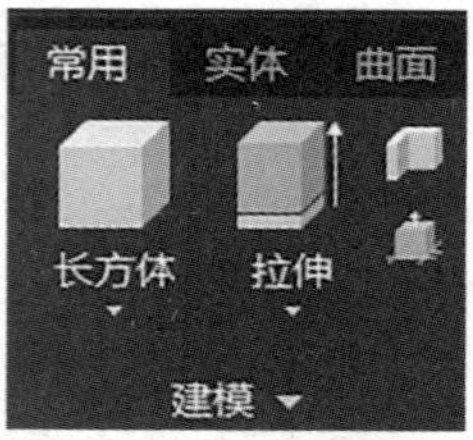

图9.31 “建模”面板

图9.32 “建模”工具栏

1. 绘制长方体

(1) 命令的执行方法。

① 功能区:“常用”选项卡→“建模”面板→“长方体”。

② 菜单:“绘图”→“建模”→“长方体”。

③ 工具栏:“建模”→“长方体”。

④ 输入命令:BOX〈Enter〉。

(2) 命令的提示和选项。

指定第一个角点或[中心(C)]:

在创建长方体时,其底面与当前坐标系的XY平面平行。

① 指定角点。

默认情况下,用户可以根据长方体角点位置创建长方体。在绘图窗口中指定了一个角点后,命令行将显示如下提示信息:

指定其他角点或[立方体(C)/长度(L)]:

· 该处“指定角点”选项:用于根据长方体底面另一角点位置创建长方体。用户可以在绘图窗口指定角点,或直接在命令行输入相对坐标。

· “立方体”选项:用于创建立方体。此时用户需要在“指定长度”提示下指定正立方体的边长。

· “长度”选项:用于根据长、宽、高创建长方体。此时用户需要在命令行提示下依次指定长方体的长度、宽度、高度。

② 指定中心点。

在创建长方体时,如果在命令提示行中选择“中心点”选项,用户可以根据长方体的中心点位置创建长方体。这时命令行将显示如下提示信息:

指定中心:

用户在绘图窗口中指定了一个中心点后,将显示如下提示信息:

指定角点或［立方体(C)/长度(L)］:

其选择与操作过程如前所述。

在AutoCAD中,创建长方体的长、宽、高各边应分别与当前UCS的X、Y、Z轴平行。输入的边长值可为正也可为负,正值表示沿相应坐标轴的正方向创建长方体,负值则反之。

【试一试】 画长方体(100,80,50)。

功能区:“常用”选项卡→“建模”面板→“长方体”。

① 指定第一个角点或[中心(C)]:(用鼠标在窗口中任指一点)。

② 指定其他角点或[立方体(C)/长度(L)]:@100,80〈Enter〉。

③ 指定高度或[两点(2P)]:50〈Enter〉。

功能区:“视图”选项卡→“视图”面板→“东南等轴测”绘制,结果如图9.33所示。

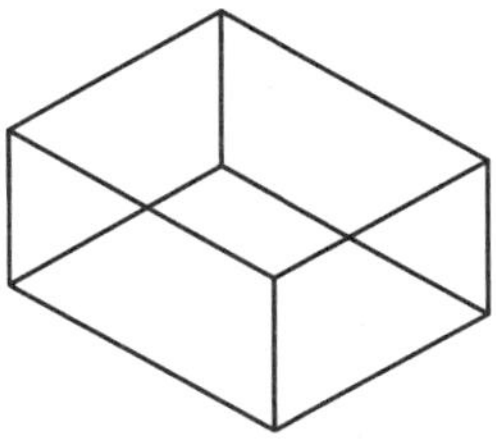

图9.33　长方体

2. 绘制圆柱体

(1) 命令的执行方法。

① 功能区:“常用”选项卡→“建模”面板→“圆柱体”。

② 菜单:“绘图”→“建模”→“圆柱体”。

③ 工具栏:“建模”→“圆柱体”。

④ 命令:Cylinder〈Enter〉。

(2) 命令的提示和选项。

指定底面的中心点或［三点(3P)/两点(2P)/相切、相切、半径(T)/椭圆(E)］:

① 绘制圆柱体。

默认情况下,用户可以通过指定圆柱体底面的中心点位置来创建圆柱体。在绘图窗口中指定了一个中心点后,命令行将显示如下提示信息:

指定底面半径或[直径(D)]〈默认值〉:

输入圆柱体底面的半径或直径值后,命令行会显示如下提示信息:

指定高度或[两点(2P)/轴端点(A)]〈默认值〉:

在此,可以直接输入圆柱体轴线的高度,创建圆柱体。也可以选择“两点(2P)”选项,用轴线两个端点的距离来决定圆柱体的高度。“轴端点(A)”选项,是根据圆柱体另一个底面的中心位置来创建圆柱体,而两个底面中心点的连线就是圆柱的轴线。

选项“三点(3P)/两点(2P)/相切、相切、半径(T)”只是画端面圆的方式不同,其余步骤均相同。

② 绘制椭圆柱体。

选择“椭圆(E)”选项,可以绘制椭圆柱体。用户可以根据命令行提示画出椭圆柱体。

指定第一个轴的轴端点或[中心(C)]:(指定椭圆轴的一个端点)。

指定第一个轴的其他端点:(指定同一根椭圆轴的另一个端点)。

指定第二个轴的端点:(指定椭圆另一根轴的长度)。

指定高度或［两点(2P)/轴端点(A)］:(指定椭圆柱体的高度)。

画出椭圆柱体。选择“两点(2P)/轴端点(A)”，其绘图方法同圆柱体。

创建圆柱体需要先在XOY平面中绘制出圆或椭圆，然后给出高度的另一个圆心。指定半径时尖括号内的值是上次创建圆柱体时输入的半径，而指定高度时尖括号内的值是上次创建圆柱体时输入的高度。

【试一试】 画圆柱体∅50高60，如图9.34所示。

① 命令:Cylinder 〈Enter〉

② 指定底面的中心点或［三点(3P)/两点(2P)/相切、相切、半径(T)/椭圆(E)］

③ 指定底面的半径或［直径(D)］:25 〈Enter〉

④ 指定高度或［两点(2P)/轴端点(A)］:60 〈Enter〉

⑤ 功能区:“视图”选项卡→“视图”面板→“东南等轴测”。

⑥ 功能区:“视图”选项卡→“视觉样式”面板→“消隐”。

3. 绘制圆环体

命令的执行方法:

① 功能区:“常用”选项卡→“建模”面板→“圆环体”。

② 菜单:“绘图”→“建模”→“圆环体”。

③ 工具栏:“建模”→“圆环体”。

④ 命令:Torus 〈Enter〉。

用户可以根据命令的提示，指定圆环体中心点的位置，输入圆环体的半径或直径，以及圆管的半径或直径。尖括号内的值是上次创建圆环体时输入数据。

【试一试】 画圆环体∅100、圆管∅30，如图9.35所示。

① 命令:Torus 〈Enter〉

② 指定中心点或［三点(3P)/两点(2P)/相切、相切、半径(T)］:(任指一点)

③ 指定半径或［直径(D)］:50 〈Enter〉

④ 指定圆管半径或［两点(2P)/直径(D)］:15 〈Enter〉

⑤ 功能区:“视图”选项卡→“视图”面板→“东南等轴测”。

⑥ 功能区:“视图”选项卡→“视觉样式”面板→“消隐”。

其他基本形体，如楔体、圆锥体、圆球等实体模型的绘制基本相同。在此不做赘述，用户可以参照长方体和圆柱体的绘制过程进行练习。

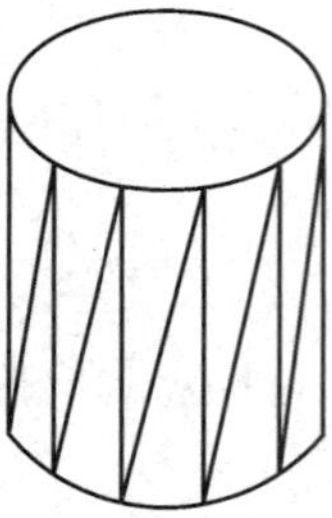

图9.34　圆柱体

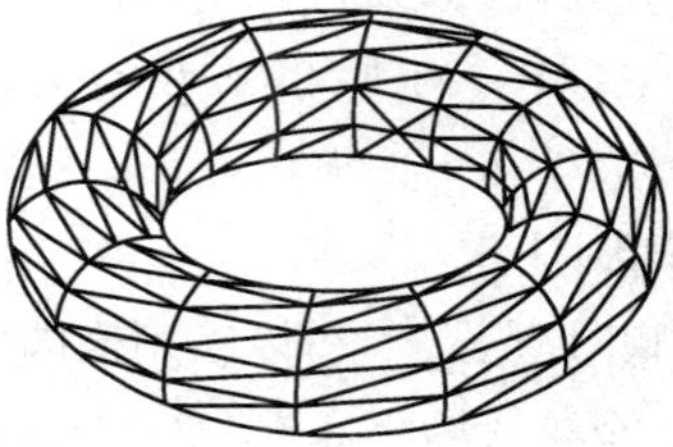

图9.35　圆环体

9.2.2　创建拉伸实体和旋转实体

在中文版AutoCAD中，用户除了直接使用系统提供的命令创建三维实体外，还可以通过对二维图像进行拉伸、旋转等操作来创建各种复杂三维实体。

1. 创建拉伸实体

使用“拉伸”命令可以将二维对象沿Z轴或者通过指定路径拉伸成实体。拉伸对象被称为断面，该对象可以是任何封闭多段线、圆、椭圆、封闭样条曲线和面域。但是多段线对象的顶点数目不能超过500个，也不能少于3个。

如果拉伸对象是使用直线或圆弧绘制的图形，必须先将该图形转换连接为多段线，然后再使用拉伸命令进行拉伸。

(1) 命令的执行方法。

① 功能区：“常用”选项卡→“建模”面板→“拉伸”。

② 下拉菜单：“绘图”→“建模”→“拉伸”。

③ 工具栏：“建模”→“拉伸”。

④ 命令行：Extrude。

(2) 命令的提示和选项。

选择要拉伸的对象：(选中需要拉伸的对象)

指定拉伸的高度或[方向(D)/路径(P)/倾斜角(T)]：(指定拉伸对象的高度)

① 沿Z轴方向拉伸对象。

默认情况下，系统将沿Z轴方向拉伸对象，这时需要指定拉伸的高度。其拉伸高度值可以为正或为负，表示拉伸方向。此时将对象拉伸成柱体。

选择“倾斜角(T)”拉伸对象时，其倾斜角度也可以为正或为负，默认值为上次创建拉伸体时输入的数据。当拉伸角度为零时表示生成实体的侧面垂直于XOY平面，没有锥度。如果输入一个正角度值，拉伸对象将产生内锥度，生成的实体侧面向里靠；如果输入负值，将产生外锥度，生成的实体侧面向外伸展，如图9.36所示。

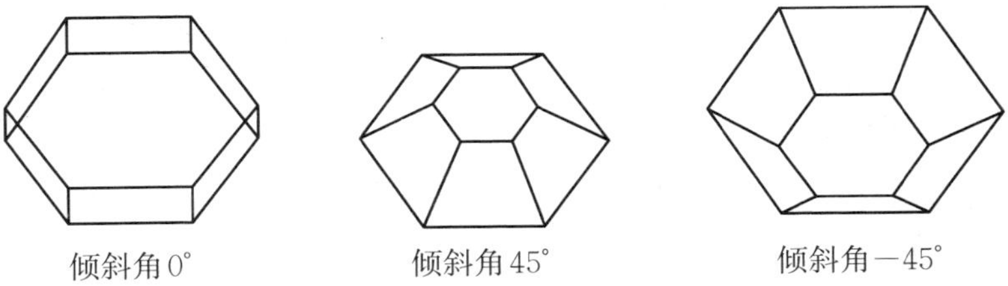

图9.36　拉伸倾斜角度效果

在拉伸对象时，如果倾斜角度或拉伸高度较大，将导致拉伸对象在未到达拉伸高度之前就已经汇聚到一点，此时将对象拉伸成锥体。

② 通过指定路径拉伸对象。

通过指定拉伸路径，也可以将对象拉伸成三维实体。但是，要注意如下几点：

a. 拉伸路径可以是开放的，也可以是封闭的。如直线、圆、圆弧、椭圆、多段线、样条曲线等二维或三维图形都可以定义为路径。注意,路径不能与被拉伸对象共面,否则无法进行拉伸。如果路径中包含曲线,则该曲线应不带尖角,因为尖角曲线会使拉伸实体自行相交,导致拉伸失败。

b. 如果路径是开放的,则路径的起点应与端面在同一个平面内。否则拉伸时,将路径移到拉伸对象所在平面的中心处。

c. 如果路径是一条样条曲线,则曲线的一个端点应与拉伸对象所在平面垂直。否则样条曲线会被移到断面的中心,并且断面会旋转到与样条曲线起点处垂直的位置。

d. 如果路径中包含相连但不相切的段,则在连接点处,拉伸会沿着该段的角平分面斜接此连接点。

e. 如果路径是封闭的,轨迹应位于斜接面上,以保证起始截面和终止截面相互贴合。如果必要时,系统会移动并旋转轨迹使之位于斜接面上。

f. 如果沿路径拉伸多个对象,则"拉伸"命令会确保它们最后终止于同一平面。

【试一试】

① 功能区:"视图"选项卡→"视图"面板→"西南等轴测"(三维建模模式下)。

② 功能区:"常用"选项卡→"绘图"面板→"多段线"(画出一条直曲相连的多段线)。

③ "常用"选项卡→"坐标"面板→绕Y轴旋转(将坐标系沿Y轴旋转90°)。

④ "绘图"面板→"圆"(以多段线的一个端点为圆心画一个圆)。

⑤ "绘图"面板→"面域"(选择所绘圆将其转换为面域)。

⑥ "常用"选项卡→"建模"面板→"拉伸"(选择面域圆)。

命令行提示:

指定拉伸高度或[方向(D)/路径(P)/倾斜角(T)]:P 〈Enter〉

选择拉伸路径或[倾斜角]:(点选多段线为拉伸路径)

⑦ 功能区:"视图"选项卡→"视觉样式"面板→"消隐"(绘制结果如图9.37所示)。

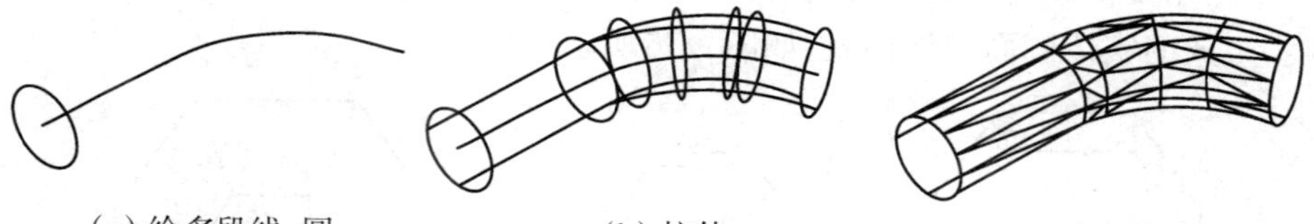

(a) 绘多段线、圆　　(b) 拉伸　　(c) 消隐

图9.37　沿路径拉伸图形

2. 创建旋转实体

在中文版AutoCAD 2024中,还可以使用"旋转"命令,将二维对象绕某一轴旋转生成实体,也可以绕直线、多段线或2个指定的点旋转对象。用于旋转的二维对象可以是封闭的多段线、样条曲线、多边形、圆、椭圆、圆环以及封闭区域。而三维对象、包含在块中的对象、有交叉或自干涉的多段线不能够被旋转,并且每次只能旋转一个对象。

(1) 命令的执行方法。

① 功能区:"常用"选项卡→"建模"面板→"旋转"。

② 菜单:“绘图”→“建模”→“旋转”。

③ 工具栏:“建模”→“旋转”。

④ 命令行:Revolve。

(2) 命令的提示和选项。

选择要旋转的对象:(选择需要旋转的二维对象)

指定轴起点或根据以下选项之一定义轴[对象(O)/X/Y/Z]〈对象〉:

指定轴的端点:

指定旋转角度或[起点角度(ST)]〈360〉:

默认情况下,用户可以通过多指定2个端点来确定旋转轴。

选择“对象(O)”选项:是用来选择旋转轴。此时用户只能选择直线或多段线为旋转轴。选择多段线时,如果拾取的多段线是线段,对象将绕该线段旋转;如果选择的是圆弧段,则以该圆弧2端点的连线作为旋转轴旋转。

选择轴“X/Y/Z”选项:用于指定绕X轴、Y轴、还是Z轴旋转。注意所选择的旋转轴不能垂直于要旋转的截面,旋转截面也不能横跨旋转轴两侧。

【试一试】

① “绘图”面板→“多段线”(画出要旋转的多段线图形及作为轴的直线)。

② “视图”选项卡→“视图”面板→“西南等轴测”(三维建模模式下)。

③ “常用”选项卡→“建模”面板→“旋转”。

④ 选择要旋转的对象:(选中要旋转的多段线图形)。

⑤ 指定轴起点或根据以下选项之一定义轴[对象(O)/X/Y/Z]:(拾取轴一端点)。

⑥ 指定轴端点:(拾取作为旋转轴的直线的另一端点)。

⑦ 指定旋转角度或[起点角度(ST)]〈360〉:〈Enter〉。

⑧ 功能区:“视图”选项卡→“视觉样式”面板→“消隐”。

绘制、旋转、消隐结果如图9.38所示。

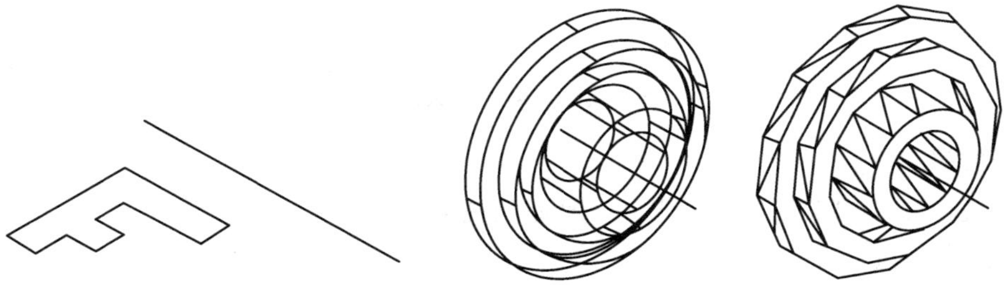

(a) 旋转对象、旋转轴 (b) 旋转结果 (c) 消隐结果

图9.38 将二维图形旋转成实体

9.2.3 编辑三维模型

三维图形绘制完成后,可以对其进行编辑(如三维移动、三维镜像、三维阵列、三维旋转、

三维对齐等),使最终的三维对象满足实际需要。

1. 三维移动

在三视图中显示移动夹点工具,并沿指定方向将对象移动指定距离。

(1) 命令的执行方法.

① 功能区:“常用”选项卡→“修改”面板→“三维移动”。

② 菜单:“修改”→“三维操作”→“三维移动”命令。

③ 命令行:输入“3DMOVE”。

(2) 命令的提示和选项。

命令:_3dmove

选择对象:找到1个(选择需要移动的对象)

选择对象:(回车)

指定基点或[位移(D)]〈位移〉:

指定第二个点或〈使用第一个点作为位移〉:

命令使用方法与二维移动命令相似,执行三维移动命令后,三维模型移动的效果如图9.39所示。

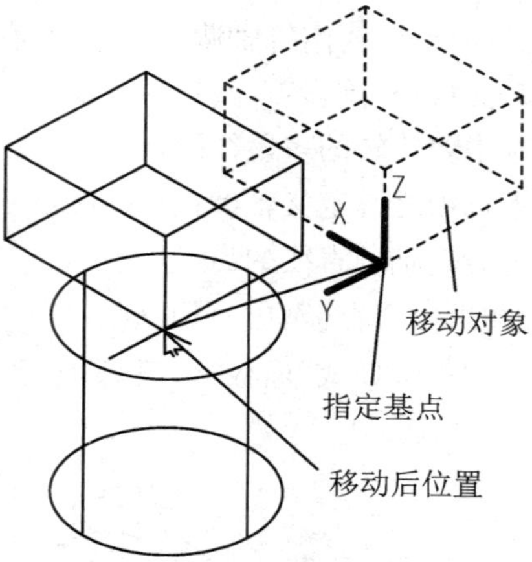

图9.39 三维模型移动效果

2. 三维镜像

三维镜像命令用来创建相对于某一平面的镜像对象。

(1) 命令的执行方法。

① 功能区:“常用”选项卡→“修改”面板→“三维镜像”。

② 菜单:“修改”→“三维操作”→“三维镜像”命令。

③ 命令行:输入“MIRROR3D”。

(2) 命令的提示和选项。

命令:_mirror3d

选择对象:找到1个(选择需要镜像的对象)

选择对象:(回车)

指定镜像平面(三点)的第一个点或[对象(O)/最近的(L)/Z轴(Z)/视图(V)/XY平面(XY)/YZ平面(YZ)/ZX平面(ZX)/三点(3)]〈三点〉:(选择中点1)

在镜像平面上指定第二点:(选择中点2)

在镜像平面上指定第三点:(选择中点3)

是否删除源对象?[是(Y)/否(N)]〈否〉:(回车)

执行三维镜像命令后,三维模型镜像效果如图9.40所示。

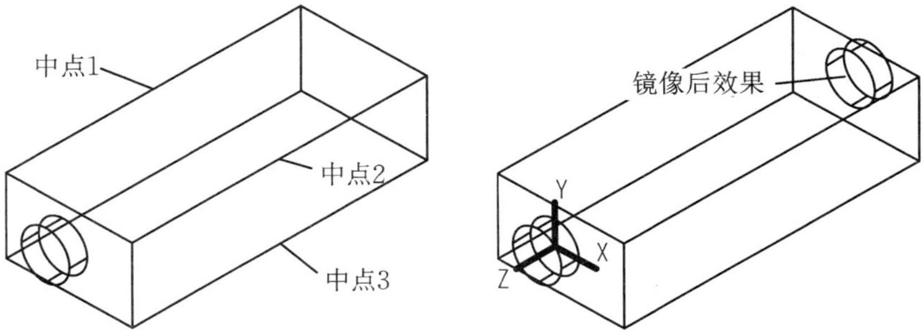

图9.40　三维模型镜像效果

3. 三维阵列

三维阵列命令用于在三维空间中创建对象的矩形阵列或环形阵列。除了指定列数(X方向)和行数(Y方向)以外,还要指定层数。

(1) 命令的执行方法。

① 功能区:“常用”选项卡→“修改”面板→“矩形阵列”或“环形阵列”。

② 菜单:“修改”→“三维操作”→“三维阵列”命令。

③ 命令行:输入“3DARRAY”。

(2) 矩形阵列命令的提示和选项。

命令:_3darray

选择对象:找到1个(选择需要阵列的对象)。

选择对象:(回车)。

输入阵列类型[矩形(R)/环形(P)]〈矩形〉:r。

输入行数(———)〈1〉:3(输入需要阵列的行数)。

输入列数(|||)〈1〉:3(输入需要阵列的列数)。

输入层数(...)〈1〉:2(输入需要阵列的层数)。

指定行间距(———):80(输入行间距)。

指定列间距(|||):80(输入列间距)。

指定层间距(...):90(输入层间距)。

执行三维阵列命令后,矩形阵列的效果如图9.41所示。

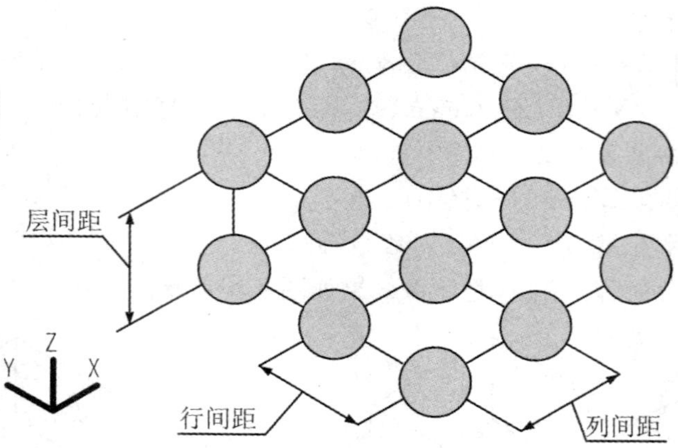

图9.41 矩形阵列的效果

(3) 环形阵列命令的提示和选项。

命令:_3darray

选择对象:找到1个(选择需要阵列的对象)。

选择对象:(回车)。

输入阵列类型[矩形(R)/环形(P)]〈矩形〉:p。

输入阵列中的项目数目:6。

指定要填充的角度(+=逆时针,-=顺时针)〈360〉:(回车)。

旋转阵列对象?[是(Y)/否(N)]〈Y〉:N。

指定阵列的中心点:(指定阵列旋转轴上的点)。

指定旋转轴上的第二点:(指定阵列旋转轴上的另一个点)。

执行三维阵列命令后,环形阵列的效果如图9.42所示。

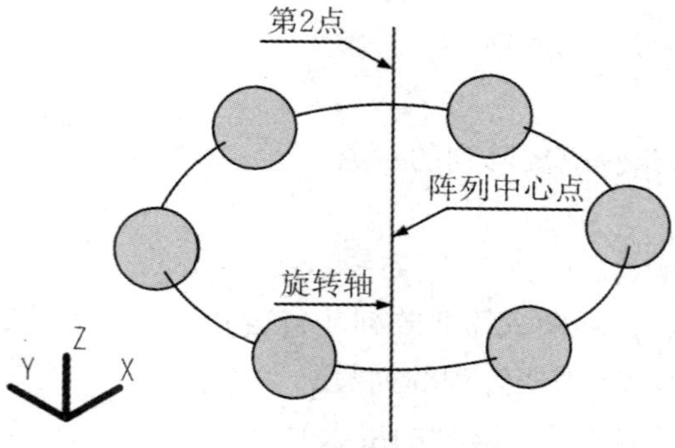

图9.42 环形阵列的效果

4. 三维旋转

三维旋转命令用于在三维视图中显示旋转夹点工具并围绕基点旋转对象。

(1) 命令的执行方法。

① 功能区:"常用"选项卡→"修改"面板→"三维旋转"。

② 菜单:"修改"→"三维操作"→"三维旋转"命令。

③ 命令行:输入“3DROTATE”。

(2) 命令的提示和选项。

命令:_3drotate

UCS当前的正角方向:ANGDIR=逆时针　ANGBASE=0。

选择对象:找到1个(选择需要旋转的对象)。

选择对象:(回车)。

指定基点:(指定旋转的基点)。

拾取旋转轴:(指定旋转轴)。

指定角的起点或键入角度:(指定旋转角度)。

执行三维旋转命令后,三维模型旋转后的效果如图9.43所示。

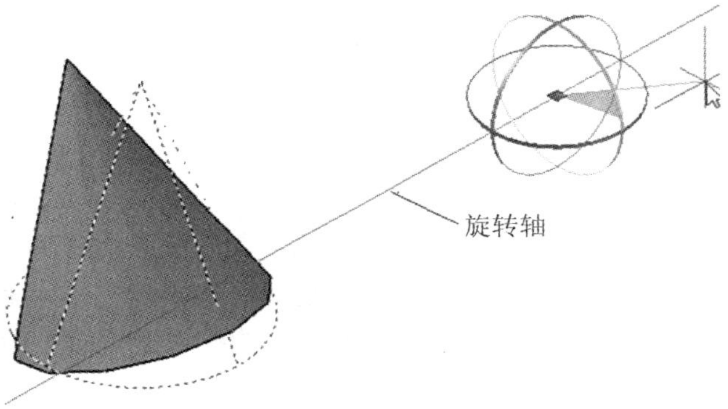

图9.43　三维模型旋转效果

5. 三维对齐

三维对齐命令可以在二维和三维空间中将对象与其他对象对齐。

(1) 命令的执行方法。

① 功能区:“常用”选项卡→“修改”面板→“三维对齐”。

② 菜单:“修改”→“三维操作”→“三维对齐”命令。

③ 命令行:输入“3DALIGN”。

(2) 命令的提示和选项。

命令:_3dalign

选择对象:指定对角点:找到1个(选择源对象)。

选择对象:(回车)。

指定源平面和方向...

指定基点或[复制(C)]:(指定源平面的第1点)。

指定第二个点或[继续(C)]〈C〉:(指定源平面的第2点)。

指定第三个点或[继续(C)]〈C〉:(指定源平面的第3点)。

指定目标平面和方向...

指定第一个目标点:(指定目标平面的第1点)。

指定第二个目标点或[退出(X)]〈X〉:(指定目标平面的第2点)。

指定第三个目标点或[退出(X)]〈X〉:(指定目标平面的第3点)。

执行三维对齐命令后,三维模型对齐后的效果如图9.44所示。

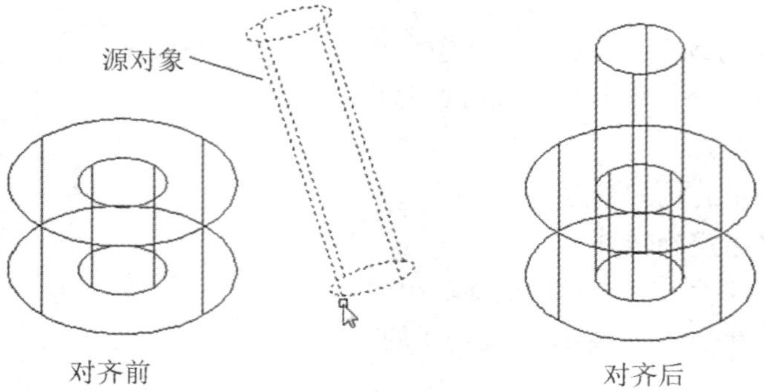

图9.44 三维模型对齐效果

9.2.4 布尔运算

布尔运算是一种数学上的逻辑运算,对于提高绘图效率具有很大的作用。布尔运算包括并集(Union)、差集(Subtract)、交集(Intersect)运算。简单的三维实体通过多布尔运算可以形成复杂的三维实体。布尔运算对象可以是基本实体、拉伸实体、旋转实体、其他布尔运算实体或面域,对于普通的图形对象无法使用。

1. 并集运算

并集运算是将2个或多个实体进行合并,生成一个新的组合体。该命令主要用于将多个相交或相接触的对象组合在一起。当组合一些不相交的实体时,其显示效果看起来还是多个实体,但实际上却被当作一个对象。

命令的执行方法如下:

① 功能区:“常用”选项卡→“实体编辑”面板→“并集”。

② 菜单:“修改”→“实体编辑”→“并集”。

③ 工具栏:“实体编辑”→“并集”或“建模”→“并集”(图9.45)。

④ 命令行:Union。

图9.45 “实体编辑”工具栏

执行“并集”命令后,命令行提示“选择对象”,用户根据提示依次拾取待合并的对象然后按回车键,选中对象将被并集。

【试一试】

① 功能区:“常用”选项卡→“建模”面板(绘出长方体、圆柱体)。

② 功能区:“常用”选项卡→“实体编辑”面板→“并集”(选中长方体、圆柱体)。

③ 功能区:“视图”选项卡→“视图”面板→“西南等轴测”。

绘制结果如图9.46所示((a)(b)为俯视效果、(c)(d)为轴测效果)。

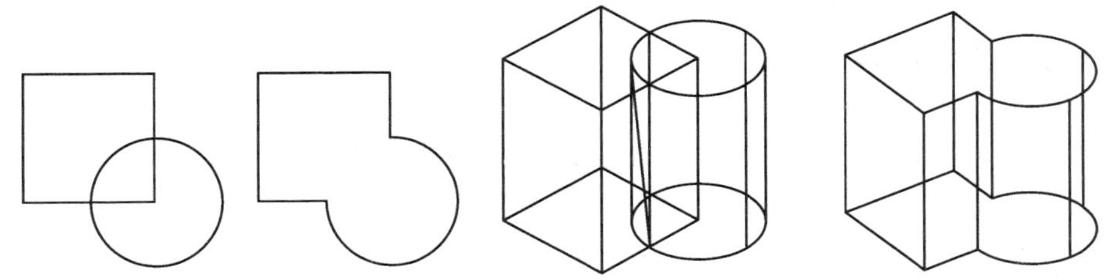

(a) 并集前　(b) 并集后　(c) 并集前　(d) 并集后

图9.46　并集运算

2. 差集运算

差集运算是从一个实体中减去另一个(或多个)实体,生成一个新的实体。

命令的执行方法如下:

① 功能区:“常用”选项卡→“实体编辑”面板→“差集”。

② 菜单:“修改”→“实体编辑”→“差集”。

③ 工具栏:“实体编辑”→“差集”。

④ 命令行:Subtract。

执行“差集”命令后,用户可以根据命令行提示,依次拾取要保留的对象和要减去的对象,然后按回车键,选中的对象将被差集运算。

【试一试】　如图9.47所示。

① 功能区:“常用”选项卡→“建模”面板(绘出长方体、圆柱体)(图9.47(a))。

② 功能区:“常用”选项卡→“实体编辑”面板→“差集”。

选择要从中减去的实体或面域…(选中圆柱体)〈Enter〉

选择要减去的实体或面域…(选中长方体)(图9.47(b))。

③ 功能区:“视图”选项卡→“视图”面板→“西南等轴测”(图9.47(c))。

④ 功能区:“视图”选项卡→“视觉样式”面板→“消隐”(图9.47(d))。

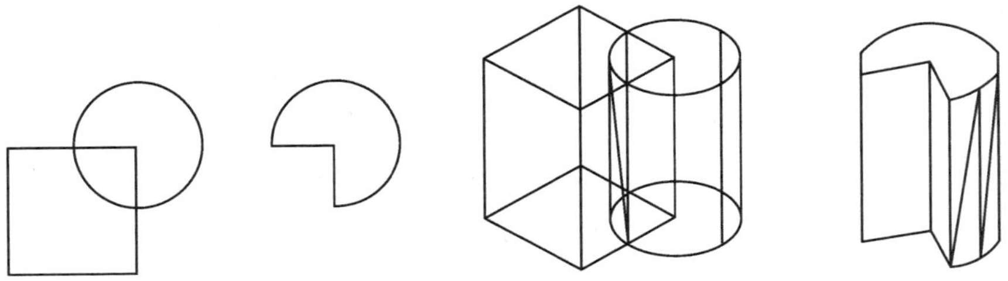

(a) 差集前　(b) 差集后　(c) 差集前　(d) 差集后

图9.47　差集运算

3. 交集运算

交集运算是将2个或多个实体的公共部分单独取出,构成一个新的实体。同时删除公共部分以外的部分。

命令的执行方法如下:

① 功能区："常用"选项卡→"实体编辑"面板→"交集"。

② 菜单："修改"→"实体编辑"→"交集"。

③ 工具栏："实体编辑"→"交集"。

④ 命令行：Intersect。

执行"交集"命令后，用户可以根据命令行提示，依次拾取参与交集的对象，然后按回车键，选中的对象将被交集运算，只留下大家的公共部分。

【试一试】

① 功能区："常用"选项卡→"建模"面板（绘出长方体、圆柱体）。

② 功能区："常用"选项卡→"实体编辑"面板→"交集"（选中长方体、圆柱体）。

③ 功能区："视图"选项卡→"视图"面板→"西南等轴测"。

④ 功能区："视图"选项卡→"视觉样式"面板→"消隐"。

绘制结果如图9.48所示。

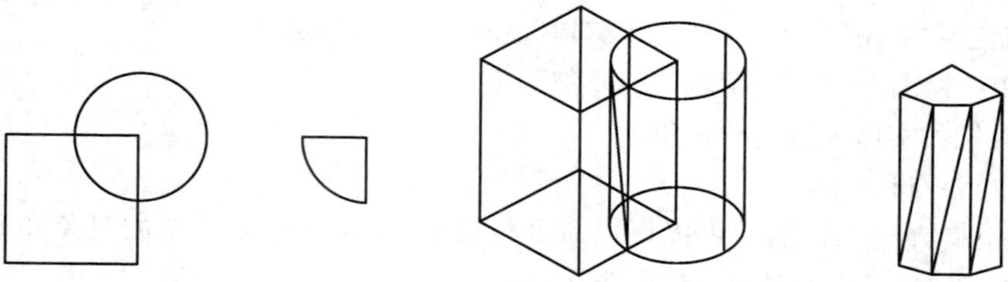

（a）交集前　（b）交集后　（c）交集前　（d）交集后

图9.48　交集运算

9.2.5　修改三维实体面

在三维空间中，可以使用拉伸面、移动面、旋转面、偏移面、倾斜面、删除面、复制面、着色面工具来修改三维实体面，使其符合造型设计要求。

1. 拉伸面

选择"拉伸面"选项，可以将选定的三维实体对象的平整面拉伸到指定的高度或沿一路径拉伸，可以垂直拉伸，也可以按指定斜度进行拉伸，拉伸实体面时一次可选择一个面或多个面同时进行拉伸，如图9.49所示。

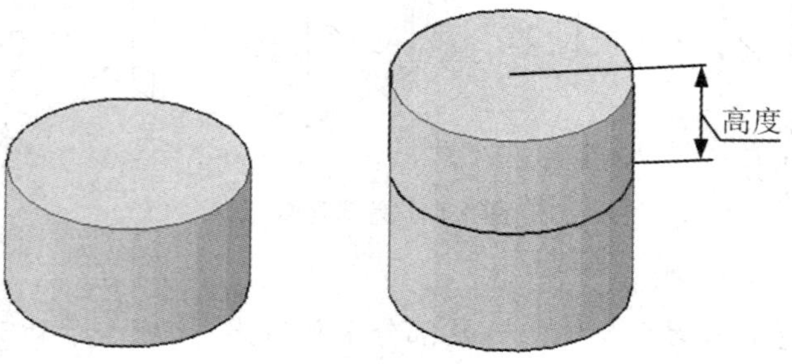

拉伸对象　拉伸效果

图9.49　拉伸面

用户可以通过以下命令方式来执行此操作：

① 功能区："常用"选项卡→"实体编辑"面板→"拉伸面"按钮。

② 菜单："修改"→"实体编辑"→"拉伸面"命令。

③ 命令行：输入"SOLIDEDIT"。

2. 移动面

选择"移动面"选项，可以沿指定的高度或距离移动选定的三维实体对象的面。一次可以选择多个面。在移动面过程中，指定的基点和移动第二点将定义一个位移矢量，用于指示选定面移动的距离和方向，如图9.50所示。

用户可以通过以下命令方式来执行此操作：

① 功能区："常用"选项卡→"实体编辑"面板→"移动面"按钮。

② 菜单："修改"→"实体编辑"→"移动面"命令。

③ 命令行：输入"SOLIDEDIT"。

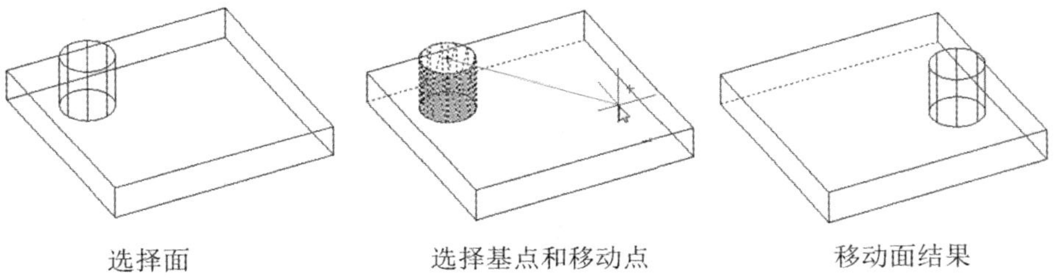

图9.50　移动面

3. 旋转面

选择"旋转面"选项，可以绕指定的轴旋转一个或多个面或实体的某些部分，如图9.51所示。

用户可以通过以下命令方式来执行此操作：

① 功能区："常用"选项卡→"实体编辑"面板→"旋转面"按钮。

② 菜单："修改"→"实体编辑"→"旋转面"命令。

③ 命令行：输入"SOLIDEDIT"。

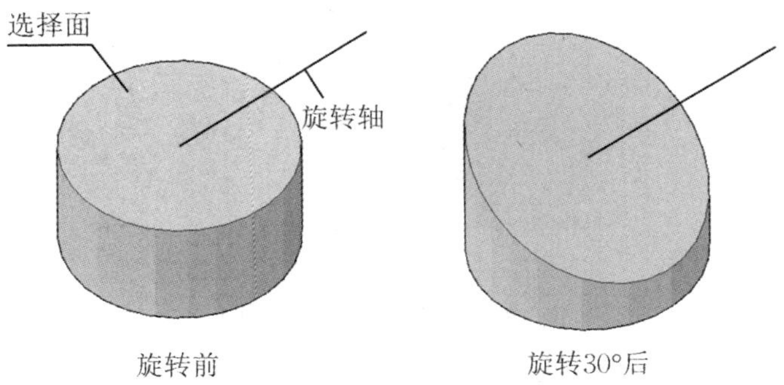

图9.51　旋转面

4. 偏移面

选择"偏移面"选项,可以按指定的距离或通过指定的点,将面均匀地偏移。正值增大实体尺寸或体积,负值减小实体尺寸或体积。

执行偏移面操作,可以使实体外部面偏移一定距离,也可以在实体内部偏移孔面,如图9.52所示。

用户可以通过以下命令方式来执行此操作:

① 功能区:"常用"选项卡→"实体编辑"面板→"偏移面"按钮。

② 菜单:"修改"→"实体编辑"→"偏移面"命令。

③ 命令行:输入"SOLIDEDIT"。

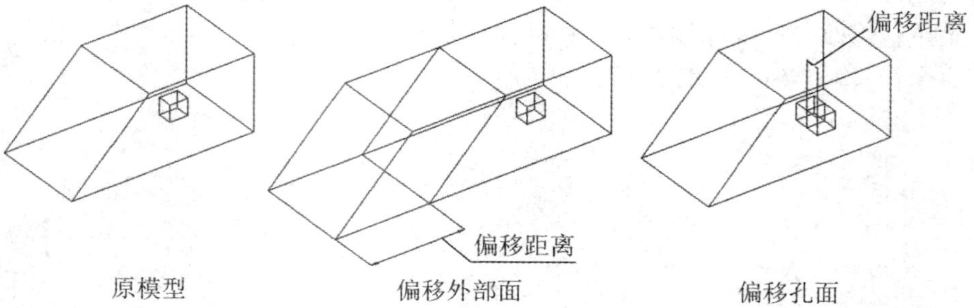

图9.52　偏移面

5. 倾斜面

选择"倾斜面"选项,可以按一个角度将面进行倾斜。倾斜角的旋转方向由选择基点和第二点(沿选定矢量)的顺序决定。如图9.53所示为面倾斜20°的效果图。

用户可以通过以下命令方式来执行此操作:

① 功能区:"常用"选项卡→"实体编辑"面板→"倾斜面"按钮。

② 菜单:"修改"→"实体编辑"→"倾斜面"命令。

③ 命令行:输入"SOLIDEDIT"。

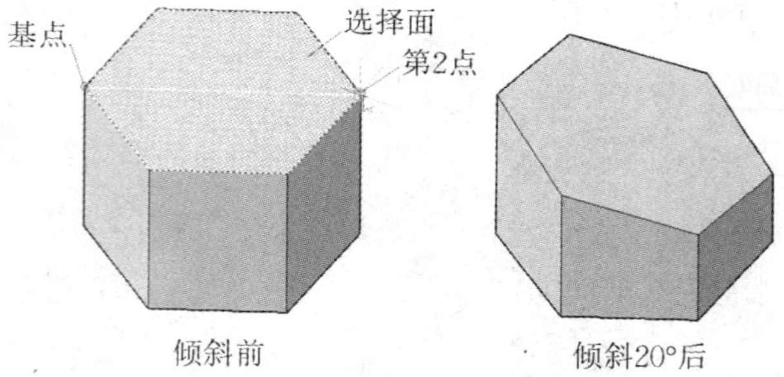

图9.53　面倾斜20°的效果图

6. 删除面

选择"删除面"选项,可以删除选定的面,包括圆角和倒角,如图9.54所示。

用户可以通过以下命令方式来执行此操作:

① 功能区:“常用”选项卡→“实体编辑”面板→“删除面”按钮。
② 菜单:“修改”→“实体编辑”→“删除面”命令。
③ 命令行:输入“SOLIDEDIT”。

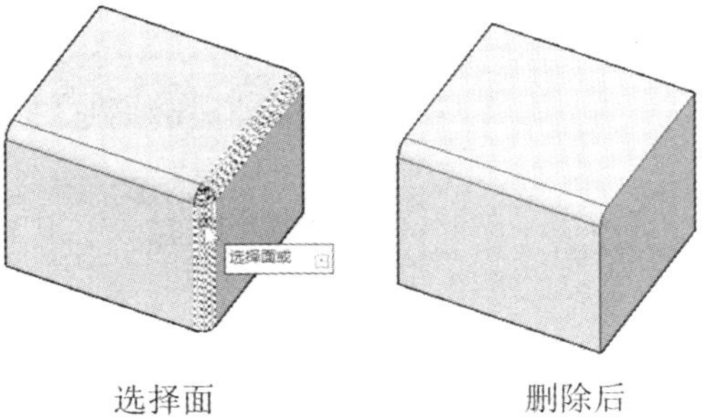

图9.54　删除面的效果图

7. 复制面

选择“复制面”选项,可以将面复制为面域或体,如图9.55所示。
用户可以通过以下命令方式来执行此操作:
① 功能区:“常用”选项卡→“实体编辑”面板→“复制面”按钮。
② 菜单:“修改”→“实体编辑”→“复制面”命令。
③ 命令行:输入“SOLIDEDIT”。

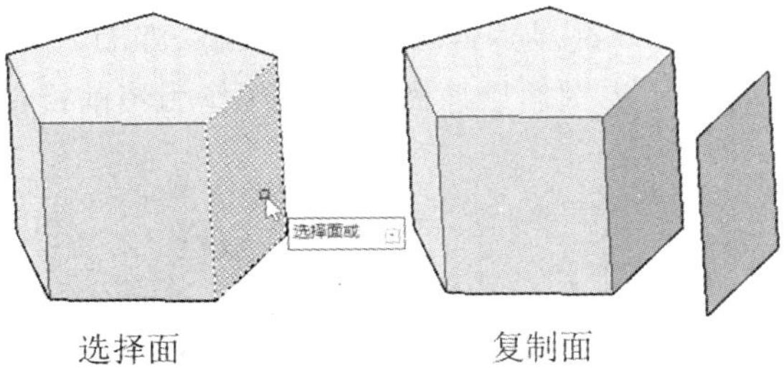

图9.55　复制面的效果图

8. 着色面

选择“着色面”选项,可以修改选定面的颜色,如图9.56所示。

当选择要着色的面后,程序会弹出“选择颜色”对话框,通过该对话框为选定的面选择合适的颜色,如图9.57所示。

用户可以通过以下命令方式来执行此操作:
① 功能区:“常用”选项卡→“实体编辑”面板→“着色面”按钮。
② 菜单:“修改”→“实体编辑”→“着色面”命令。
③ 命令行:输入“SOLIDEDIT”。

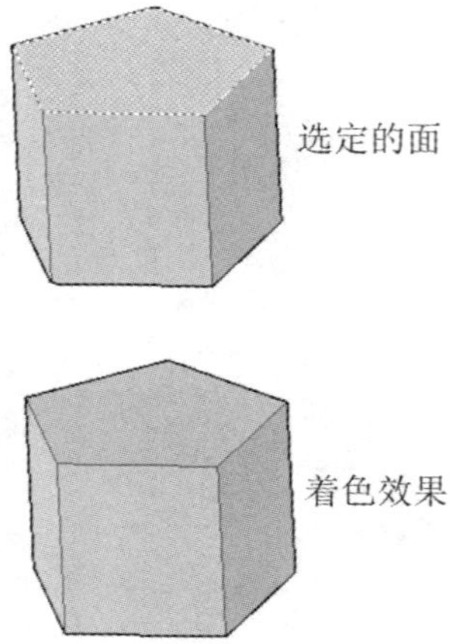

图9.56　着色面的效果图

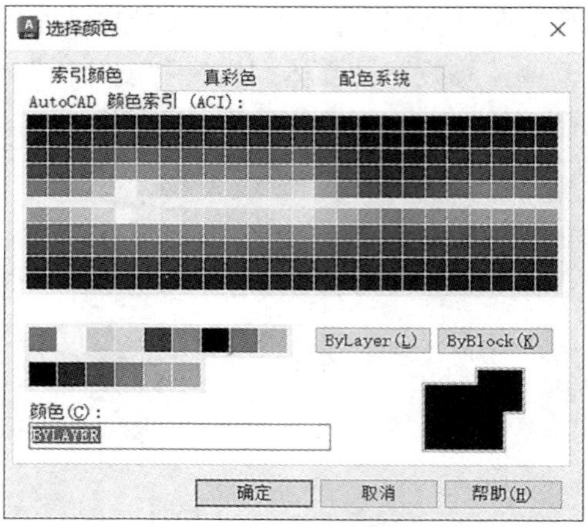

图9.57　“选择颜色”对话框

9.3　利用UCS进行多视口三维造型

AutoCAD为多个视口提供了模型的不同视图。例如可以设置4个视口分别显示俯视图、主视图、左视图和等轴测图。要想更方便地在不同视图中编辑对象，可以为每个视口定义不同的UCS。而每个视口可以都显示自己的UCS图标，如图9.58所示。每次将视口设置为当前之后，都可以在此视口中再次使用该视口上一次作为当前视口时使用过的UCS。

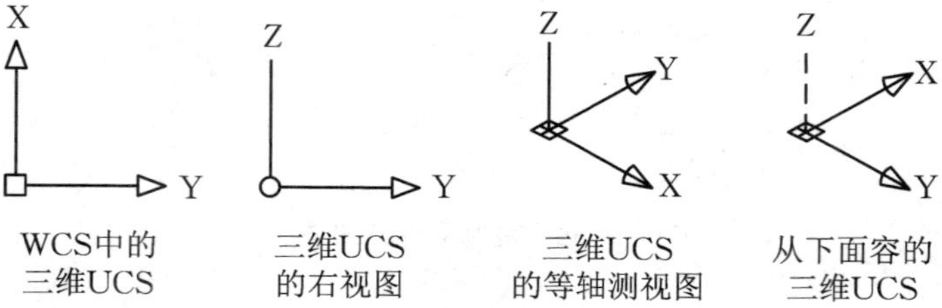

图9.58　不同坐标位置

每个视口中的UCS都有UCSVP系统变量控制。如果视口中的UCSVP设置为1，则上一次在该视口中使用的UCS与视口一起保存，并在该视口再次成为当前视口时被恢复。如果某视口中的UCSVP设置为0，则此视口的UCS总是与当前视口中的UCS相同。例如，将等轴测图视口中的UCSVP系统变量设置为0，而将俯视图视口置当前，则等轴测图视口中的UCS反映UCS俯视图视口。

9.3.1　设置多视口绘图

工程技术人员利用计算机绘图时，如果能灵活地开启多个绘图视口，可以大大提高绘图速度，当在一个视口绘图时，其余视口可以自动生成给定UCS方向的视图。最方便的是可以自动生成三维实体模型。通过对二维视图的编辑，得到较复杂的三维模型。

设置多视口的方法如下：

① 功能区："视图"选项卡→"视口"面板→"视口配置列表"。

② 菜单："视图"→"视口"→"新建视口"。

打开"视口"对话框，如图9.59所示。

在"标准视口"选项区选："四个：相等"。

在"设置"选项区选："三维"。

在"预览"选项区选中左上框。

在"修改视图"选项区选"前视"。

依此选好"俯视""左视""西南等轴测"。

在"视觉样式"选项区三视图及轴测图全选"二维线框"。

各项选择好后，按确定键。在此设置的4个视口就是绘图窗口。且UCS也根据视图的投影方向自行改变。也可以在绘图窗口中利用菜单："视图"/"三维视图"重新进行视点设置。

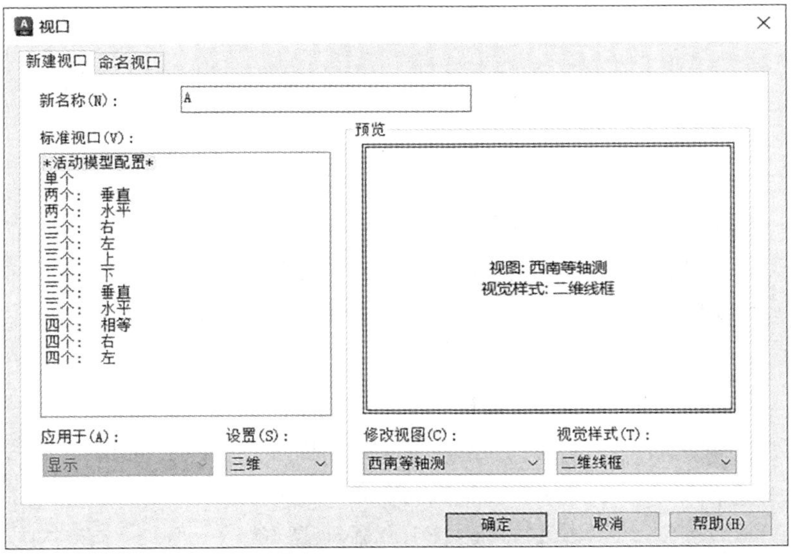

图9.59　"视口"对话框

利用多视口绘图的方法如下：

(1) 激活"俯视图"。

① 功能区："常用"选项卡→"建模"面板→"圆锥体"(绘制直径100，高100的圆锥体)。

② 功能区："常用"选项卡→"建模"面板→"圆柱体"(绘制直径60，高100的圆柱体)。

(2) 激活"主视图"

① 功能区："常用"选项卡→"修改"面板→"移动"(将圆柱体上移30)。

② 功能区："常用"选项卡→"实体编辑"面板→"并集"(将圆锥体与圆柱体并集)。

(3) 激活"西南等轴测"。

功能区:“视图”选项卡→“视觉样式”面板→“消隐”。
绘制结果如图9.60所示。

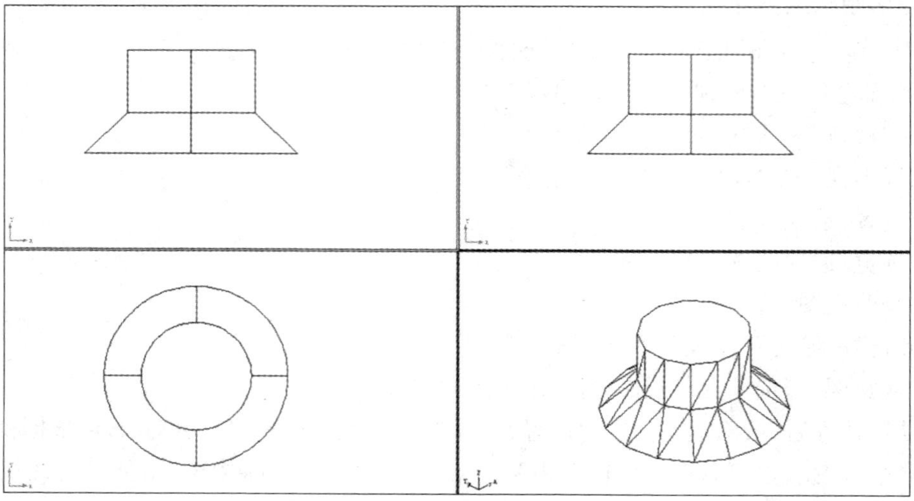

图9.60 多视口绘图

9.3.2 综合举例

图9.61 机件效果

绘制如图9.61所示的机件图形。
(1) 菜单:“视图”→“视口”→“新建视口”。
在“标准视口”选项区选:“3个:右”。
显示:“主视”“俯视”“东南等轴测”。
3个视口。
激活“俯视图”。
(2) 功能区:“常用”选项卡→“建模”面板→“长方体”。
绘制底盘:长200宽100高30。
绘制竖板:长100宽30高60。
绘制支承板:长100宽80高30。
(3) 功能区:“常用”选项卡→“建模”面板→“楔体”。
绘制肋板:长70宽30高60。
绘制结果如图9.62所示。
(4) 菜单:“工具”→“绘图设置”→“对象捕捉”→选中“中点”。
(5) 功能区:“常用”选项卡→“建模”面板→ “圆柱体”。
以底盘宽的中点为圆心,绘制圆柱体:半径50高30,2个;半径30高30,2个。
以支承板宽的中点为圆心,绘制圆柱体:半径50高60及半径30高60,各1个。
绘制结果如图9.63所示。

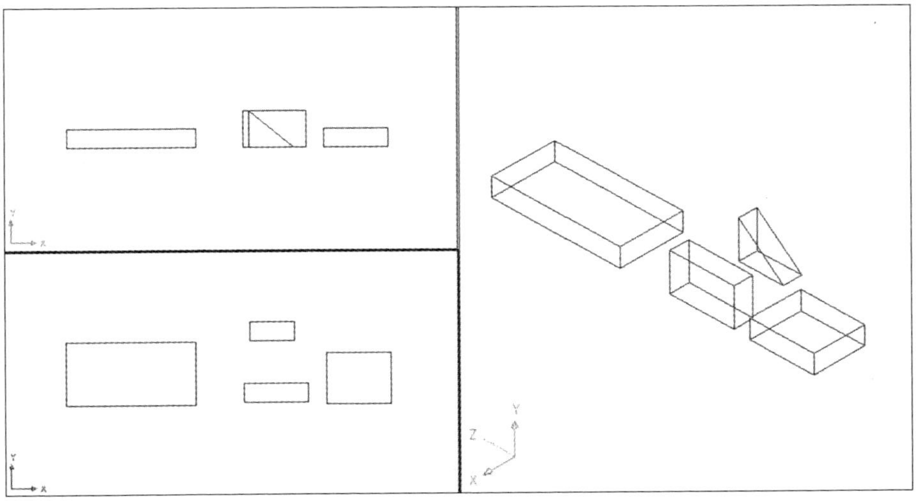

图9.62　绘制长方体、楔体

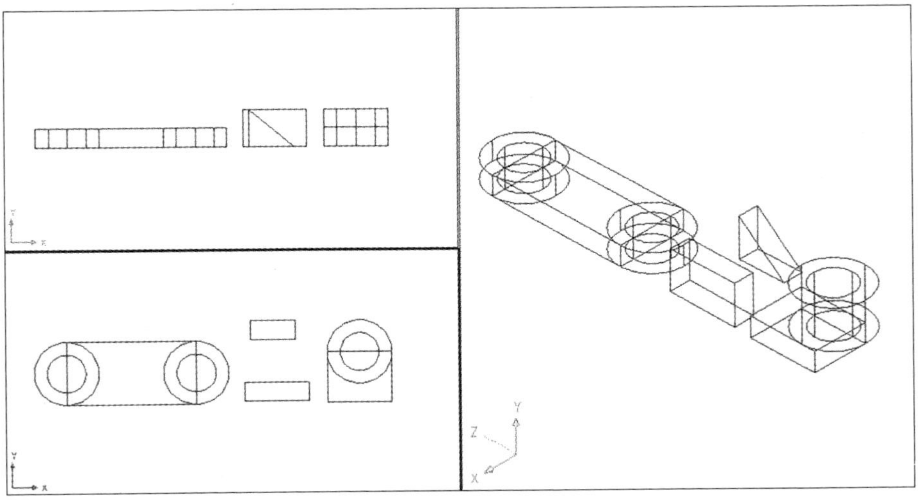

图9.63　绘制圆柱体

(6) 功能区:“常用”选项卡→“实体编辑”面板→“并集”。

将底盘与两端圆柱体并集、将支承板与一端圆柱体并集。

(7) 功能区:“常用”选项卡→“实体编辑”面板→“差集”。

将半径为30的小圆柱体从底盘中差集、同样从支承板中减去圆柱体。

绘制结果如图9.64所示。

以上绘制的立体底面都处于XY平面上,Z轴方向的移动可以在“主视”或“东南等轴测”两视口之一中进行。

激活“东南等轴测”。

(8) 功能区:“常用”选项卡→“修改”面板→“移动”。

利用中点捕捉:将竖板、支承板移动到相应的位置。

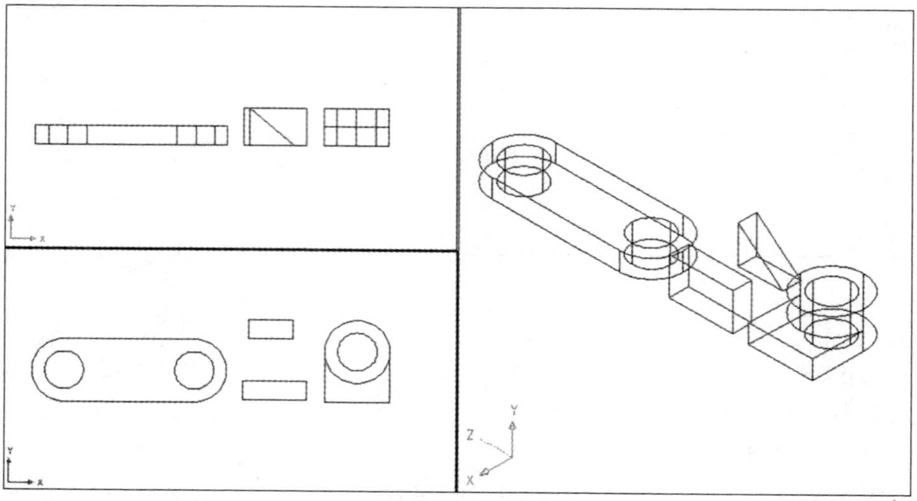

图9.64　并集圆柱体、差集圆柱孔

(9) 功能区:“常用”选项卡→“修改”面板→“旋转”。

将肋板旋转−90°,并且移至底盘上。

(10) 功能区:“常用”选项卡→“修改”面板→“移动”。

将肋板移动到相应的位置。

移动结果如图9.65所示。

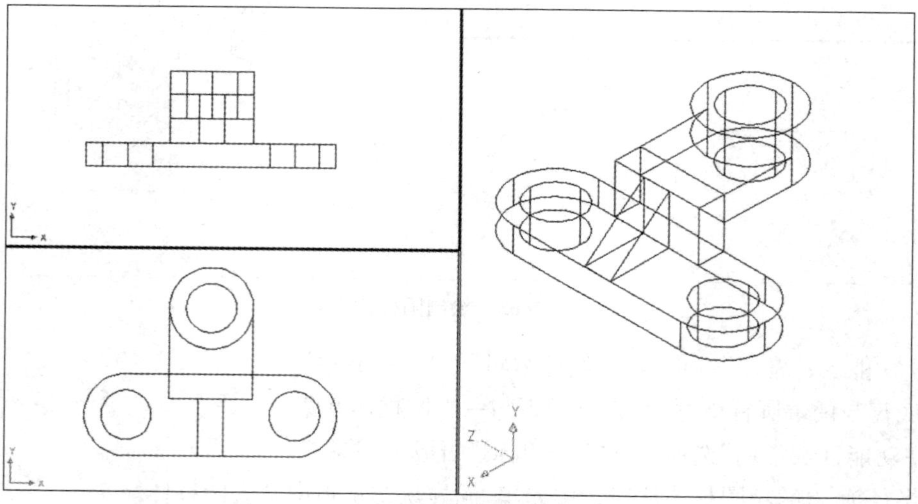

图9.65　各立体移动结果

(11) 功能区:“常用”选项卡→“实体编辑”面板→“并集”。

选择:底盘、肋板、竖板、支承板一次并集为一整体。

并集结果如图9.66所示。

(12) 功能区:“视图”选项卡→“视觉样式”面板→“消隐”。

消隐结果如图9.67所示。

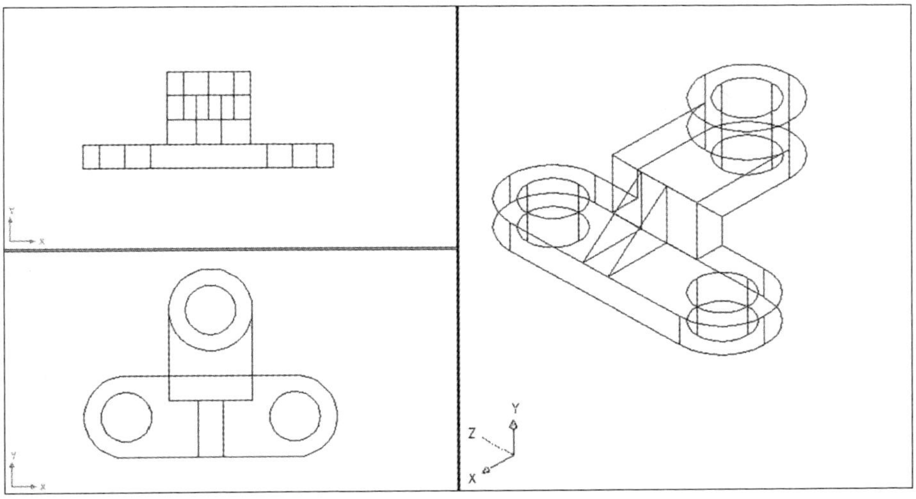

图9.66　各立体并集结果

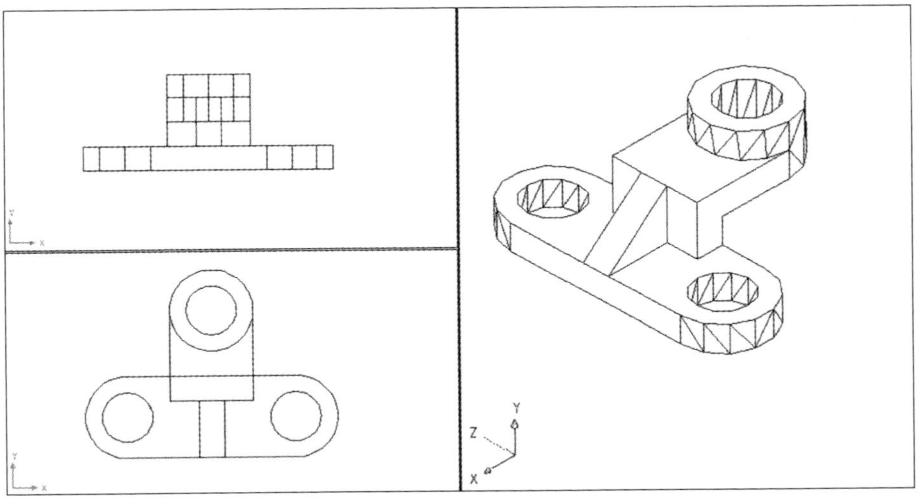

图9.67　消隐立体

综 合 练 习

1. 如何设置多视窗和三维视点？
2. 实体造型的方法有哪些？
3. 以拉伸、旋转方式分别创建图9.68(a)、图9.68(b)。
4. 利用布尔运算创建图9.68(a)、图9.68(b)。

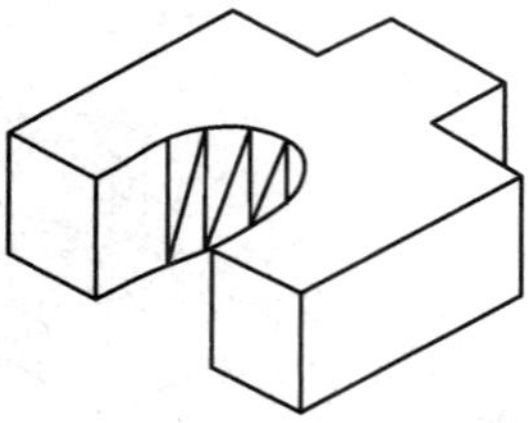

(a)

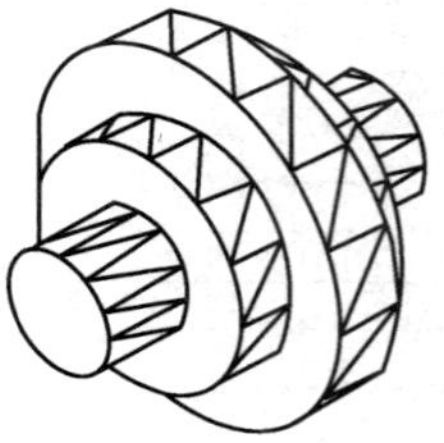

(b)

图9.68 图形视图

第10章　图形的输入与输出

AutoCAD系统提供了图形的输入与输出接口。使用这些接口,用户不仅可以将在其他CAD应用程序中处理好的数据传送给AutoCAD,还可以把图形输出到图纸上,以作为永久性的保存资料。本章将介绍AutoCAD的图形输入、输出技术。

10.1　图形的输入输出

AutoCAD除了可以打开和保存DWG格式的图形文件以外,还可以导入或导出其他格式的图形。

10.1.1　导入图形

在AutoCAD的下拉菜单中选择“插入”,便可以选择执行相关的图形导入命令。

1. 输入DXF文件

DXF(图形交换格式)文件是图形文件的ASCII或二进制格式描述。它用于在应用程序(通常是其他CAD程序)之间共享图形数据。通过打开DXF文件并将其保存为DWG格式,可以将该DXF文件转换为DWG格式。然后即可按照使用其他图形文件的方式使用此生成的图形文件,并可以将其作为外部参照或块输入其他图形中。

2. 输入DXB文件

DXBIN用于打开由AutoShade等程序生成的特殊编码的二进制DXB文件。

3. 输入ACIS SAT文件

可以输入存储在SAT(ASCII)文件中的几何图形对象。AutoCAD将把模型转换为体对象,或者转换为实体和面域(如果体是真正的实体或面域)。转换后,AutoCAD使用其ShapeManager建模程序创建新对象以及进行三维操作和实体编辑。

4. 输入3D Studio文件

可以输入使用3D Studio创建的文件。3DSIN命令读取3D Studio几何图形和渲染数据,包括网格、材质、贴图、光源和相机等。3DSIN不能输入3D Studio过程化材质或平滑编组。

5. 输入WMF文件

WMF(Windows 图元文件格式)文件经常用于生成图形所需的剪贴画和其他非技术性

图像。可以将WMF文件作为块插入图形文件中。与位图不同的是，WMF文件包含矢量信息，该信息在调整大小和打印时不会造成分辨率下降。如果WMF文件包含二维实体或宽线，可以关闭它们的显示以加快绘图速度。

WMF文件可以包含矢量和光栅信息。但是，AutoCAD只使用WMF文件中的矢量信息。将包含光栅信息的WMF文件输入AutoCAD中时，光栅信息将被忽略。

10.1.2 输出其他格式图形文件

AutoCAD的图形除了可以按本系统的文件格式保存外，还可以输出为其他特定的文件格式，使得其他应用程序能使用这些图形或图像。在AutoCAD的下拉菜单中选择“文件”“输出”命令，便可打开“输出数据”对话框，如图10.1所示。用户可以在“保存于”下拉列表框中设置文件的路径，在“文件名”文本框中输入文件名称，在“文件类型”下拉列表框中选择文件的输出类型，如图元文件、ACIS、平板印刷、位图、3D Studio等。

图10.1 输出数据对话框

10.2 打 印 图 形

10.2.1 从模型空间中直接打印图纸

用户可以在AutoCAD的2个环境空间中完成设计和绘图工作，即模型空间(Model Space)和图纸空间(Paper Space)。模型空间是一个三维环境，大部分的设计和绘图工作都是在模型空间的三维环境中进行的，即使是对于二维的图形对象也是如此。前面章节我们所介绍的内容基本上都是在模型空间内完成的。在模型空间绘制的图形可以用“打印(PLOT)”命令，直接在模型空间中打印出图。

从模型空间中执行“打印”命令有以下几种常用方法：

(1) 在命令行提示符后键入PLOT并按回车键。

(2) 打开“文件”下拉菜单，选择其中的“打印”选项。

(3) 单击标准工具栏上的“打印”按钮。

(4) 在绘图窗口的底部的“模型”按钮上右击鼠标，然后在弹出的快捷菜单中选择“打印”。

“打印”命令开始执行后，屏幕上将显示如图10.2所示的“打印-模型”对话框。

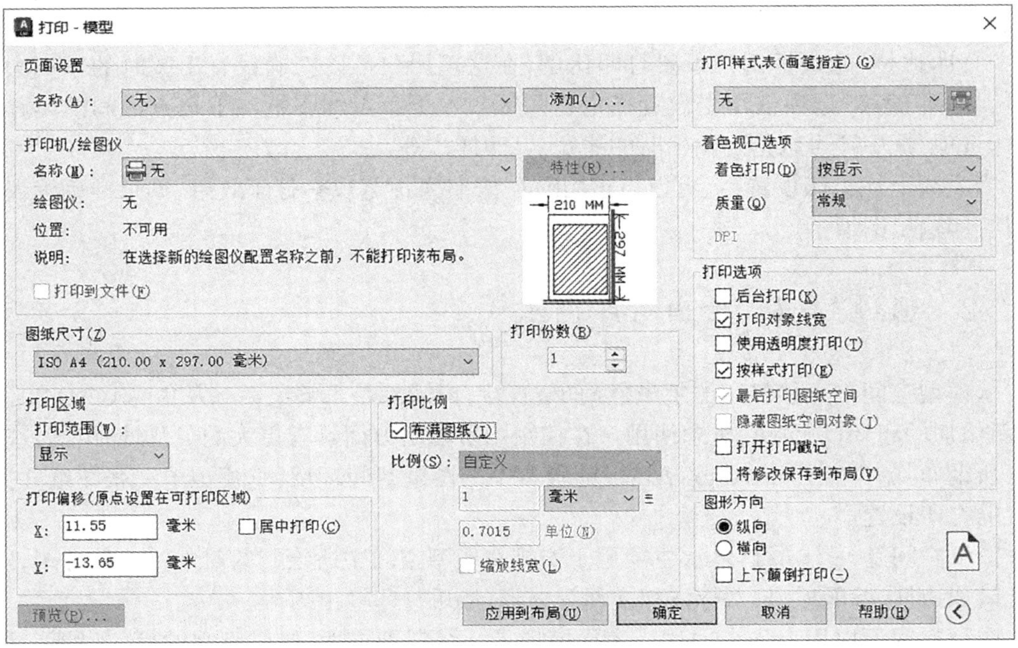

图10.2　“打印-模型”对话框

用户可以通过“打印”对话框对有关打印操作参数进行设定，以便打印出符合要求的工程图纸。

(1)“页面设置”下拉列表框。

列出图形中已命名或已保存的页面设置。可以将图形中保存的命名页面设置作为当前页面设置,也可以在“打印”对话框中单击“添加”,基于当前设置创建一个新的命名页面设置。

(2)“打印机/绘图仪”选项区域。

在该选项区域中,“名称”下拉列表框中列出了当前已配置的打印设备,用户可以从中选择某一设备作为当前打印设备。一旦确定了打印设备,AutoCAD就会显示出与该设备有关的信息。

(3)置打印区域。

在“打印区域”框内,用户可以指定图形的实际打印区域。如果选择了“图形界限”选项,则打印由Limits命令指定的图限内的图形;如果选择了“范围”选项,则会打印当前图形文件中所有的图形;“显示”选项表示要打印当前窗口中可见的图形;“窗口”选项用来让用户指定一个矩形窗口的2个对角点来确定图形的打印输出区域。

(4)打印设置选项界面。

在“打印设置”界面中可以选择打印纸张、设置打印方向、打印区域打印比例等。在图纸尺寸下拉框中可选择不同幅面的打印纸张,其中最大可选的图纸幅面是由打印机的规格所确定的。在“图形方向”框内,用户可以设置打印输出时图形在图纸上的方向。AutoCAD提供了3种选择,“纵向”选项是使图纸竖放;“横向”是使图纸横放;“反向打印”选项将使图形颠倒打印。通过这3个选项的组合,可以将图形按0°,90°,180°以及270°等不同方向打印输出。

“打印比例”选项框用于设置打印比例,在这里用户可以精确设置出图时的比例大小。另外,“打印偏移”选项框用于设置指定打印区域左下角点和图纸左下角点之间的偏移;在“打印选项”框中还可以指定输出时的线宽、打印样式等。

当完成上述打印设置后,可以点击“预览”按钮来预览观察打印效果,如果准确无误,就可以打印输出图纸了。

10.2.2 通过“布局”输出打印图纸

从模型空间中直接打印图纸虽然简单、直接,但缺点是不够灵活。从AutoCAD 2000开始,新添加的布局(Layout)概念使用户在控制图形输出方面具有更大的灵活性,出图效率更高。所谓布局,即相当于AutoCAD以前版本中的图纸空间环境,它模拟了一张图纸并提供预置的打印设置。

图纸空间是一个二维环境,主要用于安排在模型空间中所绘制的对象的各种视图,以及添加诸如边框、标题栏、尺寸标注和注释等内容,然后打印输出图形。

图纸空间可以用布局来表达。布局模拟了一张图纸页面,提供直观的打印设置。用户可以创建多个布局来显示不同的视图,每个布局都可以包含不同的打印比例和图纸大小。布局中的图形就是打印输出时见到的图形。

用户在模型空间(Model)中完成图形的设计和绘制工作后,就要准备打印输出图形。此时,可使用布局功能来创建图形的多个视图的布局,以用于图形的输出。

AutoCAD 2024在图形窗口的底部列有一个“模型”选项卡和若干个“布局”选项卡,用户可随时通过选择选项卡在2个空间之间切换。

当在布局空间中对在模型空间所绘制的图形进行模拟排版时,布局代表打印出图时所使用的图纸。创建一个布局,就相当于在一张新图纸上对图形进行排版设置。不同的布局包含不同的打印设置,可以对模型空间中的同一个图形创建不同的布局,从而得到不同的打印效果。

10.3　创 建 布 局

在AutoCAD 2024中,用户可以用“布局向导”来创建一个新的布局,也可以用Layout命令以模板方式创建一个新的布局。一般来讲,使用向导创建新布局比较直观、方便。使用向导创建一个新布局时,可以使用以下2种方法之一来激活布局向导:

(1) 打开“插入”下拉菜单,选择“布局”项,然后再从弹出的子菜单中选择“创建布局向导”。

(2) 打开“工具”下拉菜单,选择“向导”项,然后再从弹出的子菜单中选择“创建布局”。

激活“布局向导”命令的结果,是在屏幕上显示一个“创建布局-开始”对话框,如图10.3所示。

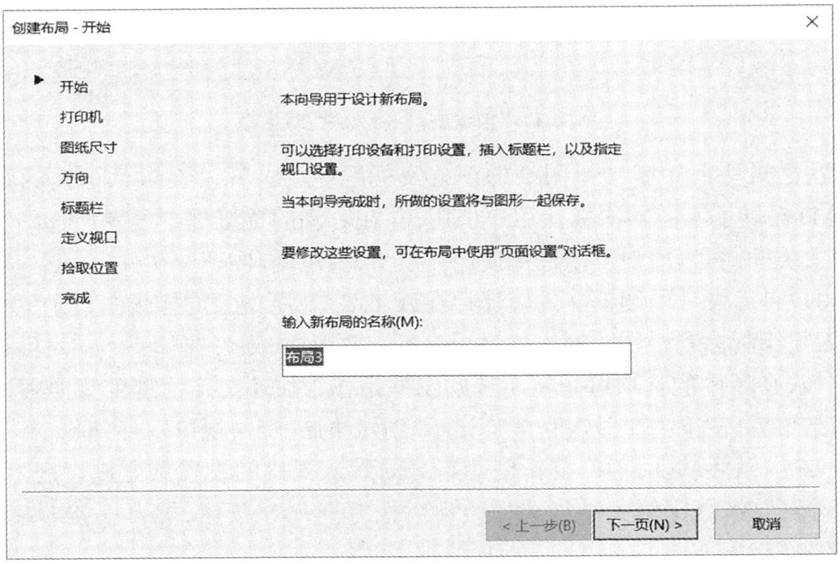

图10.3 “创建布局-开始”对话框

布局向导的执行过程如下:

(1) 在“创建布局-开始”对话框(图10.3)中的“输入新布局的名称”编辑行中输入一个布局名称。然后按“下一步”按钮,屏幕显示“创建布局-打印机”对话框。

(2) 在“创建布局-打印机”对话框中的“为新布局选择配置的打印机”列表框中，选择当前配置的打印机。然后按“下一步”按钮，屏幕接着显示“创建布局-图纸设置”对话框。

(3) 在“创建布局-图纸设置”对话框中，用户可以选择图纸的大小，例如A4(210×297)以及绘图用的单位，例如可用毫米或英寸等。做好选择后按“下一步”按钮，屏幕上接着显示“创建布局-方向”对话框。

(4) 在“创建布局-方向”对话框中，可以设置图形在图纸中的摆放方向。例如可以按横向放置图纸，此时图纸的长边是水平的；也可以按竖向放置图纸，此时图纸的短边是水平的。小图标中的字母A表示了图形在图纸中的摆放位置。选择结束后按“下一步”按钮，屏幕上接着显示“创建布局-标题栏”对话框(图10.4)。

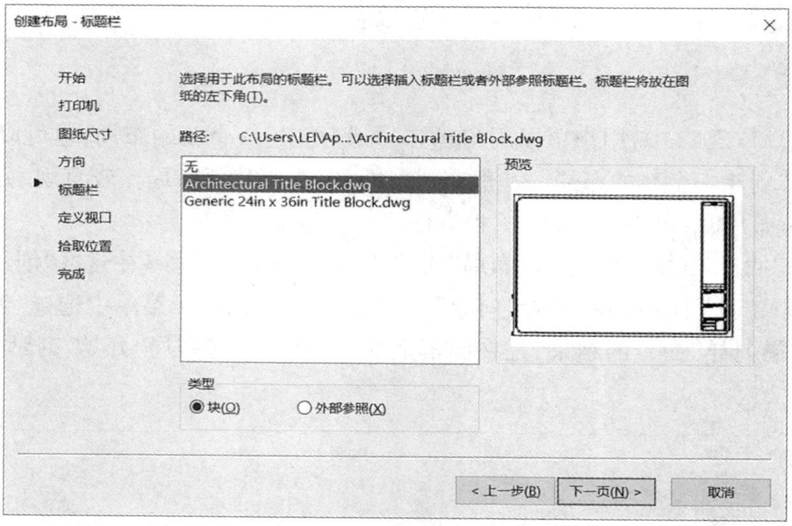

图10.4　“创建布局-标题栏”对话框

(5) 标题栏对话框用来选择图纸的图框及标题栏的式样。在对话框内的图框名列表中，AutoCAD提供了不同的图框让用户选用，并在右侧的预览框中显示所选图框的预览图像。在这里要强调的是，用户可以选择使用自己事先设计好的图框文件。

注意：用户自己设计的图框文件应保存在AutoCAD所搜索的样板图目录下。在模型空间绘图时，无须绘制标题栏和图框。如果用户不需要图框，则可选“无”。在对话框的下面有一个“类型”域，在域中的选项可指定所选的图框是作为块还是作为外部参照插入当前的图形中。选择结束后按“下一步”按钮，屏幕显示“创建布局-定义视口”对话框。

(6) 定义视口对话框用于确定新创建布局的默认视口的设置和比例。用户可在“视口比例”下拉列表中选择比例大小。选择结束后按“下一步”按钮，屏幕上接着显示“创建布局-拾取位置”对话框。

(7) 在拾取位置对话框中，用户可以在布局中指定图形视口的大小及位置。按“选择位置”按钮，界面将返回到布局，用户可以用鼠标在布局中指定两点以确定图形视口的大小和位置。在界面回到对话框后，按“下一步”按钮，屏幕上接着显示“创建布局-完成”对话框。

(8) 在完成对话框中单击“完成”按钮，就结束了新布局的创建过程。

除了使用布局向导创建新布局外，AutoCAD还提供了其他创建布局的方法。其中最简单的方法是用鼠标点击绘图窗口下方的“布局1”或“布局2”标签直接进入布局图纸空间。当用户第一次从模型空间切换到布局图纸空间时，系统将在图纸上显示一默认的单视口和图纸的可打印区域。用鼠标右击布局名，在弹出的快捷菜单中选择“页面设置管理器”，在打开的“页面设置管理器”对话框中点击“修改”按钮，便出现“页面设置”对话框(图10.5)，该对话框与图10.2所示的“打印”对话框相似，用户可以通过该对话框进行打印机的选择、图纸设置等。

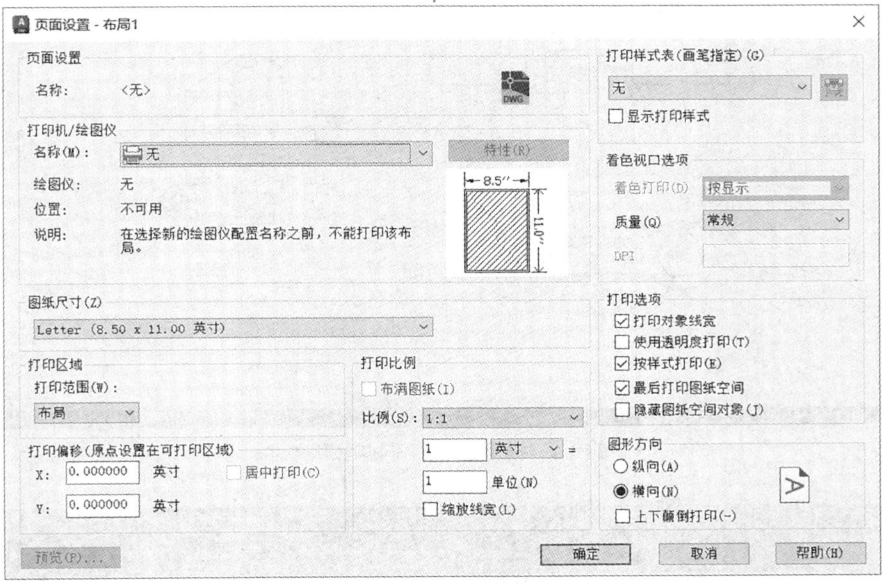

图10.5 “页面设置”对话框

10.4 通过布局输出工程图纸的实例

为使读者能够对图纸打印输出的流程有一个更加清晰的印象，下面我们分别以平面图形和三维图形的打印输出为实例来讲解如何进行打印。

10.4.1 打印平面图形

图10.6是我们在模型空间绘制的一些零件图，现在希望将它的一部分打印输出。具体操作步骤如下：

(1) 按上一节所述的步骤，用布局向导创建一新布局。例如可给新建的布局取名为“轴图A3”；选择好系统配备的打印机后再选择“A3”号图纸，绘图单位是毫米；图形在图纸中横放；当系统弹出如图10.4所示的“创建布局-标题栏”对话框时，可在图框名列表中选择使用自己事先设计好的图框样板文件“a3.dwg”;后面步骤的设置均可采用AutoCAD提供的缺省选择,直至完成新布局的创建。新布局创建后,AutoCAD自动转入布局图纸空间,显示的结果如图10.7所示。

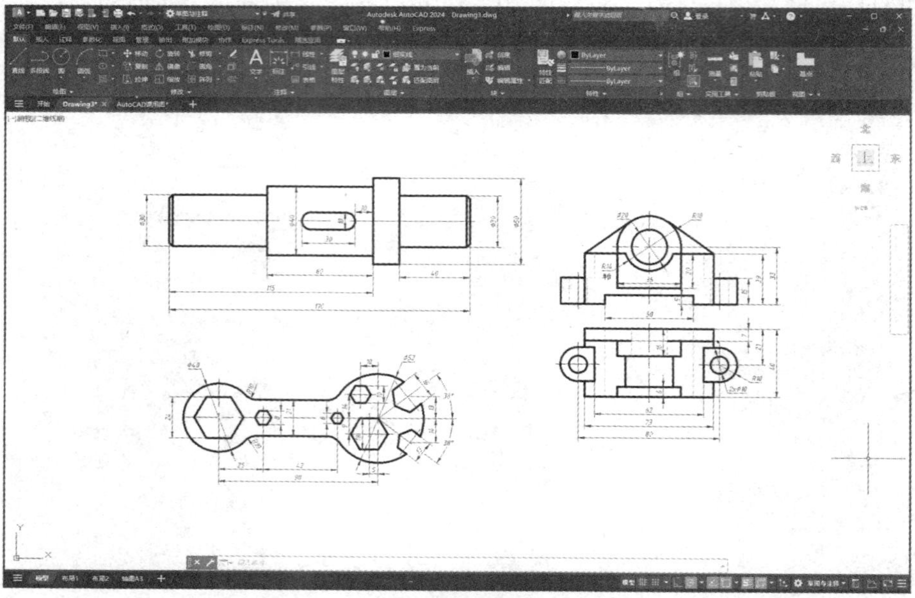

图10.6　模型空间打开的图形文件

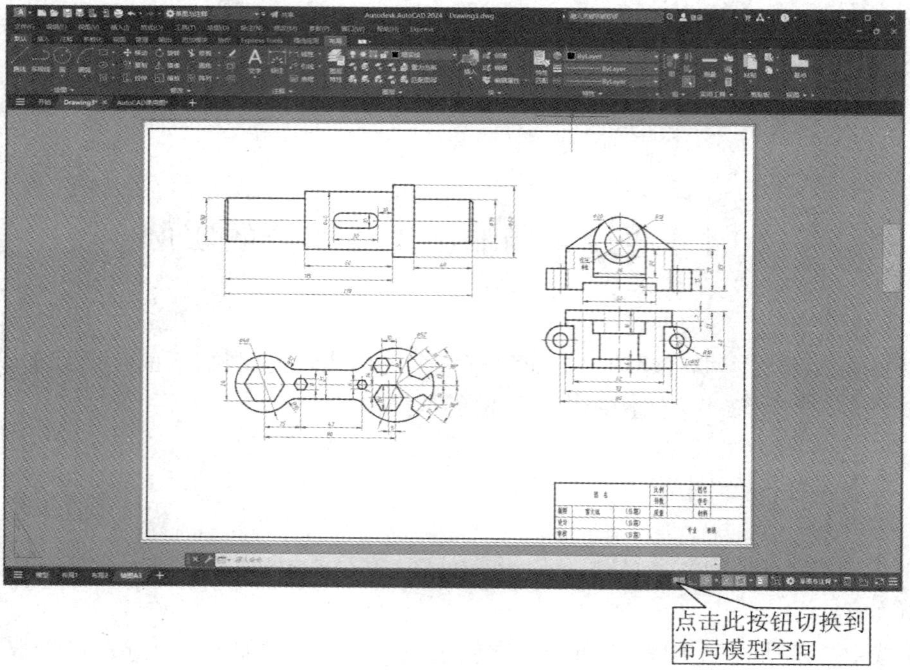

图10.7　进入布局图纸空间

(2) 我们注意到，模型空间所绘制的所有图形均显示在新建的布局当中(图10.7)，为了有选择地打印输出，可以点击状态栏上的“图纸”按钮图纸(图10.7)，使得AutoCAD进入布局模型空间，以便对图形输出比例、输出对象进行调整。在布局中进入模型空间的情形如图10.8所示，此时布局上的视口框变为粗线。这时可以在视口中对图形进行放大、缩小以及平移操作，图纸的大小和位置均保持不变。例如，如果我们仅想打印输出图中左下方的轴，就可以用“Zoom”命令让视口仅显示轴图部分(图10.8)，还可以用“Pan”命令来进一步调整图形与图纸的相对位置。应注意到在模型空间调整图的大小和位置时，图纸和图框的大小是不变化的。

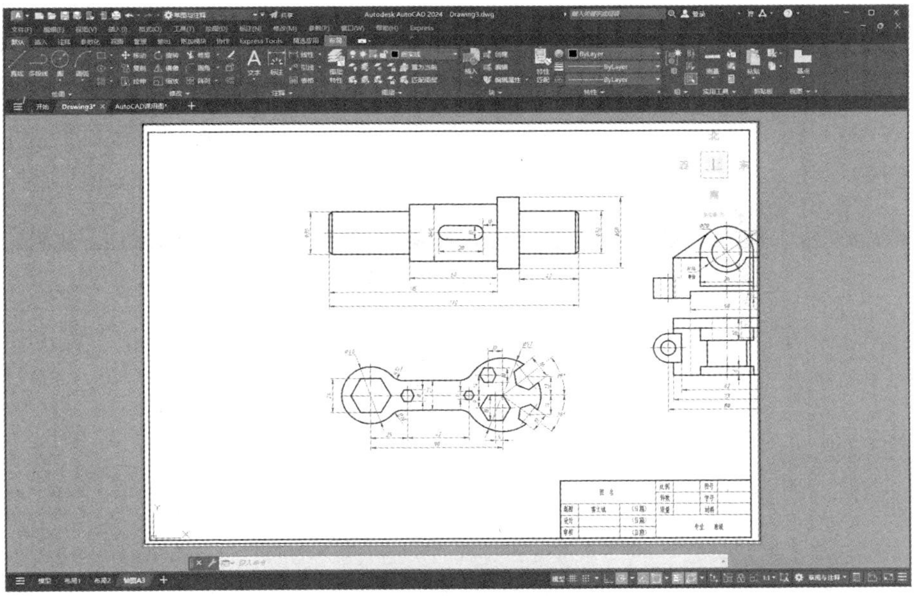

图10.8　进入布局模型空间

(3) 在布局上的模型空间中还可以用“Zoom”命令精确地设置出图比例。例如，如果我们想按1.5∶1出图，就可以在命令行中键入Zoom并按回车键，然后再键入1.5xp即可。比例设置完毕后再在状态栏中点击“模型”按钮模型，使AutoCAD回到布局的图纸空间。回到布局空间后，可以按需要在图纸的合适位置上添加有关文字，如技术要求等。最后得到的结果如图10.9所示。通过这个实例，我们可以看出通过布局空间打印输出图纸具有更大的灵活性，效率更高。

(4) 图纸的设置工作全部完成后，就可以打印出图了。此时，可右击绘图窗口下方的布局标签，在弹出的快捷菜单中选择“打印”。系统将弹出图10.2所示的“打印”对话框，点击“确定”按钮开始打印图纸。

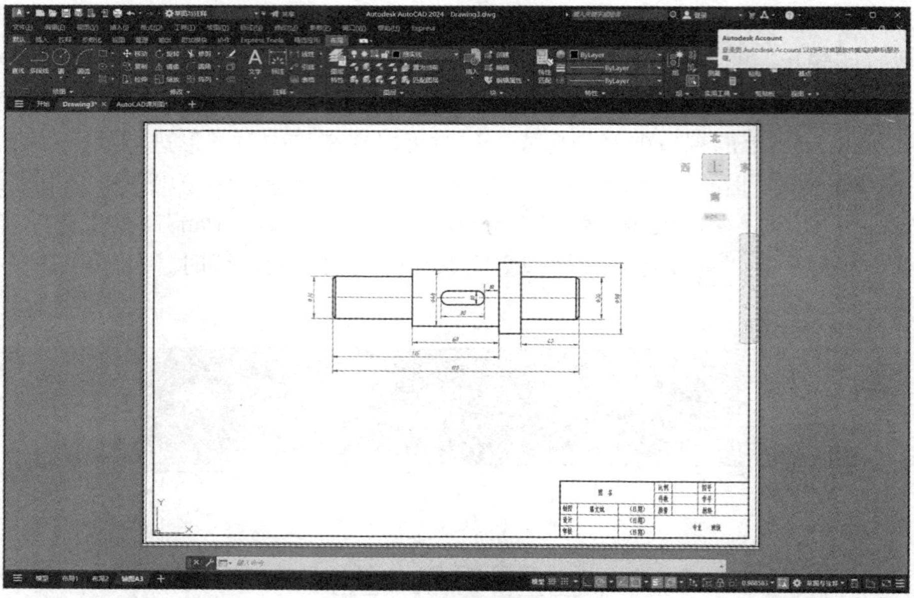

图 10.9　打印图纸效果

第11章 工程图的绘制

工程图样是现代工业生产中必不可少的技术资料,是集成加工要求、检验指标、功能原理等众多信息的载体,也是进行技术交流的工程语言。零件图是制造和检验零件的依据,主要包括图形、尺寸、技术要求、标题栏等内容;装配图用来表达机器的工作原理、装配关系、零件间的连接方式和主要零件的结构等,包括一组图形、必要的尺寸、技术要求、标题栏、零件序号及明细栏。

11.1 创建绘图环境

使用CAD绘制零件图按照以下步骤:

(1) 根据零件的尺寸和复杂程度确定绘图比例及图幅。

(2) 创建一个新文件,并设置绘图环境。

(3) 按1:1的比例绘图。

(4) 进行比例缩放,调整布局。

(5) 标注尺寸,注写技术要求。

(6) 填写标题栏。

(7) 保存文件。

创建绘图环境的方法有2种:一是在第4章介绍的初步建立绘图环境的基础上,进一步创建尺寸标注样式和文字样式;二是在以前绘制过的一些零件图中,打开一个绘图环境与之类似的图形文件,另存为一个新文件,再经删除、修改,迅速建立绘图环境。

以A3图幅的零件图为例,创建绘图环境。可以在此基础上进行简单的修改,创建各种图号的模板,并以样板文件形式存盘,以便今后直接调用。

1. 设置A3幅面:

下拉菜单"格式"→"图形界限"。

命令:LIMITS〈回车〉

重新设置图形界限

指定左下角点或[开(ON)/关键问题(OFF)]〈0.0000,0.0000〉:〈回车〉

指定右上角点〈420.0000,297.0000〉:〈回车〉

命令:ZOOM〈回车〉

指定窗口角点或[全部(A)/中心点(C)/动态(D)/范围(E)/上一个(P)/比例(S)/窗口(W)/对象(O)]〈实时〉:A〈回车〉

2. 设置图层

(1) 打开“格式”下拉菜单,选择“图层”命令;或点击工具栏“图层”,打开“图层特性管理器”对话框。

(2) 单击“新建图层”按钮,产生名为“图层1”的新层,把图层名改为“点画线”。单击对应的线型项,打开“选择线型”对话框,单击“加载”按钮,弹出“加载或重载线型”对话框,在线型的列表中选择“CENTER2”后单击“确定”按钮。

(3) 重复(2),设置“虚线”线型为“DASHED2”,线宽为默认;“粗实线”层线型为“Continuous”,线宽为0.5;“标注”层线型为“Continuous”,线宽为默认。

(4) 各图层的颜色根据需要自行设置。最终图层设置模板如图11.1所示。

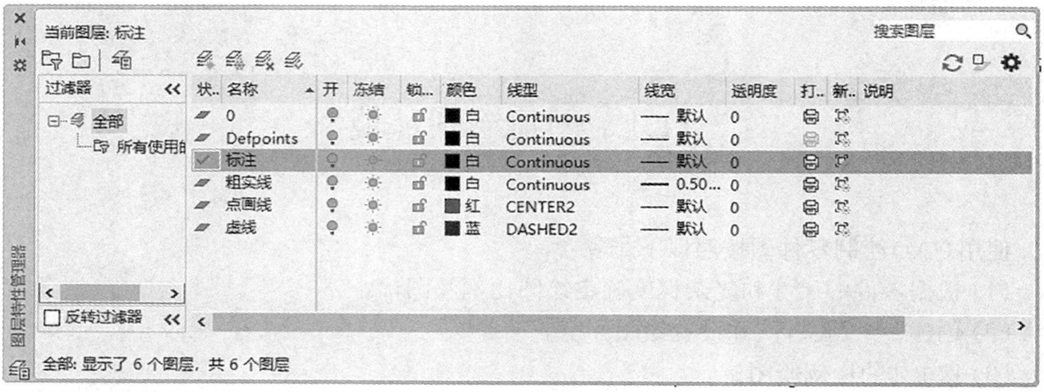

图11.1 图层设置

3. 图纸格式设置

(1) 单击“图层”工具栏中图层下拉列表的下三角按钮,将“粗实线”层置为当前层。

(2) 用“直线”或“矩形”命令画图框线,尺寸为390×287。

(3) 参考4.8节文字中的第4部分应用举例,设置文字样式。

(4) 参考4.9节表格中的第4部分应用举例,设置标题栏表格。

(5) 参考第7章尺寸标注,设置尺寸标注样式。

(6) 参照第8章中8.3.2节第3部分应用举例,设置表面粗糙度块。

4. 样板保存

单击保存按钮,弹出保存路径对话框,选择文件类型为AutoCAD图形样板(*.dwt),文件名为A3,如图11.2所示,样板文件就创建好了。需要调用A3样板,点击新建,在样板库中选择A3样板。

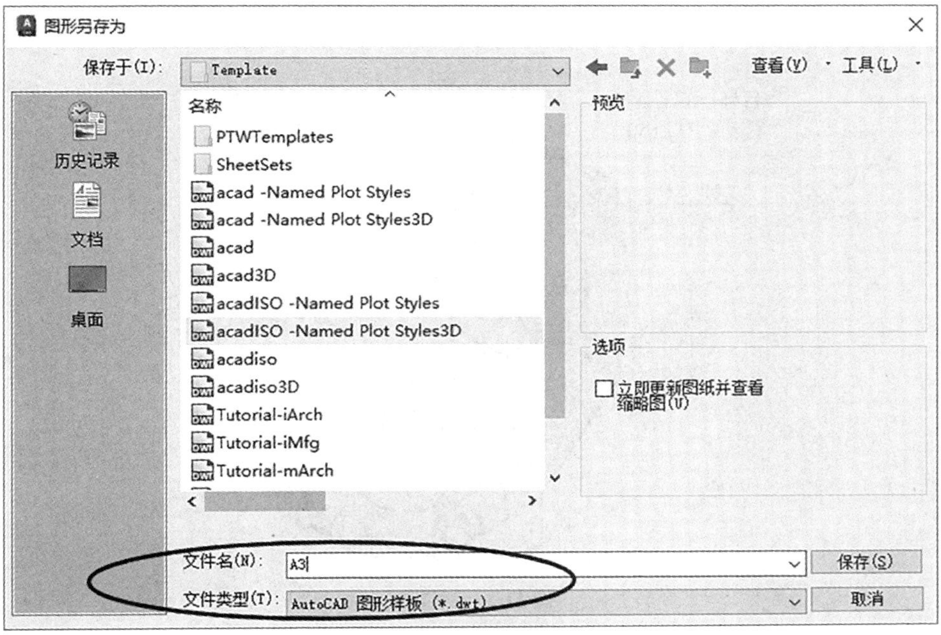

图11.2　保存样板文件

11.2　绘制零件图

绘制零件图时,如果比例不是1:1,则可事先按1:1进行绘制,这样既可以提高绘图速度,又可以避免出现尺寸错误。当图形绘制完成并检查无误后,再使用"缩放"命令将图形放大或缩小。最后使用"移动"命令对图形进行布局,布局时应考虑留出尺寸标注的空间。假如绘图比例要求为1:2,可先按1:1绘制图形,绘制完成后,再按比例要求缩放0.5,最后进行尺寸标注。标注尺寸时,要将标注样式中的"测量单位比例"的"比例因子(E)"设成2。

如果要在一张图中绘制几个不同比例的图形,应先按1:1比例绘制各图形,然后再按比例要求进行缩放。在标注尺寸时,要建立不同"测量单位比例"的标注样式,分别对各种不同比例的图形进行标注。如果只在一种标注样式中更改"测量单位比例"来标注另一比例的图形,那么前面标注的图形尺寸将被更改。

为了提高绘图速度,可以先在粗实线层绘制所有图线,最后集中调整。

【例11.1】 绘制图11.3所示的机匣盖零件图。

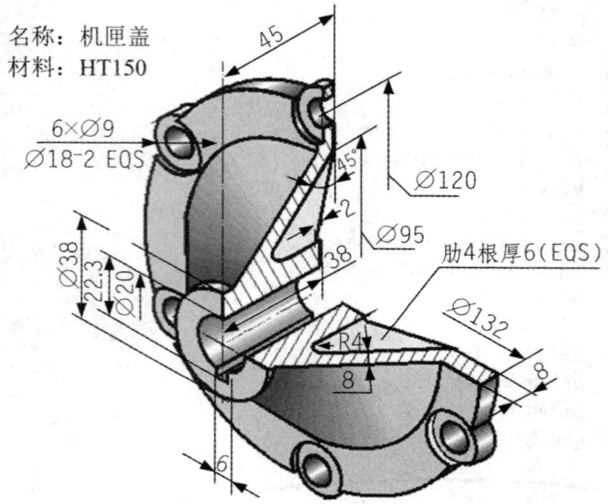

图11.3 机匣盖

机匣盖为轮盘类零件，用全剖的主视图表达内部结构，用左视图表达外形及安装孔的位置。操作提示如下：

(1) 打开样板图A3.dwt。

(2) 置“中心线”层为当前图层：用“圆”“直线”和“偏移”命令，绘制主、左视图的基准线，如图11.4(a)所示。

(3) 置“粗实线”层为当前图层：

① 用“圆”命令绘制左视图的圆，用“直线”命令根据“高平齐原理画出主视图上半部的已知图线，如图11.4(b)所示。

② 用“环形阵列”命令，复制出左视图的6个圆孔的投影，用“修剪”“圆角”和“擦除”命令修改上半部的主视图，如图11.4(c)所示。

③ 用“镜像”命令绘制下半部的主视图，如图11.4(d)所示。

④ 用“偏移”命令复制出4个肋板以及键槽的位置线，用“直线”命令分别用粗实线、虚线绘制出键槽的投影线和肋板的投影线，在“细实线”图层上用“图案填充”命令画出主视图中的剖面线，如图11.4(e)所示。

(4) 置“标注”层为当前图层：

① 标注尺寸。

② 用块插入方法，标注表面粗糙度，如图11.4(f)。

③ 用“注释”选项卡内“文字”面板中命令书写技术要求，填写标题栏，零件图如图11.4(g)所示。

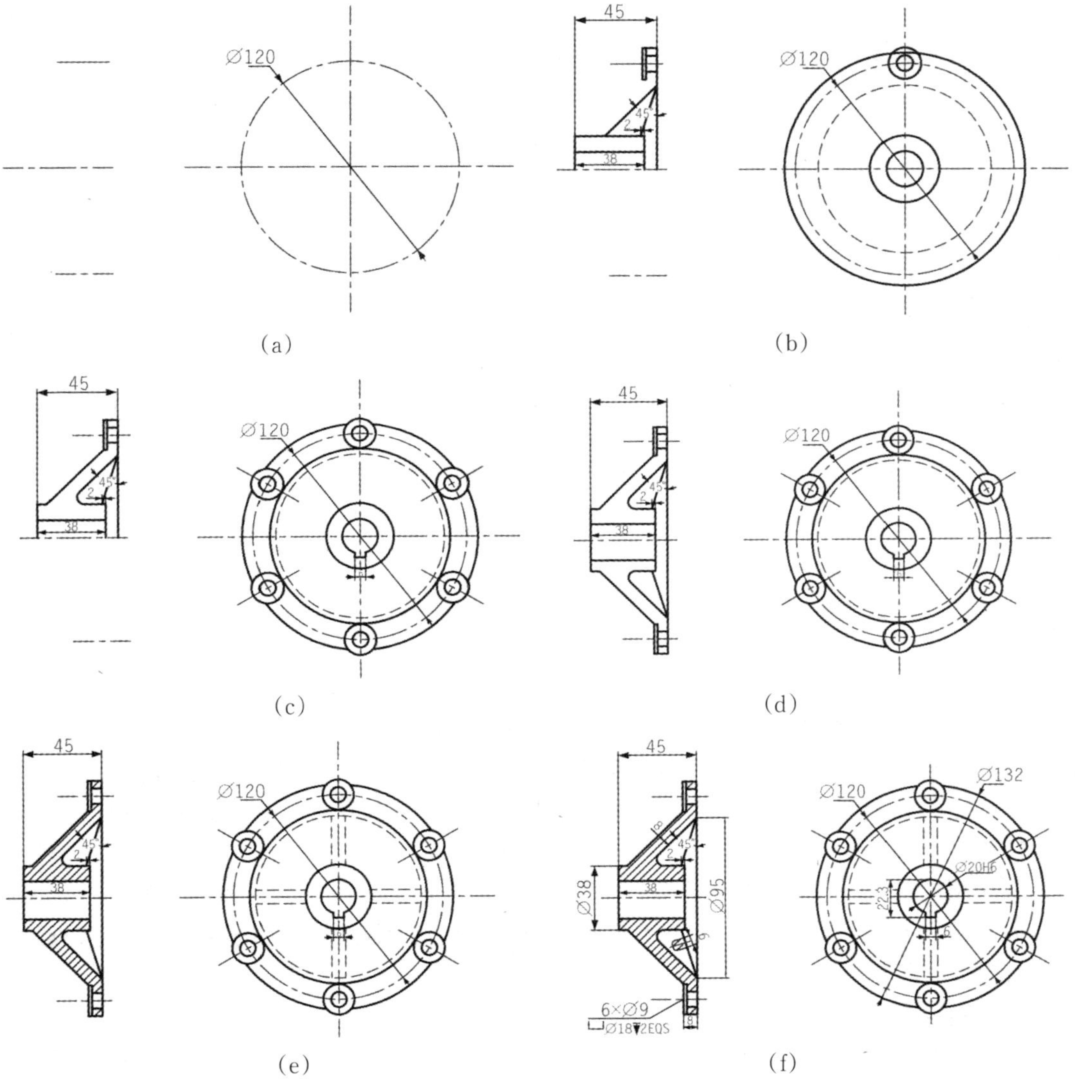

图11.4 机匣盖零件图的绘制

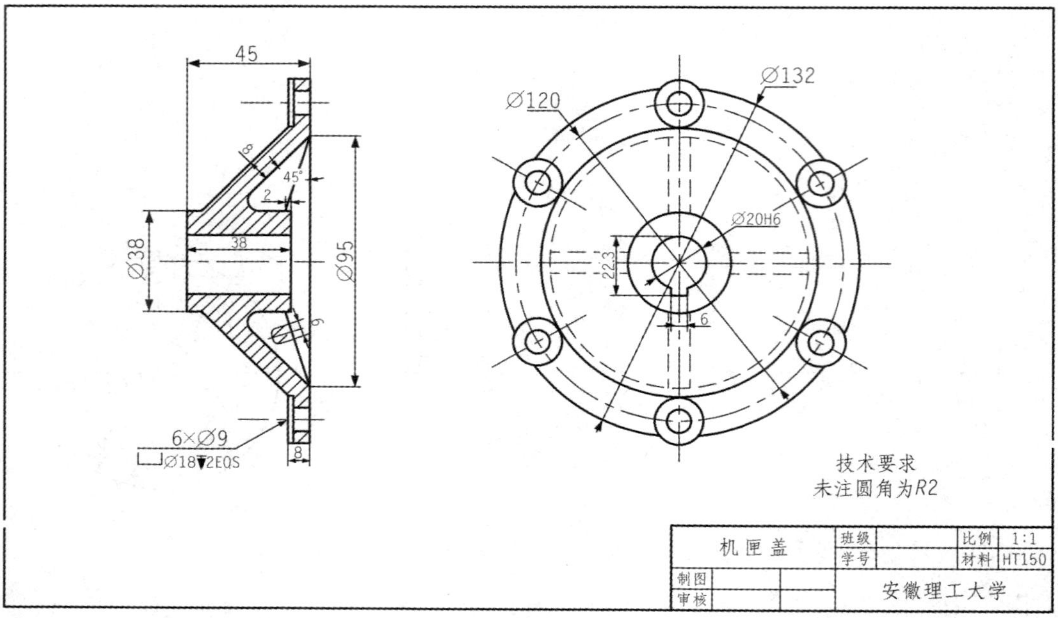

(g)

图11.4　机匣盖零件图的绘制(续)

11.3　绘制装配图

用CAD绘制装配图通常有2种方法:一是先绘制出每个零件的零件图,将其一一创建为块,再用插入块的方法,沿装配线拼画而成;二是按装配示意图直接拼画装配图。

根据图11.5所示千斤顶的装配示意图和零件图绘制其装配图,按照以下步骤进行:

1. 分析

千斤顶的装配图,采用全剖主视图可以表达清楚千斤顶的工作原理和装配关系。底座零件的主视图与装配图的主视图基本一致,绞杠、螺杆和螺套可以先按零件图绘制,再经过旋转获得。

2. 绘图

(1) 打开样板图A3.dwt,置“中心线”层为当前图层,用“直线”命令绘制装配基准线。

(2) 打开千斤顶的零件图,关闭尺寸和文字图层,用“创建块”命令,把底座、螺套、螺旋杆等零件图一一定义为块。注意基点应选择在中轴线上。

(3) 单击“插入块”命令,在弹出的“插入”块对话框中,选中“在屏幕上指定”和“分解”前的复选框,“块名”选择底座后单击“确定”。“指定插入点”捕捉装配基准线的A点,“插入比例”1,“旋转角度”0,插入了底座零件图如图11.6(a)所示。

参考千斤顶示意图和说明，看懂给出的零件图，画出千斤顶的装备图。

千斤顶示意图说明

该千斤顶是一种手动起重、装置。扳动校杠而转动螺杆，则由于螺杆、螺套间的螺纹作用，可使螺杆上升或下降，起到起重、支承的作用。

千斤顶底座上装有螺套，螺套与底座间由螺钉固定。螺杆与螺套由方牙螺纹传动，螺杆头部中穿有绞杠，可扳动螺杆传动。

螺杆顶部的球面结构与顶垫的内球面接触起浮动作用。螺杆与顶垫之间有螺钉限位。

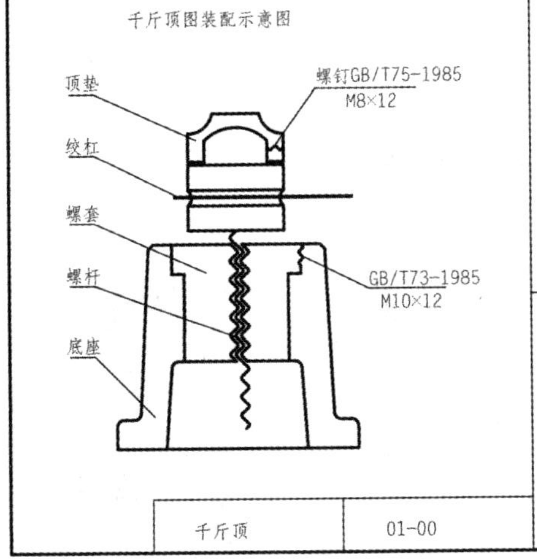

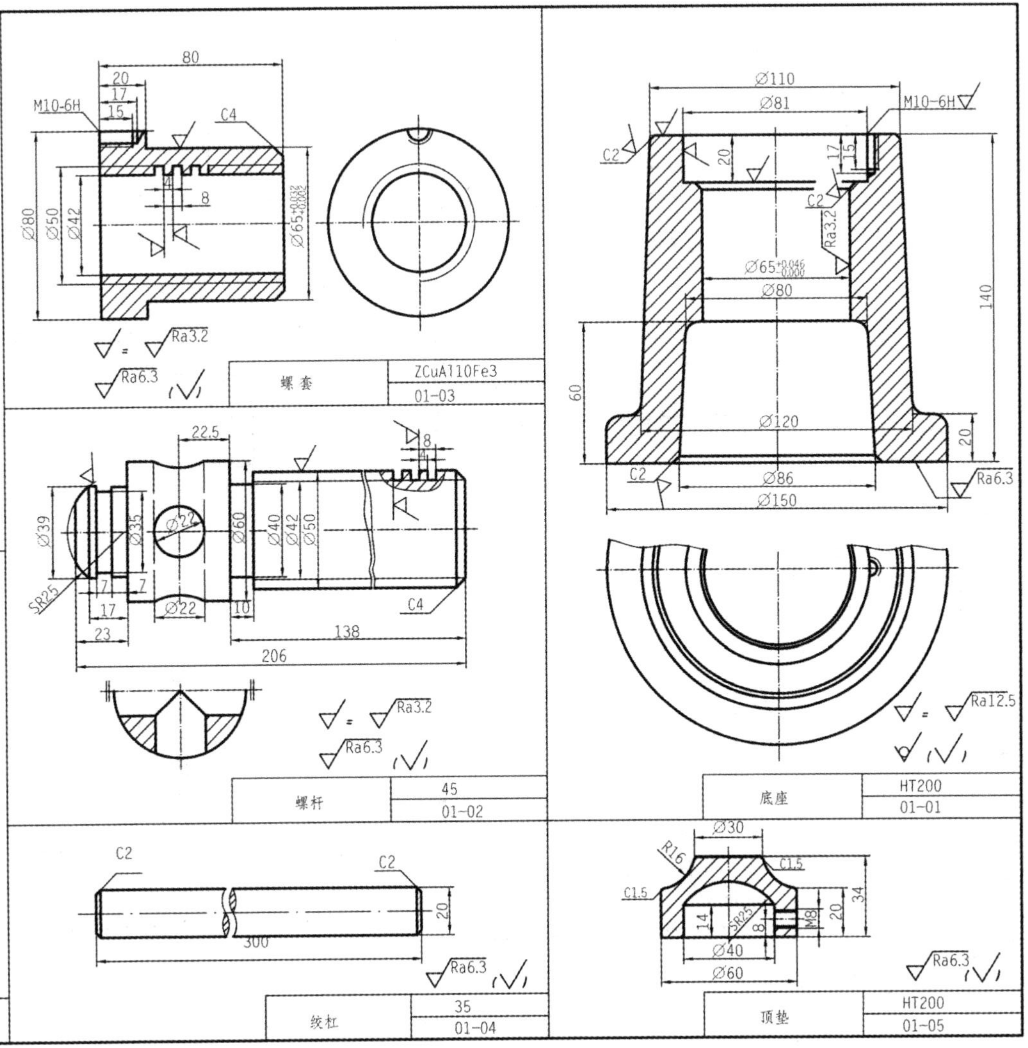

图11.5　千斤顶零件图

(4) 重复步骤(3),插入螺套:“指定插入点”捕捉装配基准线的点B,“插入比例”1,“旋转角度”−90,如图11.6(b)所示。

(5) 用“修剪”和“删除”命令擦去被螺套视图挡住的底座视图中的线条,如图11.6(c)所示。

(6) 重复步骤(4)～(6),插入螺旋杆、顶垫和绞杠的零件图,如图11.6(d)所示。

(7) 单击“图案填充”命令绘制剖面线,“图案类型”选择ANSI31相邻零件的剖面线方向相反或间距错开,通过改变“角度”“比例”实现。

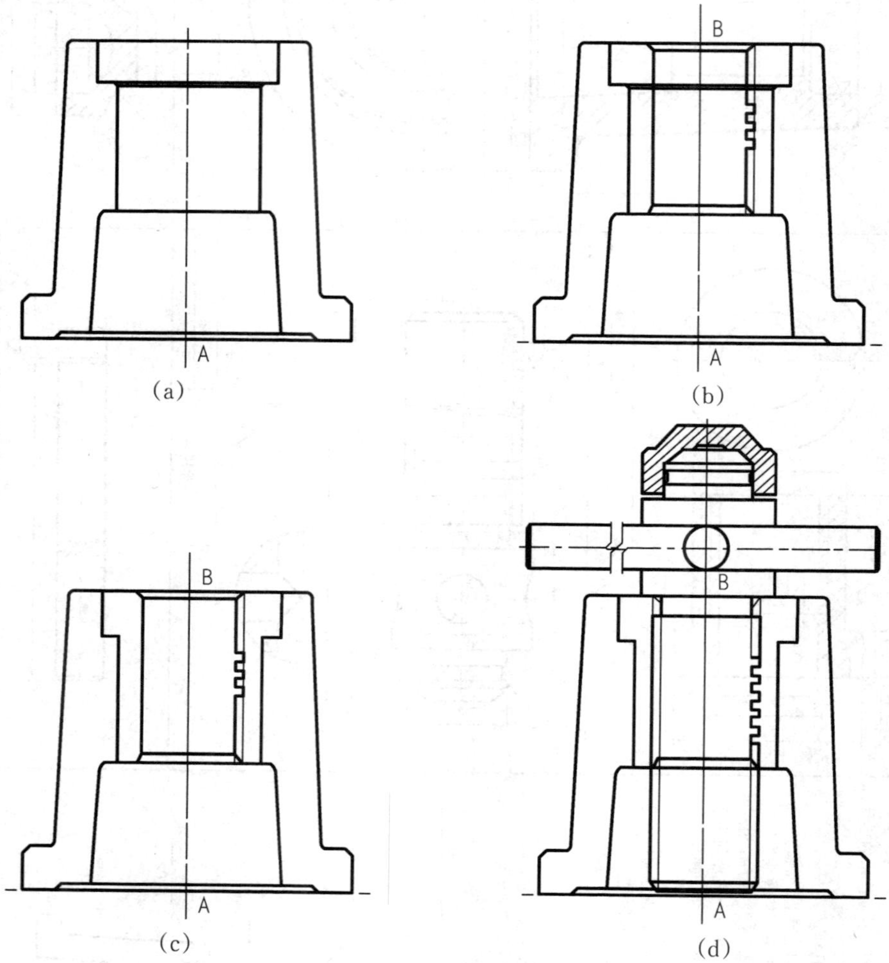

图11.6　绘制千斤顶装配图

3. 标注尺寸

装配图上只需要标注部件的规格性能尺寸、配合尺寸、安装尺寸和总体尺寸。

4. 零件序号和标题栏、明细栏

键盘输入“QLEADER”,选择设置(S),在弹出的“引线设置”对话框中,单击“引线和箭头”选项卡,将其中的箭头形式改为点;再单击“附着”选项卡,选中“最后一行前加下划线”的复选框后单击“确定”,如图11.7所示。

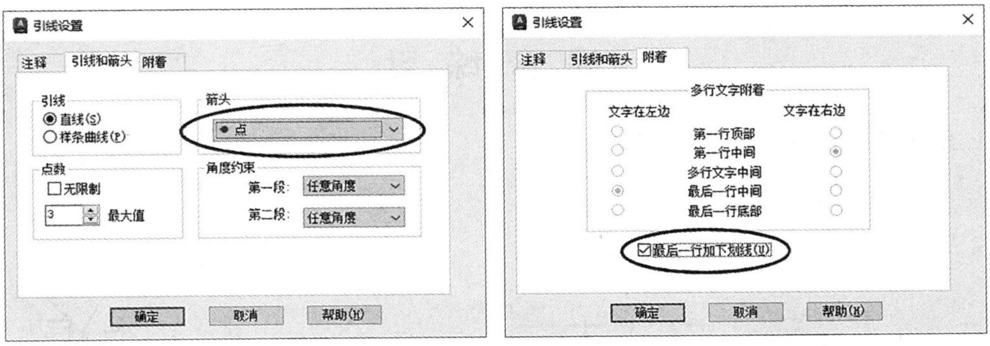

图11.7　装配图中零件序号的引线设置

指定第一个引线点或[设置(S)]〈设置〉(在底座视图的适当位置拾取一点)

指定下一点:(在视图外适当位置拾取一点)

指定下一点:〈回车〉

指定文字宽度:〈回车〉

输入注释文字的第一行〈多行文字(M)〉:1〈回车〉

输入注释文字的下一行:〈回车〉标出底座的序号。

填写标题栏和名细表:用“插入块”命令,将以前定义的标题栏和名细表的块插入装配图中;用“文字”命令填写标题栏和名细表的内容如图11.8所示。

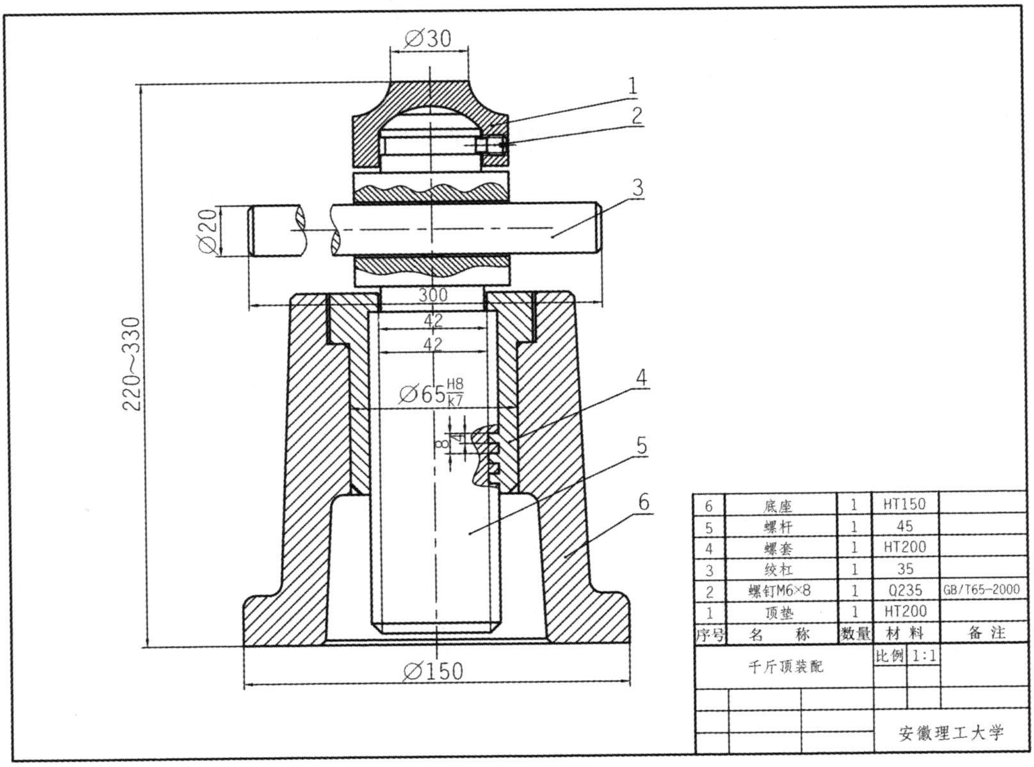

图11.8　千斤顶装配图

综 合 练 习

1. 绘制如图11.9所示的输出轴零件图。

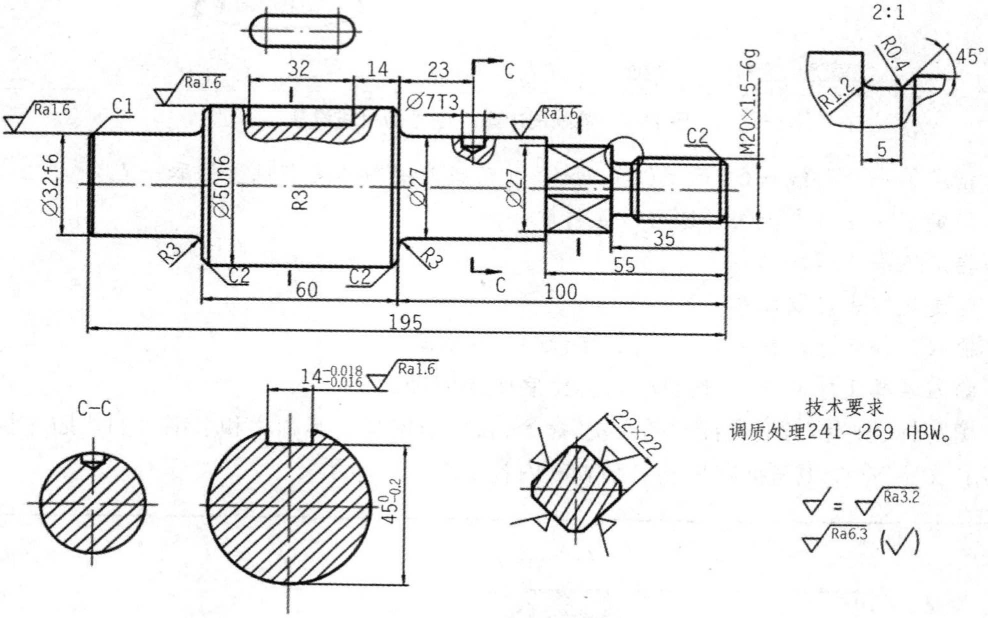

图11.9 输出轴零件图

2. 绘制如图11.10所示的套筒零件图。

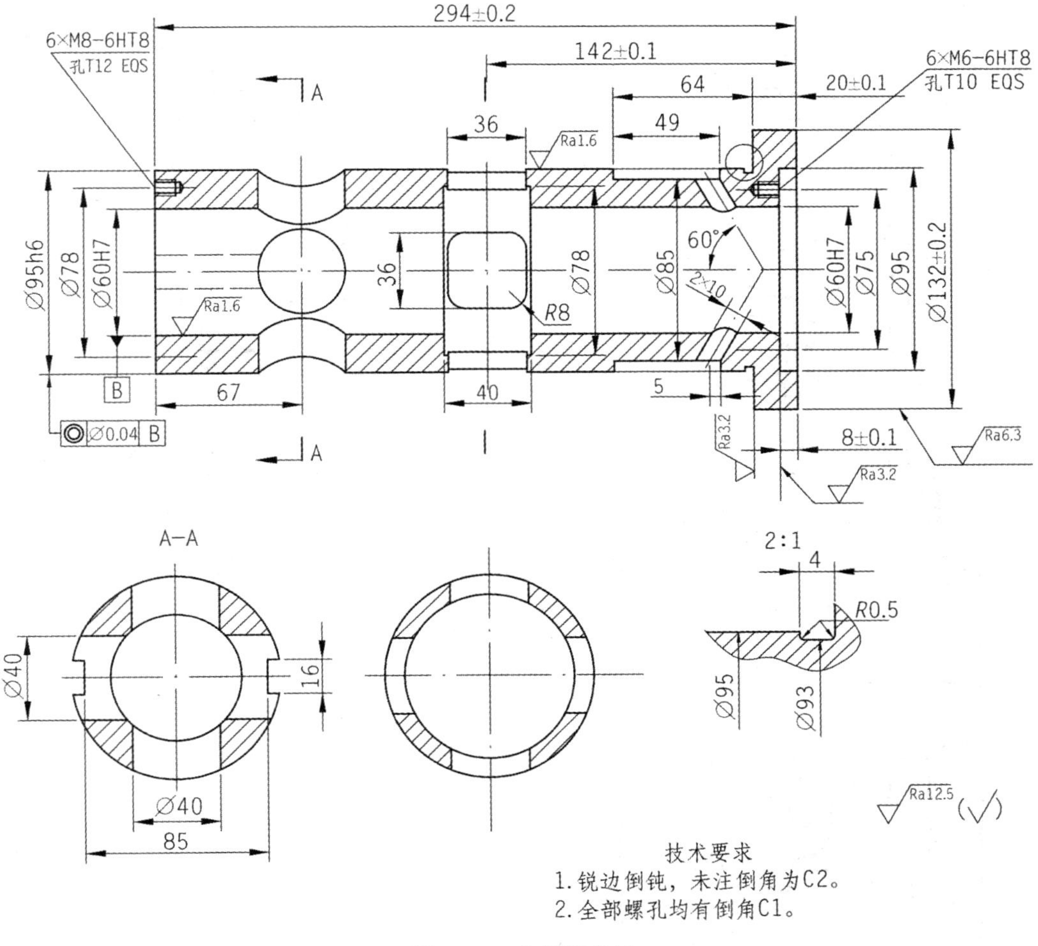

图11.10　套筒零件图

3. 绘制如图11.11所示的支架零件图。

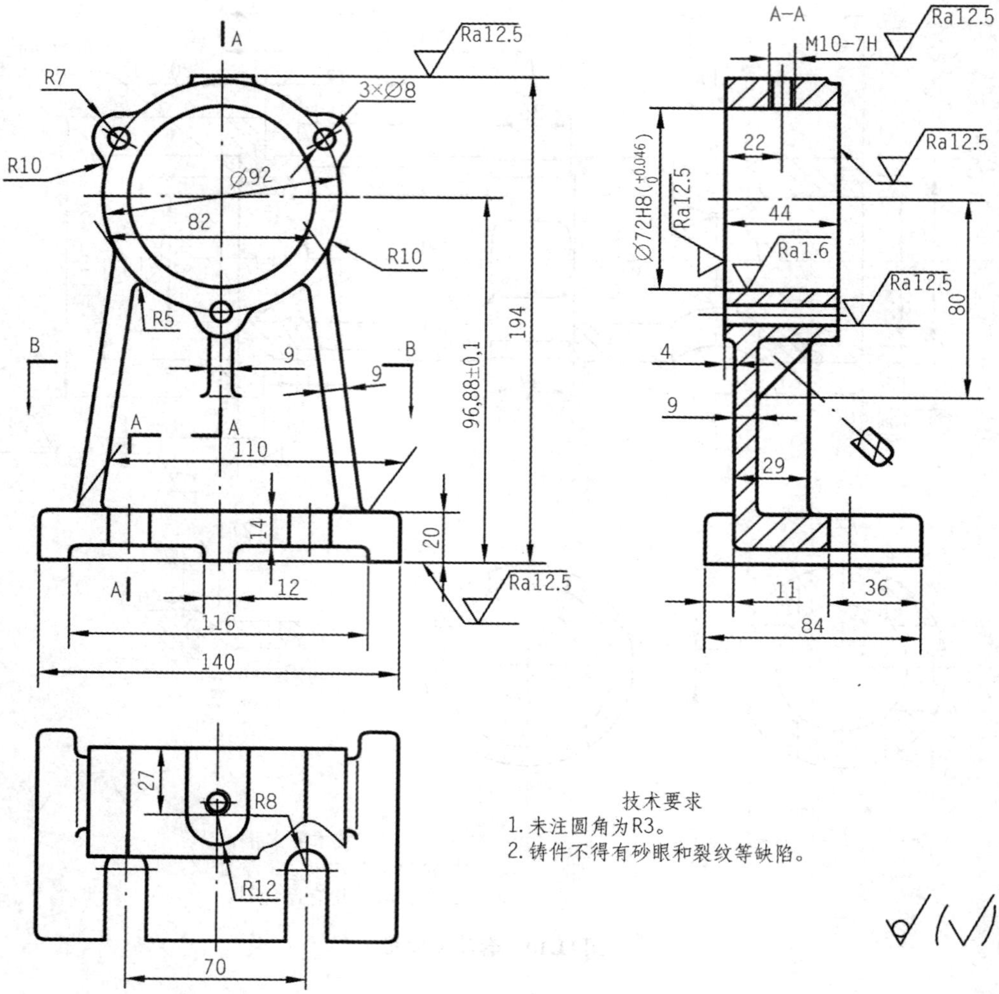

图11.11　支架零件图

4. 抄绘如图11.12所示的阀体零件图。

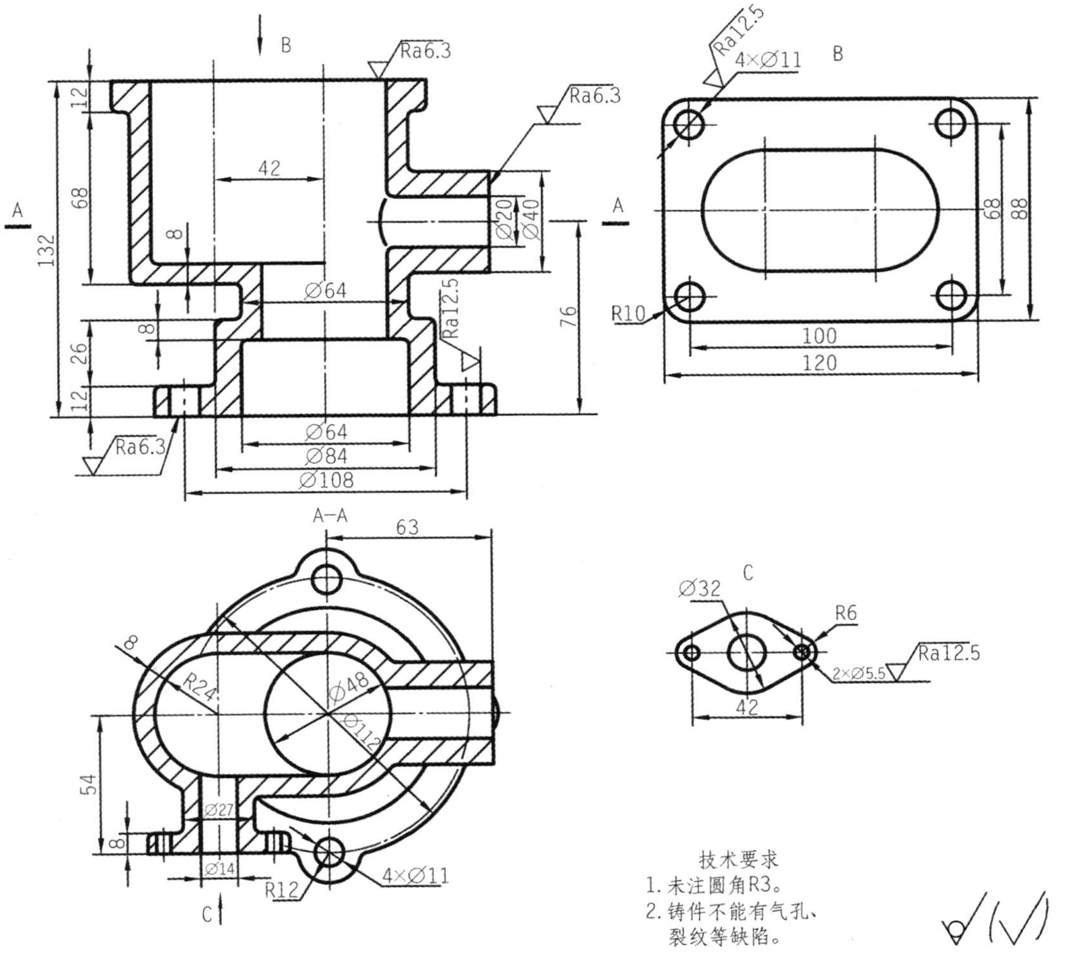

图 11.12　阀体零件图